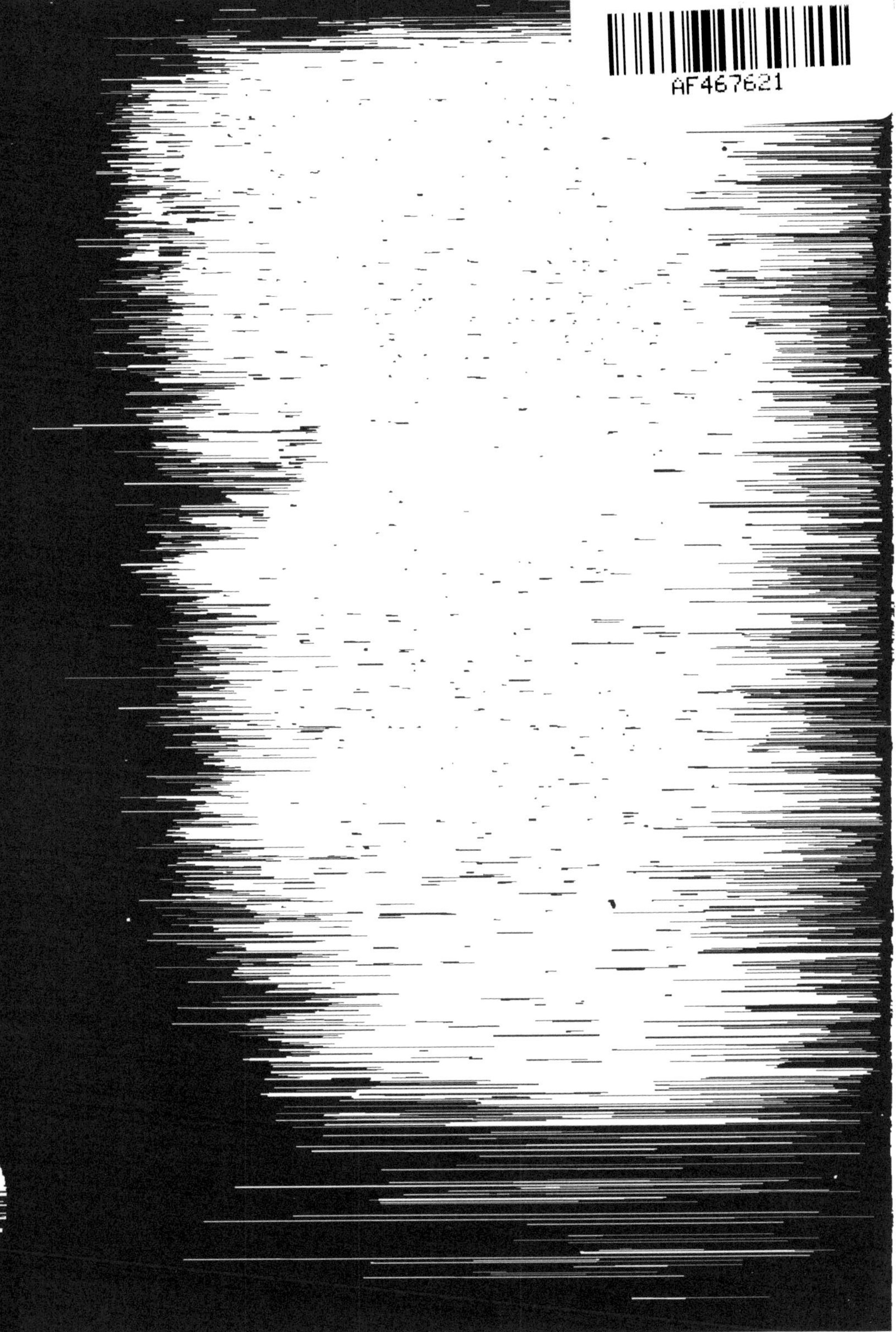

# ANATOMIE ET PHYSIOLOGIE
## ANIMALES

# ANATOMIE ET PHYSIOLOGIE
# ANIMALES

**Conforme aux derniers programmes officiels**

*(Avec de nombreuses figures dans le texte)*

A l'usage

DES CANDIDATS AUX BACCALAURÉATS (CLASSIQUES ET MODERNES)
DES ÉLÈVES DE PHILOSOPHIE (SCIENCES ET LETTRES);
DES ÉLÈVES DE PREMIÈRE MODERNE; DES ÉLÈVES DES ÉCOLES NORMALES
DES LYCÉES DE JEUNES FILLES, ETC.



PAR

**B. LAMOUNETTE**

Agrégé des sciences naturelles, Docteur ès sciences
Professeur d'Histoire naturelle au Lycée de Toulouse.

TROISIÈME ÉDITION

PARIS
GARNIER FRÈRES, LIBRAIRES-ÉDITEURS
6, RUE DES SAINTS-PÈRES, 6

# ANATOMIE ET PHYSIOLOGIE
## ANIMALES

---

## NOTIONS PRÉLIMINAIRES

Divisions de l'Histoire naturelle. — Caractères généraux des êtres vivants. — Animaux et plantes. — Classification générale des animaux.

**Histoire naturelle; ses divisions.** — L'Histoire naturelle est l'ensemble des sciences qui ont pour objet l'étude des corps répandus à la surface du globe ou rassemblés dans l'intérieur de la terre, au triple point de vue de *leur forme et de leur structure*, des *phénomènes* dont ils sont le siège et des *caractères propres à les distinguer les uns des autres*.

La première distinction générale qui existe entre les corps que l'Histoire naturelle étudie est leur séparation en deux groupes: 1° les *êtres vivants et organisés;* 2° les *corps bruts* ou *minéraux*, *inanimés* et *inorganiques*.

La *Minéralogie* et la *Géologie* ont pour but l'étude des corps inanimés et inorganiques; la *Biologie* est la science des êtres vivants et organisés.

Les êtres vivants et organisés ont été de tout temps subdivisés eux-mêmes en deux groupes : 1° les *animaux ;* 2° les *plantes* ou *végétaux*. La Biologie se subdivise elle-même en deux branches : 1° la *Zoologie* ou science qui a pour objet l'étude des animaux ; 2° la *Botanique* ou science des végétaux.

Les animaux doivent être étudiés, dans les leçons correspondant à cet ouvrage, à un double point de vue : 1° au point de vue de la *forme* et de la *structure* des parties qui les composent (*Anatomie*) ; 2° au point de vue des *fonctions* que remplissent ces parties (*Physiologie*). D'où le nom « d'Anatomie et Physiologie animales » donné à cette partie de l'Histoire naturelle.

**Caractères généraux des êtres vivants.** — Les êtres vivants sont caractérisés : 1° par leur mode d'*origine* ; 2° par leur mode d'*existence* ; 3° par leur *organisation*.

1° *Mode d'origine.* — Les corps minéraux naissent de l'union de deux ou plusieurs matières de nature différente, qui se combinent entre elles en raison de leurs affinités chimiques : le sel ordinaire ou chlorure de sodium, par exemple, se forme lorsque le chlore et le sodium se combinent ensemble ; le chlore et le sodium ne ressemblent en rien au produit qu'ils forment, et la présence du chlorure de sodium n'est nullement nécessaire à leur combinaison.

Les êtres vivants ne sauraient être produits par des combinaisons spontanées des substances qui les constituent ; l'expérience montre qu'ils supposent l'existence d'êtres vivants semblables à eux ou très analogues, dont ils proviennent ; la force vitale essentielle à leur vie se transmet par des individus qui naissent les uns des autres indéfiniment. Aucun être vivant, si simple qu'il soit, plante ou animal, n'a jamais pu être créé de toutes pièces ; la théorie de la *génération spontanée* ne peut être admise, au moins dans l'état actuel de la science (v. p. 23 et 24).

2° *Mode d'existence.* — Les corps bruts sont dans un état constant de repos intérieur : les molécules qui les forment ne se renouvellent pas. Si leur volume augmente, c'est uniquement parce que des corps semblables à eux viennent se juxtaposer à leur surface ; si leur volume diminue, c'est uniquement parce qu'une cause accidentelle, indépendante de leur existence, leur fait perdre une partie de leur propre substance.

Les êtres vivants, au contraire, sont constamment le siège de mouvements intérieurs de composition et de décomposition moléculaires, par suite desquels les matériaux qui les constituent sont successivement usés, puis remplacés par des emprunts faits au milieu extérieur. Ainsi le corps vivant s'incorpore sans cesse des molécules étrangères puisées au dehors, et sans cesse aussi il détruit une partie de ses éléments constitutifs qu'il rend au monde extérieur.

Ces échanges moléculaires constants, cette sorte de *tourbillon vital*, constituent essentiellement le phénomène de la *nutrition :* ce phénomène comprend, par conséquent, l'*assimilation*, c'est-à-dire l'*absorption* et l'*incorporation* de particules matérielles (aliments) et la *désassimilation*, c'est-à-dire la *destruction* et l'*expulsion* des substances incorporées (produits d'excrétion).

Le développement et la croissance des êtres vivants sont une des conséquences nécessaires de ces mouvements intérieurs de nutrition : lorsqu'un être vivant *s'accroît*, l'assimilation l'emporte sur la désassimilation ; les matériaux assimilés s'unissent aux matériaux déjà existants, non en se juxtaposant à eux, mais en les pénétrant en quelque sorte ; lorsqu'un être vivant *dépérit*, la désassimilation, au contraire, l'emporte sur l'assimilation ; la quantité des matériaux détruits et expulsés excède celle des matériaux absorbés et incorporés.

3° *Organisation.* — Les corps bruts — les cristaux, par exemple — ont des formes mathématiquement déterminées, à faces planes presque toujours, se rencontrant sous des angles définis ; leur masse n'a pas de limites nécessaires ; quoique les molécules qui les constituent soient disposées dans un certain ordre, ils ne présentent jamais des parties qui puissent être comparées aux *organes* des êtres vivants.

Les êtres vivants n'ont pas de formes aussi nettement arrêtées ; leurs formes varient dans de certaines limites, s'acquièrent peu à peu à la suite du développement et n'ont jamais cette simplicité géométrique que l'on observe chez les minéraux. Si l'on examine, à l'aide du microscope, une portion quelconque de leur corps, on constate qu'elle est formée par de petits éléments appelés *cellules*. Les cellules présentent à considérer : une *membrane* d'enveloppe ; un contenu, le *protoplasma*, substance qui possède les propriétés des êtres vivants, et un *noyau*, partie différenciée du protoplasma. La présence de cellules dans le corps des êtres vivants est le trait distinctif de leur organisation, car ainsi qu'on le verra plus loin, la cellule est *la forme organisée particulière à la vie, et la vie résulte de l'activité propre de la cellule.*

**Animaux et plantes.** — La distinction des êtres vivants en plantes et animaux est basée sur une série de faits imprimés de bonne heure dans notre esprit. Les animaux se meuvent librement, exécutent des actes qui supposent la faculté de percevoir les impressions du dehors et d'en avoir la conscience ; la plupart des végétaux sont fixés au sol, et l'on n'observe chez eux ni mouvements volontaires, ni sensibilité. *Les animaux s'accroissent, vivent et sentent ; les végétaux s'accroissent et vivent*, telle est la formule classique (Linné) qui répond le mieux aux différences générales que chacun peut observer en comparant les animaux supérieurs et les plantes qui nous entourent.

Mais il y a bon nombre d'animaux inférieurs chez lesquels on ne constate ni mouvements volontaires, ni aucun signe de sensibilité ; par contre, beaucoup de plantes sont douées de mouvements libres et de sensibilité (irritabilité).

La distinction établie par Linné, si générale qu'elle soit, ne peut donc être suffisante dans tous les cas, et l'on a été amené à comparer d'une façon plus stricte les propriétés des animaux et des végétaux pour rechercher s'il existe un caractère absolument distinctif entre ces deux groupes d'êtres vivants.

Les recherches faites à ce sujet n'ont pas permis d'établir une ligne de démarcation bien tranchée entre le règne animal et le règne végétal ; pour définir un animal ou un végétal, il faut avoir recours à l'ensemble des propriétés distinctives, générales, présentées par les groupes les plus élevés de chacune des deux séries.

La formule de Linné est une des plus générales que l'on puisse donner dans ces conditions : les animaux sont des êtres vivants, doués de sensibilité et de mouvement volontaire.

**Classification générale des animaux.** — Établissons d'abord les principes généraux de la classification des animaux.

1° Quand on parle de l'Homme, du Cheval, du Chien, en zoologie, on désigne non pas un homme, un cheval ou un chien, mais bien tous les êtres qui portent ces noms ; ces êtres, qui se ressemblent plus entre eux qu'ils ne ressemblent à aucun autre, forment chacun une *espèce :* tous les hommes forment une espèce (*l'espèce humaine*) ; tous les chevaux en forment une autre et ainsi de suite. Nous appellerons donc espèce : un groupe d'individus sinon absolument semblables, du moins conformés d'après le même type et reproduisant des individus pareils à eux.

2° Certaines espèces se ressemblent beaucoup et ne se distinguent les unes des autres que par de légères différences : l'espèce *Cheval* et l'espèce *Ane*, l'espèce *Chien* et l'espèce *Loup* sont dans ce cas ; elles sont dites *espèces voisines*. On réunit les espèces voisines en groupes auxquels on donne le nom de *genres*. Nous appellerons par conséquent genre : la réunion d'espèces voisines, qui cependant restent distinctes comme espèces. — Tout animal porte deux noms, le nom du genre et le nom de l'espèce : ainsi on dit le LÉZARD *gris*, le LÉZARD *vert* ; le RAT *commun*, le

RAT *musqué*. Le premier nom est celui du genre ; le second, celui de l'espèce.

3° De même qu'il y a des espèces voisines, il y a des *genres voisins* : les genres voisins sont réunis en un groupe, naturellement plus vaste, qui porte le nom de *famille* ou *tribu*. Ainsi, le genre Chien, le genre Loup et le genre Renard appartiennent à une même famille, la famille des Canidés ; le genre Cerf et le genre Renne, à la famille des Cervidés.

4° Les *familles voisines* sont réunies en un même groupe, l'*ordre* : ainsi la famille des Canidés, la famille des Ursidés, la famille des Félins — qui renferment chacune plusieurs genres, lesquels comprennent plusieurs espèces — forment l'ordre des Carnassiers.

5° La réunion de plusieurs ordres ayant un certain nombre de caractères communs forme une *classe* : la classe des Mammifères, par exemple, renferme l'ordre des Quadrumanes ou Singes, l'ordre des Carnassiers, l'ordre des Rongeurs, etc., dont le caractère commun le plus important est d'être pourvus de mamelles qui servent à l'allaitement des petits.

6° Enfin, la réunion de plusieurs classes ayant quelques caractères communs importants constitue un *embranchement* : l'embranchement des Vertébrés, par exemple, comprend la classe des Mammifères, la classe des Oiseaux, la classe des Reptiles, etc., ayant pour caractère général commun d'avoir une colonne vertébrale.

La réunion des embranchements constitue le *règne animal*.

On peut diviser immédiatement le règne animal en deux grands groupes, savoir :

1° Les *Vertébrés*; 2° les *Invertébrés*.

Les animaux *vertébrés* sont ainsi nommés à cause de leur squelette intérieur dont les *vertèbres* forment la partie la plus essentielle et la plus constante. Le squelette est presque toujours formé d'os, cachés sous la peau et les muscles, disposés à peu près comme chez l'Homme ; cependant chez quelques Poissons, il est uniquement constitué par des cartilages.

Les animaux *invertébrés* sont toujours totalement dépourvus d'un squelette interne, osseux ou cartilagineux (Insectes, Mollusques, etc.).

**Les classes de Vertébrés.** — Les animaux vertébrés forment l'*embranchement des* VERTÉBRÉS, qui comprend les cinq classes suivantes :

FIG. 1. — Renard.

1° La classe des *Mammifères*, caractérisés par la présence de *mamelles* et de *poils* (Chien, Renard, fig. 1, etc.);

2° La classe des *Oiseaux*, ayant le corps couvert de *plumes* et les membres antérieurs (*ailes*) disposés pour le vol (Aigle, Casoar, fig. 2, etc.);

FIG. 2. — Casoar. FIG. 3. — Rainette.

3° La classe des *Reptiles*, ayant le corps recouvert d'*écailles* (Serpent, Crocodile, etc.);

4° La classe des *Batraciens*, ayant la peau *nue* (Grenouille, etc.), et subissant des *métamorphoses* dans le cours de leur vie. Ces animaux sont encore appelés *Amphibiens* (deux vies), parce qu'ils vivent alternativement dans l'eau et sur la terre (fig. 3);

5° La classe des *Poissons*, animaux aquatiques se dépla-

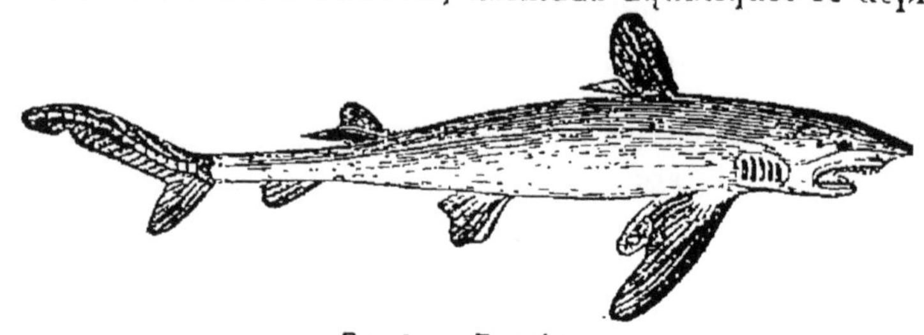

Fig. 4. — Requin

çant dans l'eau à l'aide de *nageoires* (Carpe, Requin, fig. 4, etc.).

**Les embranchements d'Invertébrés.** — Les animaux *invertébrés* sont excessivement nombreux ; leur organisation varie dans de grandes limites. Aussi ont-ils été

Fig. 5. — Carabe.

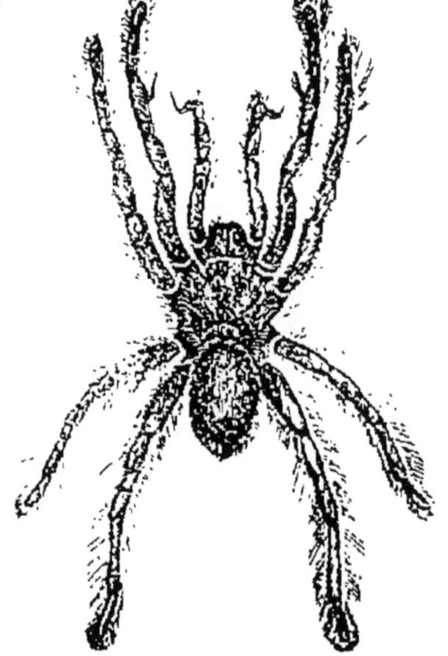

Fig. 6. — Mygale.

partagés en plusieurs embranchements, parmi lesquels nous citerons :

I. — L'embranchement des ARTICULÉS ou ARTHROPODES. — Les Articulés se distinguent de tous les autres Invertébrés surtout par deux caractères extérieurs d'une grande netteté; leur *corps* est divisé en tronçons ou *anneaux* placés les uns à la suite des autres; leurs *membres* ou organes de locomotion sont également formés de tronçons ou segments *articulés*, c'est-à-dire mobiles les uns autour des autres. Ce dernier caractère sépare les Articulés de l'embranchement suivant (les Vers). L'embranchement des Articulés comprend lui-même quatre classes : 1° la classe des *Insectes* (Hanneton, Carabe, fig. 5, etc.); 2° la classe des *Arachnides* (Araignée, fig. 6, Scorpion, etc.); 3° la classe des *Myriapodes* (Scolopendre, fig. 7, etc.); 4° la classe des *Crustacés* (Écrevisse, Crabe, fig. 8, etc.).

FIG. 7. Scolopendre.

FIG. 8. — Crabe.

II. — L'embranchement des VERS ou ANNELÉS. — L'embranchement des Vers renferme un grand nombre d'animaux dont le corps est généralement formé d'*anneaux* placés bout à bout ; ils se distinguent des Articulés surtout par la forme des pattes qui, lorsqu'elles existent, sont constituées par de simples mamelons charnus et non par une série d'articles mobiles placés à la suite les uns des autres.

Les Vers comprennent quatre classes : 1° les *Annélides* (Sangsue, Ver de terre, Néréide, fig. 9, etc.) ; 2° les *Nématodes* (Trichine, etc.) ; 3° les *Cestodes* (Tœnia ou Ver solitaire, fig. 10, etc.); 4° les *Trématodes* (Douve du foie, etc.).

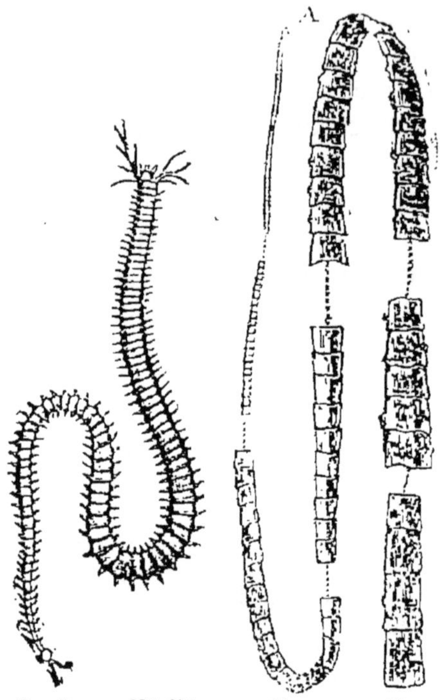

Fig. 9. — Néréide. Fig. 10. — Tœnia.

III. — L'embranchement des Mollusques. — Les Mollusques sont des animaux à corps mou, généralement protégé par une coquille calcaire ; leur corps n'est jamais divisé en anneaux, ce qui les distingue immédiatement des Articulés et des Vers. Leur organisation est, du reste, bien différente à la fois de celle des Invertébrés précédents et celles des Invertébrés des embranchements suivants. On divise l'embranchement des Mollusques en trois classes : 1° la classe des *Bivalves* ou *Lamellibranches* (Huître, Moule, fig. 11, etc.); 2° la classe de *Gastéropodes* (Escargot, etc.) ;

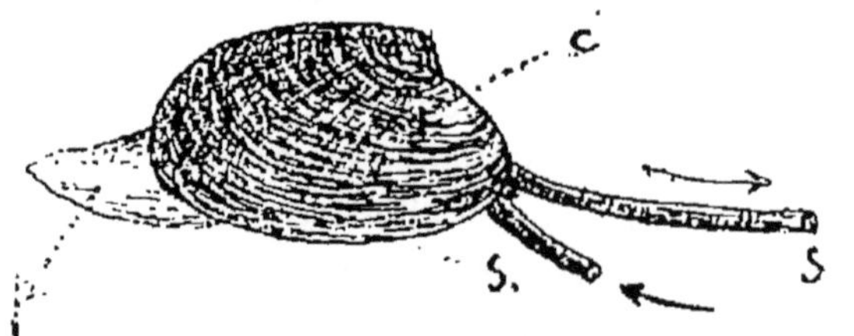

Fig. 11. — Mollusque bivalve.

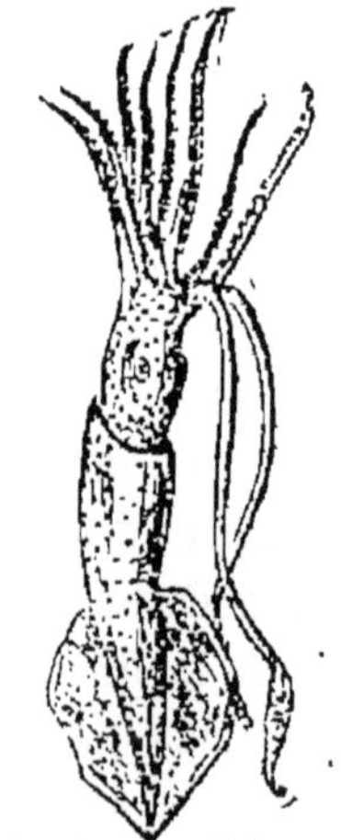
Fig. 12. — Calmar.

3° la classe des *Céphalopodes* (Poulpe, Seiche, fig. 12, etc.).

IV. — L'embranchement des Echinodermes. — Les Vertébrés et les trois premiers embranchements d'Invertébrés ont une *symétrie bilatérale ;* cela revient à dire que si l'on coupe leur corps suivant sa longueur et par le milieu, les deux moitiés ainsi formées se ressemblent autant qu'un objet et son image. Les Echinodermes, de même que les animaux de l'embranchement suivant, ont une *symétrie rayonnée ;* cela veut dire que les diverses parties de leur corps

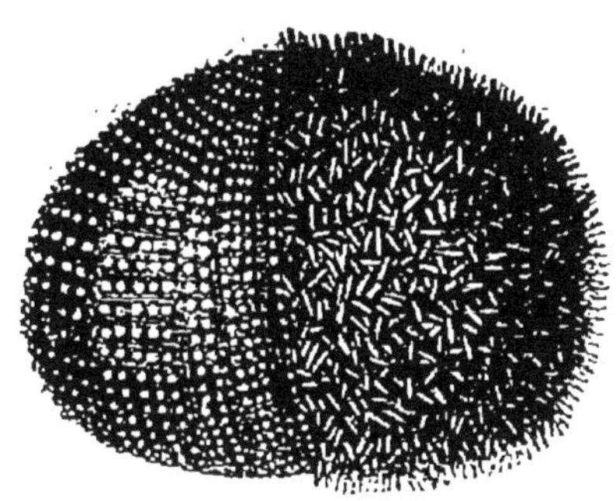

Fig. 13. — Oursin.

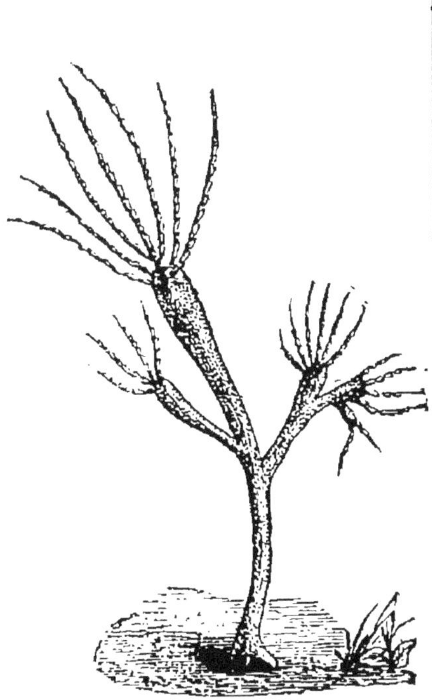

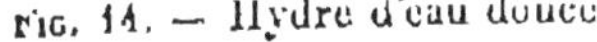

Fig. 14. — Hydre d'eau douce

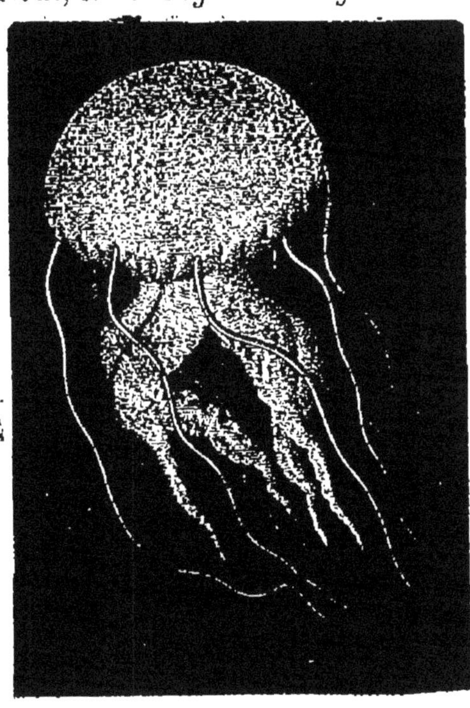

Fig. 15. — Méduse.

se disposent autour d'un axe central, comme les rayons d'une roue. Ces deux embranchements formaient autrefois le groupe des *Rayonnés* qu'on appelait aussi les *Zoophytes*, parce que quelques-uns des animaux qu'ils renferment ressemblent au premier abord à des plantes.

Les Echinodermes doivent leur nom à ce que la surface de leur corps est couverte de *piquants* (dans le plus grand nombre des cas). On divise cet embranchement en quatre classes : 1° les *Echinides* (Oursin ou Châtaigne de mer, fig. 13) ; 2° les *Astérides* (Étoile de mer) ; 3° les *Crinoïdes* (Encrine) ; 4° les *Holothurides* (Holothurie).

V. — L'embranchement des Cœlentérés. — Les animaux qui appartiennent à cet embranchement sont des Rayonnés à organisation très simple : leur corps, en effet, est presque uniquement constitué par une sorte de sac ouvert en un seul point appelé *bouche;* la bouche sert à la fois à l'entrée des aliments et à la sortie des résidus de la digestion. On divise les Cœlentérés en deux sous-embranchements : 1° les *Cœlentérés proprement dits* (Hydre, fig. 14; Corail, Méduse, fig. 15, etc.) ; 2° les *Spongiaires* (Éponges, fig. 16).

Fig. 16. — Éponge.

VI. — L'embranchement des Protozoaires. — Les Protozoaires sont des animaux microscopiques; leur corps n'est pas divisé en cellules et il a, à peu près, l'organisation d'une seule cellule.

Le tableau suivant résume la classification sommaire des animaux :

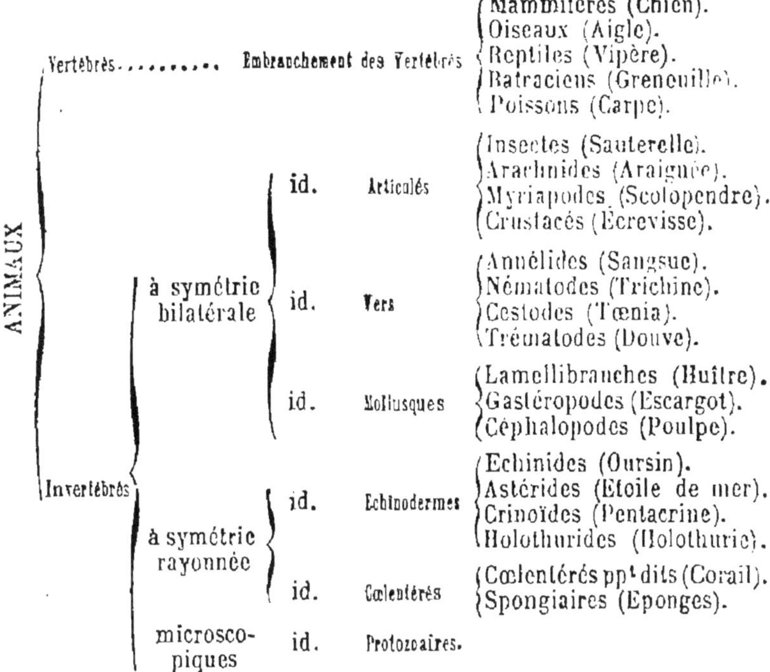

| | | | | |
|---|---|---|---|---|
| ANIMAUX | Vertébrés | | Embranchement des Vertébrés | Mammifères (Chien). Oiseaux (Aigle). Reptiles (Vipère). Batraciens (Grenouille). Poissons (Carpe). |
| | Invertébrés | à symétrie bilatérale | id. Articulés | Insectes (Sauterelle). Arachnides (Araignée). Myriapodes (Scolopendre). Crustacés (Écrevisse). |
| | | | id. Vers | Annélides (Sangsue). Nématodes (Trichine). Cestodes (Tœnia). Trématodes (Douve). |
| | | | id. Mollusques | Lamellibranches (Huître). Gastéropodes (Escargot). Céphalopodes (Poulpe). |
| | | à symétrie rayonnée | id. Echinodermes | Echinides (Oursin). Astérides (Etoile de mer). Crinoïdes (Pentacrine). Holothurides (Holothurie). |
| | | | id. Cœlentérés | Cœlentérés ppt dits (Corail). Spongiaires (Eponges). |
| | | microscopiques | id. Protozoaires. | |

**Plan de l'ouvrage.** — Ces notions préliminaires étant acquises, nous allons étudier tout d'abord l'Homme et les animaux au point de vue de la structure générale de leur corps : à cette étude correspond la première partie de l'ouvrage (*cellule et tissus*).

Dans la seconde partie, nous étudierons l'Homme et les animaux au point de vue de l'Anatomie et de la Physiologie de leurs *organes et appareils de nutrition.*

La troisième partie est consacrée à l'Anatomie et à la Physiologie des *organes et des appareils de relation* de l'Homme et des animaux.

# PREMIÈRE PARTIE

## STRUCTURE GÉNÉRALE DU CORPS DE L'HOMME ET DES ANIMAUX

On a reconnu de tout temps que le corps de l'Homme et des animaux est composé d'un assemblage d'*organes* qui se distinguent les uns des autres par leur forme et par les fonctions qu'ils remplissent. Jusqu'au commencement de ce siècle, les anatomistes s'étaient contentés de décrire les plus minutieux détails de la forme des organes : à cette époque, les recherches de *Bichat* montrèrent que les organes sont constitués par l'agencement d'un petit nombre de matériaux, les *tissus*, qu'un même organe renferme plusieurs tissus et qu'un même tissu peut entrer dans la constitution de plusieurs organes. « Tous les animaux, dit Bichat, sont un assemblage de divers organes qui, exécutant chacun une fonction, concourent, chacun à sa manière, à la conservation du tout : ce sont autant de machines particulières dans la machine générale qui constitue l'individu. Or ces machines particulières sont elles-mêmes constituées par plusieurs tissus très différents de nature et qui forment véritablement les *éléments* de ces organes. »

Le perfectionnement du microscope et l'application de cet instrument à l'étude des tissus ou des fragments de tissus montrèrent bientôt que les tissus ne sont pas réellement les éléments des organes, comme le pensait Bichat, puisqu ils peuvent être décomposés eux-mêmes en *éléments* plus petits, auxquels on a donné le nom de *cellules*. De plus les travaux de *Schleiden* et de *Schwann* firent voir que tous les éléments des organismes animaux et végétaux ont eu pour point de départ une cellule qui, en se multipliant et en se différenciant à mesure, en produit un grand nombre d'autres, lesquelles s'associent et se transforment de façon à constituer les divers tissus et les divers organes.

Actuellement, on considère la cellule comme représentant *l'élément anatomique* des animaux et des végétaux, l'organisme le plus simple dont soient constitués les êtres les plus complexes. Étudions successivement la *cellule* et les *principaux tissus*.

## I. — La cellule

**Forme et dimensions.** — La forme des cellules est très variable ; sans vouloir entrer ici dans des détails qui trouvent leur place naturelle dans l'étude des tissus, nous dirons simplement que les cellules sont, en général, des sortes de sacs sphériques ou ovalaires, cylindriques ou prismatiques, allongés ou aplatis.

Il en est de même des dimensions, qui varient cependant dans des limites moindres : en général, les cellules ont quelques centièmes de millimètre et elles peuvent, par conséquent, être observées avec un microscope grossissant 80 ou 100 fois. Quelques cellules sont visibles à l'œil nu, car elles atteignent quelques dixièmes de millimètre. Les plus petites cellules connues ne dépassent pas quelques millièmes de millimètre.

**Parties constituantes de la cellule.** — La cellule présente à considérer, quand elle est complète, trois parties constituantes principales, savoir (fig. 17) :

1° La membrane;

2° Le protoplasma;

3° Le noyau.

Dans le noyau, se trouvent souvent inclus un ou plusieurs petits corps arrondis, les *nucléoles*, dont le rôle est peu connu; nous nous bornons à signaler leur existence.

Il est des cellules dépourvues de membrane; d'autres sont dépourvues de membrane et de noyau et, par suite, réduites au protoplasma : le protoplasma est, en effet, la seule partie *essentielle*, *fondamentale* des cellules. Étudions-le tout d'abord.

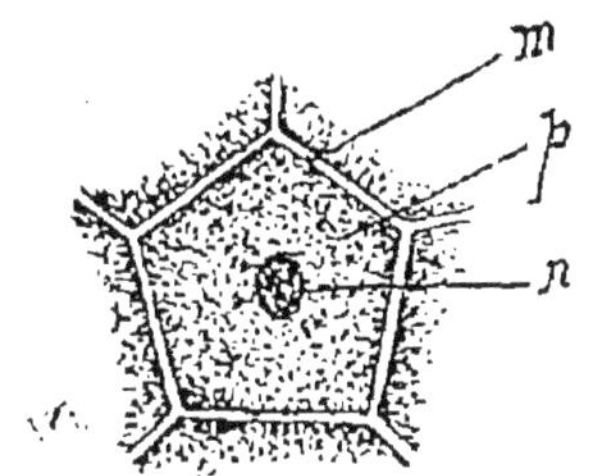

Fig. 17. — Parties constituantes de la cellule. — *m*, membrane; *p*, protoplasma; *n*, noyau.

**Caractères physiques et chimiques du protoplasma.** — *Au point de vue physique*, le protoplasma est une substance pâteuse ou gélatineuse, formée de petits grains unis par une matière fluide. Il est quelquefois d'une transparence parfaite et, dans ce cas, on ne peut le voir sous le microscope qu'après l'avoir coloré par des réactifs chimiques spéciaux (iode, couleurs d'aniline, hématoxyline); sous l'influence de certains agents, tels que la chaleur, le froid, l'alcool, il se coagule à la façon du sang extrait du corps d'un animal.

*Au point de vue chimique*, le protoplasma est une combinaison de carbone, d'oxygène, d'hydrogène et d'azote en quantités variables, et, par suite, mal déterminées, avec une grande proportion d'eau. Cette substance rentre, par conséquent, dans la catégorie des substances *quaternaires* ou *azotées*, désignées aussi sous le nom de *substances albuminoïdes*, parce que l'albumine en est le type.

Le protoplasma se distingue essentiellement de toutes les substances qui peuvent avoir les mêmes caractères physiques et chimiques par un ensemble de propriétés qui en font une *matière vivante*.

**Propriétés du protoplasma.** — Une substance vivante est caractérisée, comme les êtres vivants, par diverses propriétés, telles que le mouvement, la nutrition, la reproduction, le mode d'origine, etc. Pour observer avec netteté ces propriétés dans le protoplasma, il convient d'examiner dans une goutte d'eau, à l'aide du microscope, certains êtres, connus sous le nom d'*Amibes* (fig. 18), uniquement constitués par une gouttelette de protoplasma granuleux renfermant un noyau.

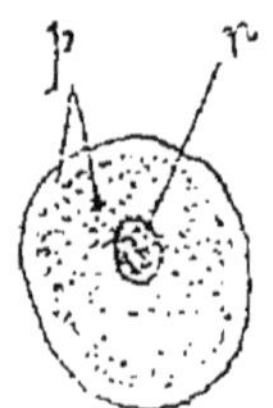

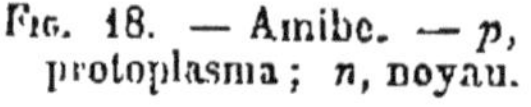
Fig. 18. — Amibe. — *p*, protoplasma; *n*, noyau.

Fig. 19. — Amibe en mouvement. — *p*, protoplasma; *n*, noyau; *a*, grain d'amidon.

1° On constate très rapidement qu'une Amibe, placée dans les conditions que nous venons d'indiquer, se *meut librement*, c'est-à-dire peut se rendre d'un point à un autre. Ce mouvement d'ensemble est produit par le protoplasma qui s'allonge en certains endroits et se déprime aux points opposés (fig. 19) : les mouvements de cette sorte sont dits *mouvements amiboïdes*, et l'on appelle *pseudopodes* les allongements protoplasmiques qui produisent ces mouvements. Les globules blancs du sang se déplacent d'une façon analogue.

Pendant que l'Amibe exécute des mouvements d'ensemble, les grains du protoplasma qui la constituent se déplacent constamment les uns par rapport aux autres, de façon à opérer un brassage continuel de cette substance. Lorsque le protoplasma est inclus dans une membrane — ce qui est le cas le plus général — les mouvements d'ensemble sont rendus impossibles, mais les granules protoplasmiques se meuvent lentement les uns à la suite des autres dans une direction déterminée, ou bien se déplacent irrégulièrement au milieu de la substance fluide sur laquelle ils sont portés.

2° Les phénomènes de *nutrition* s'observent tout aussi nettement chez les Amibes : si, par exemple, les pseudopodes rencontrent des granules (fig. 20), ils les entourent peu à peu complètement de façon à les mettre en rapport direct avec le protoplasma intérieur; ces granules sont dès lors soumis à une véritable *digestion* (fig. 21) qui leur enlève, au

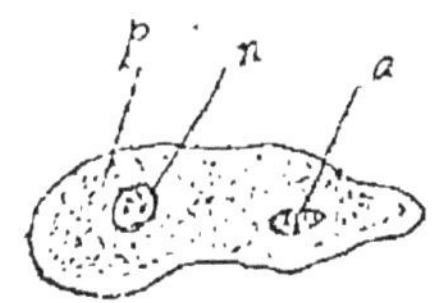


Fig. 20. — Nutrition de l'Amibe. — *a*, grain d'amidon englobé dans le protoplasma.

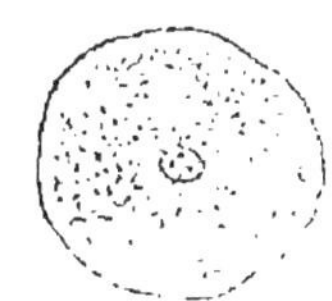

Fig. 21 et 22. — Amibe revenant à sa forme primitive.

profit de l'Amibe, les principes nutritifs qu'ils renferment; la digestion achevée, les parties inutiles sont rejetées au dehors par une ouverture qui se forme en n'importe quelle portion du protoplasma périphérique, et qui se ferme aussitôt que sa fonction est remplie (fig. 22).

Des observations un peu plus compliquées permettraient de constater, en outre, que l'Amibe emprunte constamment de l'*oxygène* au milieu dans lequel elle est placée, et qu'elle rend à ce milieu de l'*acide carbonique*, produit de combustion de sa propre substance.

Il y a donc entre le protoplasma et le milieu extérieur des échanges constants — ces mêmes échanges présentés par les êtres vivants — à la suite desquels la substance protoplasmique se renouvelle incessamment

3° Grâce aux phénomènes de nutrition dont le protoplasma est le siège, le corps des Amibes *s'accroît* pendant quelque temps; lorsque ces petits êtres ont atteint une taille déterminée, ils se partagent en deux parties comme si on les serrait dans un fil ténu (fig. 23, 24, 25) : chaque partie constitue une nouvelle Amibe qui se comporte absolument comme l'Amibe dont elle provient.

Le phénomène de la multiplication du protoplasma inclus dans une membrane est beaucoup plus compliqué que chez les Amibes ; nous en ferons connaître les traits caractéristiques à propos du noyau de la cellule. Nous verrons aussi plus loin que le protoplasma et la cellule naissent toujours d'un protoplasma et d'une cellule antérieurs.

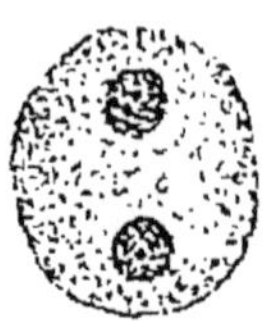

Fig. 23, 24 et 25. — Reproduction de l'Amibe.

Nous pouvons donc conclure que la cellule est la *forme organisée particulière à la vie, et que la vie résulte de l'activité propre des cellules.*

**Le noyau de la cellule.** — Le noyau paraît être la partie la plus importante de la cellule après le protoplasma ; il a généralement une forme sphérique ou ovalaire, et se trouve presque toujours placé vers le milieu de la masse protoplasmique.

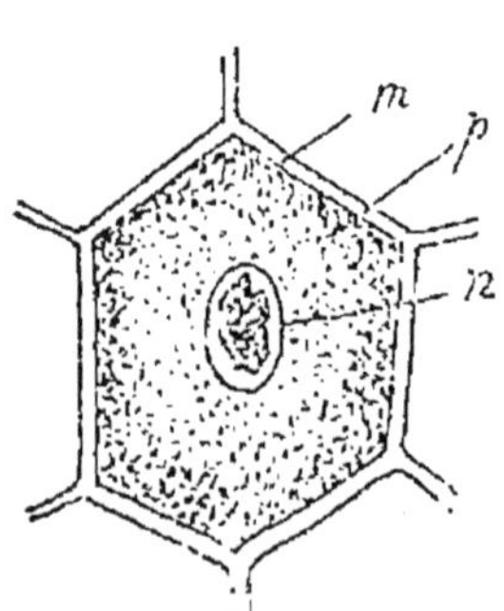


Fig. 26. — Cellule et noyau. — *m*, membrane ; *p*, protoplasma ; *n*, noyau.

Sa structure est complexe (fig. 26). Il est entouré d'une fine membrane, transparente, de nature albuminoïde ; sa substance propre, constituée par une matière albuminoïde phosphorée, comprend : 1° un *filament granuleux*, d'une finesse extrême, enroulé sur lui-même d'une façon inextricable, se colorant vivement par certains réactifs (carmin, etc.): c'est la *chromatine;* 2° une substance demi-liquide, transparente, appelée *suc nucléaire*, remplissant les intervalles des filaments chromatiques. Enfin c'est dans le noyau que sont placés les *nucléoles* qui, d'habitude, paraissent constitués par des portions ramassées de la chromatine.

Lorsque le noyau a acquis sa taille définitive, il se divise en deux noyaux distincts, après quoi la cellule se divise aussi *généralement* en deux nouvelles cellules : on en conclut avec raison que le principal rôle du noyau est d'assurer la division cellulaire.

La division du noyau et de la cellule consiste dans un ensemble de phénomènes compliqués dont nous allons faire connaître les phases essentielles, dans leur ordre d'apparition.

**Division du noyau.** — 1° Les nucléoles disparaissent d'habitude, lorsqu'ils existent;

2° La membrane du noyau se dissout et le suc nucléaire se mélange intimement avec le protoplasma de la cellule;

3° Le filament chromatique se fractionne en un grand nombre de petits segments, arqués ou en forme de V, qui, en se disséminant dans la partie protoplasmique avoisinante, augmentent considérablement les dimensions primitives du noyau (fig. 27);

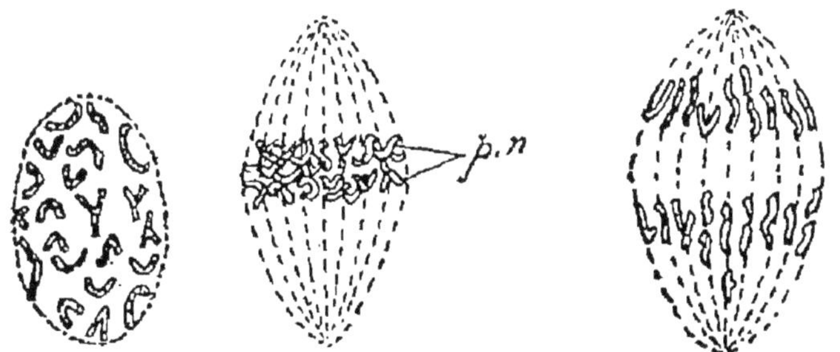

FIG. 27, 28 et 29. — Diverses phases de la division du noyau.

4° Les segments issus du fractionnement du filament chromatique se réunissent sans se fusionner vers l'équateur du noyau, où ils forment une large plaque, appelée *plaque nucléaire;* en même temps, le protoplasma s'étire en filaments ténus allant de l'équateur du noyau à ses deux pôles. Cet aspect rappelle assez exactement celui d'un tonnelet ou d'un fuseau (fig. 28);

5° La plaque nucléaire se partage en deux moitiés; les segments de chaque moitié s'acheminent lentement vers le pôle correspondant en suivant les filaments protoplasmiques comme autant de fils conducteurs (fig. 29);

Fig. 29 *bis*. — Fin de la division du noyau. — n', n', noyaux issus de la division du noyau primitif.

6° Arrivés aux deux pôles, les segments se fusionnent, s'ajoutent bout à bout en quelque sorte et s'entourent d'une membrane propre à chaque groupe polaire (fig. 29 *bis*).

A ce stade, la cellule présente deux noyaux qui sont issus d'un même noyau primitif.

On n'a jamais observé de formation spontanée de noyaux au sein du protoplasma : il faut donc admettre que les noyaux proviennent toujours de la division de noyaux antérieurs, comme le protoplasma provient d'un protoplasma préexistant.

**Division de la cellule.** — La division reste quelquefois simple après une, deux ou un plus grand nombre de divisions du noyau; au point de vue morphologique, une cellule qui renferme plusieurs noyaux correspond à autant de cellules qu'il y a de noyaux distincts.

Mais le plus souvent, la cellule se divise à son tour par la formation d'une membrane qui commence à apparaître, dans le protoplasma, à la place occupée auparavant par la plaque nucléaire et qui s'étend ensuite vers les bords, de façon à diviser la cellule primitive en compartiments renfermant chacun un des noyaux précédemment formés.

**Membrane de la cellule.** — La membrane donne aux

cellules les formes spéciales qu'elles possèdent; elle est le produit du protoplasma, de *nature albuminoïde* comme lui dans les tissus des animaux. Sa fonction est de protéger le protoplasma et de donner aux cellules la solidité qui leur est nécessaire pour l'édification des tissus. En général, les membranes des cellules animales restent minces, tandis que les membranes des cellules végétales s'épaississent souvent, de façons très diverses.

La nature albuminoïde de la membrane des cellules chez les animaux a paru constituer un caractère distinctif *absolu* entre ceux-ci et les végétaux, chez lesquels la membrane cellulaire est de nature *ternaire* (combinaison du *carbone*, de l'*oxygène* et de l'*hydrogène*). Mais ce n'est là qu'un caractère distinctif *général*, car chez des êtres (*Tuniciers*) qu'on ne peut nullement rapprocher des végétaux, certaines membranes cellulaires ne sont pas azotées et, en revanche, les membranes cellulaires sont azotées dans quelques organes des végétaux.

**Génération spontanée.** — On a vu que la membrane des cellules est le produit du protoplasma, que le protoplasma prend son origine dans un protoplasma antérieur, et que les noyaux naissent de noyaux préexistants : en d'autres termes, les cellules et les parties qui les constituent ont leur origine dans des cellules antérieures et, si loin que l'on remonte dans le temps par la pensée, il en a été toujours ainsi jusqu'à une première cellule, dont l'origine est absolument inconnue dans le domaine scientifique.

L'observation la plus élémentaire montre qu'il en est de même des êtres vivants, plantes et animaux.

Cependant, à des époques diverses, on a affirmé que les cellules et certains êtres pouvaient s'organiser aux dépens de substances inertes qui prenaient forme et vie *spontanément*, c'est-à-dire sans relation aucune avec des cellules ou des êtres préexistants : c'est la théorie de la *génération spontanée*.

Voici le fait principal qui a donné naissance à cette théorie.

Si l'on abandonne quelque temps à l'air une infusion d'herbes ou plus simplement un bouillon de viande filtré et limpide, le liquide ne tarde pas à se troubler et à se recouvrir d'une mince pellicule d'apparence glaireuse. En examinant au microscope, avec des grossissements suffisants, une goutte du liquide troublé, on y observe une infinité d'êtres vivants, de formes diverses, tels que des Monades, des Microcoques, des Bactéries, des Levures, êtres unicellulaires.

Que conclure de cet examen? Est-ce là un cas de *génération spontanée*, c'est-à-dire de transformation et d'organisation de la substance organique contenue dans le liquide ayant servi à l'expérience?

On pourrait le croire. Mais les expériences précises de M. *Pasteur*, en France, et de *Tyndall*, en Angleterre, démontrent que tous ces êtres proviennent d'êtres semblables à eux, répandus dans le milieu extérieur et qui se sont développés dans le liquide nutritif. Cette démonstration s'appuie sur le fait qu'on peut tuer tous les germes tombés dans ce liquide et empêcher les êtres extérieurs d'arriver à son contact.

Prenons, par exemple, un tube Pasteur portant une tubulure effilée et fermé par un tampon de coton permettant le passage de l'air, mais arrêtant les germes; portons-le dans une étuve, à la température de 200 à 250 degrés, suffisante pour tuer tous les organismes qui pourraient s'être fixés à ses parois intérieures; brisons la pointe que nous introduisons aussitôt dans le liquide bouillant; aspirons, par l'ouverture fermée à l'aide du tampon de coton, afin de faire pénétrer dans l'intérieur du tube un peu de ce liquide et fermons la tubulure à la lampe. Le liquide restera indéfiniment limpide; aucun être vivant n'y apparaît: les germes tués ou absents, la vie reste absente.

Les partisans de la génération spontanée pensent que

l'ébullition du liquide nutritif peut avoir eu pour effet d'atteindre sa puissance fécondante; mais l'expérience a été faite aussi avec des liquides non bouillis (sang, lait), puisés directement dans l'organisme : aucun être ne se forme non plus dans ces conditions. La génération spontanée doit être considérée, jusqu'à nouvelle épreuve, comme une simple hypothèse démentie par les faits les plus précis.

## II. — Les principaux tissus

Les tissus, et par suite les organes de l'Homme et des animaux, dérivent d'une *seule cellule primitive*, qui, par divisions successives, fournit le *blastoderme*. A cet état du développement des animaux, les cellules blastodermiques forment, autour d'une cavité centrale remplie de liquide, une

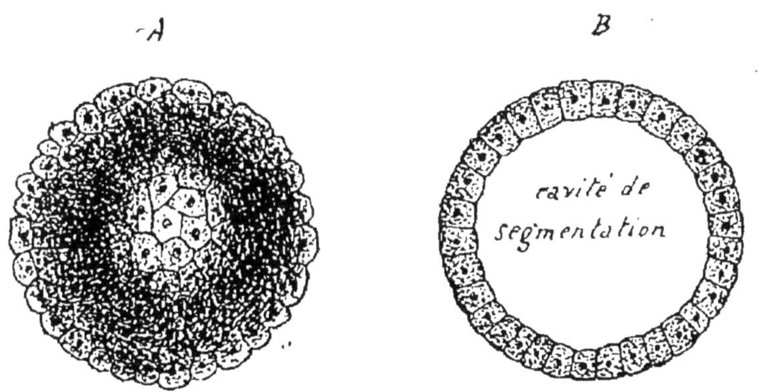


Fig. 30 et 31. — Blastoderme. — A, aspect; B, coupe transversale.

couche complète qui rappelle l'aspect d'une mûre homogène (fig. 30 et 31).

Par des modifications ultérieures, dans le détail desquelles nous n'avons pas à entrer ici, le blastoderme se divise d'abord en deux, puis en trois assises concentriques de cellules, appelées *feuillets blastodermiques*. Le feuillet externe est l'*ectoderme*, le feuillet moyen, le *mésoderme* et le feuillet interne, l'*entoderme* (fig. 32).

C'est aux dépens de ces trois feuillets blastodermiques que se constituent tous les tissus.

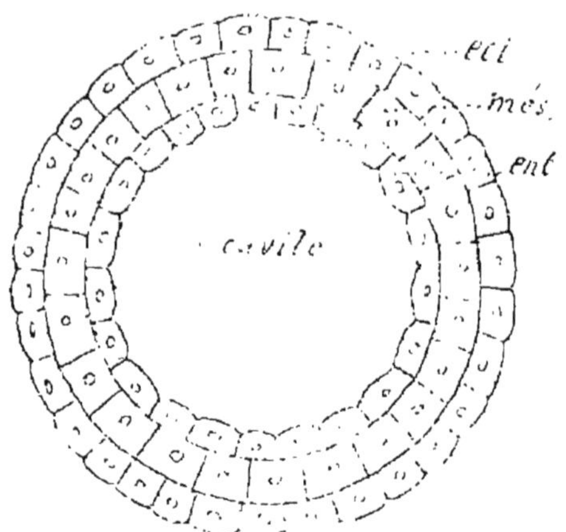


Fig. 32. — Les trois feuillets blastodermiques.

Il y a lieu de distinguer deux cas à cet égard :

1° Les tissus conservent la disposition générale présentée par les cellules des feuillets blastodermiques : ce sont les *tissus primitifs* ;

2° Les tissus ne conservent pas cette disposition générale ; leurs cellules diffèrent considérablement de celles des feuillets blastodermiques par leur forme et leurs fonctions : ce sont les *tissus secondaires*.

**Tissus primitifs.** — Les tissus primitifs présentent à considérer deux dispositions principales, qui leur sont communes avec celles des feuillets blastodermiques :

1° Les cellules qui les constituent sont placées côte à côte, simplement réunies par leurs membranes, avec interposition d'une très faible proportion de substance intercellulaire, produite par les cellules : ce sont les *tissus épithéliaux* (ectoderme, entoderme) ;

2° Les cellules produisent une grande quantité de *substance intercellulaire*, qui les sépare les unes des autres et dans laquelle elles sont plongées : ce sont les *tissus conjonctifs* (mésoderme).

Les tissus épithéliaux et les tissus conjonctifs président surtout aux *fonctions de nutrition*.

**Tissus secondaires.** — Les tissus secondaires proviennent de la *différenciation* des feuillets blastodermiques ; les cellules qui les constituent sont modifiées dans leur forme et remplissent d'autres fonctions.

Dans ce groupe, se placent le *tissu musculaire* et le *tissu nerveux*.

Le tissu musculaire provient des modifications, soit des tissus épithéliaux, soit des tissus conjonctifs ; le protoplasma des cellules musculaires jouit de la propriété de se *contracter* — sous l'influence d'une excitation produite par le tissu nerveux — c'est-à-dire de se raccourcir dans un sens et de s'élargir en même temps dans le sens opposé, puis de revenir à sa forme primitive lorsque cesse l'excitation nerveuse. Le tissu musculaire préside aux *mouvements*.

Le tissu nerveux provient toujours de l'ectoderme, par conséquent des tissus épithéliaux ; les éléments qui le constituent sont de formes diverses ; sa fonction est de coordonner et de diriger les fonctions remplies par les divers organes et de percevoir quelques-unes des formes sous lesquelles se manifestent les milieux extérieurs.

Les tissus secondaires (musculaire et nerveux) président, par conséquent, aux *fonctions de relation*.

Nous avons, en définitive, à étudier quatre sortes de tissus :

| | |
|---|---|
| Tissus primitifs. | 1° Tissus épithéliaux.<br>2° Tissus conjonctifs. |
| Tissus secondaires. | 3° Tissu musculaire.<br>4° Tissu nerveux. |

Examinons successivement leurs caractères principaux.

## Tissus épithéliaux

**Caractères généraux.** — Les cellules des tissus épithéliaux sont disposées les unes à côté des autres, cimentées, en quelque sorte, par une très faible proportion de substance intercellulaire; elles renferment un protoplasma granuleux et un noyau. Leurs membranes, très minces sur les faces en contact avec les cellules épithéliales voisines, sont plus ou moins considérablement épaissies sur les faces libres; cette partie épaissie porte le nom de *plateau* (fig. 33).

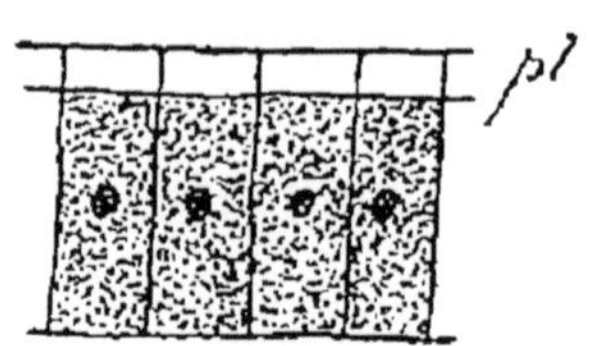


Fig. 33. — Cellules épithéliales. — *pl*, plateau.

La forme des cellules épithéliales est très variable; d'une façon générale, on peut rapporter cette forme à deux types principaux : 1° les cellules sont polyédriques, plus larges que hautes (fig. 34), et l'épithélium est dit *pavimenteux*,

Fig. 34. — Epithélium pavimenteux simple.

2° les cellules sont cylindriques, plus hautes que larges (fig. 35), et l'épithélium est dit *cylindrique*.

Fig. 35. — Epithélium cylindrique simple.

Dans l'un et l'autre cas, les cellules sont rangées en une seule couche et l'épithélium est *simple;* ou bien elles sont disposées sur deux ou plusieurs couches superposées, et l'épithélium est *stratifié* (fig. 36 et 37). On rencontre donc des épithéliums pavimenteux simples et des

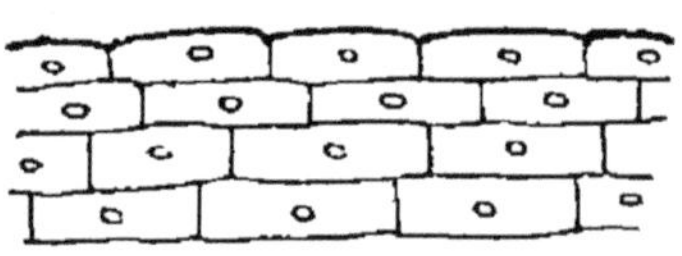

Fig. 36. — Epithelium pavimenteux stratifié.

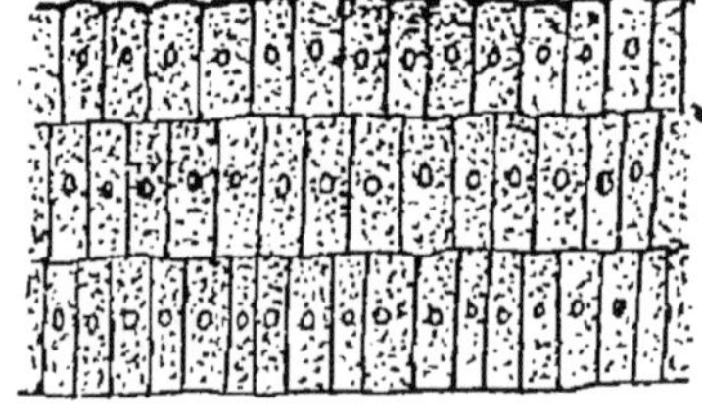

Fig. 37. — Epithélium cylindrique stratifié.

épithéliums pavimenteux stratifiés, des épithéliums cylindriques simples et des épithéliums cylindriques stratifiés.

Certaines cellules épithéliales, appartenant aux tissus épithéliaux cylindriques stratifiés ou simples, ont leur plateau traversé par de petits bâtonnets implantés verticalement, qui vibrent constamment en oscillant de droite à gauche tant que la cellule qui les porte est vivante : ces bâtonnets portent le nom de *cils vibratiles* (fig. 38) et l'épithélium est, dans ce cas, dit *épithélium vibratile*. Dans les épithéliums stratifiés, la couche périphérique seule porte des cils vibratiles.

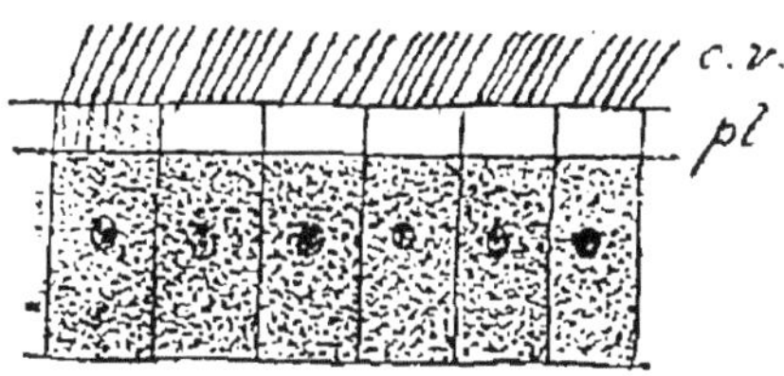


Fig. 38. — Epithélium vibratile. — *cv*, cils vibratiles; *pl*, plateau.

**Rôle des épithéliums.** — Au point de vue de leur rôle général, les tissus épithéliaux ou épithéliums se divisent en deux groupes, savoir : 1° les épithéliums *de revêtement*; 2° les épithéliums *glandulaires*.

1° Ainsi que leur nom l'indique, les épithéliums de revêtement recouvrent la surface interne des organes et la surface extérieure du corps. L'ensemble de l'épithélium de revêtement de la surface extérieure du corps, joint à une couche de tissu conjonctif placée au-dessous forme la *peau*; l'ensemble de l'épithélium qui recouvre la surface des organes internes, joint à une certaine quantité de tissu conjonctif qui le soutient, porte le nom de *muqueuse*. Dans la peau, on trouve, par conséquent, en allant de *l'extérieur vers l'intérieur*, un épithélium, puis le tissu conjonctif; dans une muqueuse, on trouve les mêmes parties en allant de *l'intérieur* de l'organe vers *l'extérieur*.

2° Les glandes ne sont autre chose que des dépressions des surfaces épithéliales : en effet, pour former une glande, l'épithélium de revêtement s'enfonce peu à peu en repoussant devant lui le tissu conjonctif sous-jacent; le point où la dépression se produit reste ouvert et forme *l'orifice excréteur* de la glande.

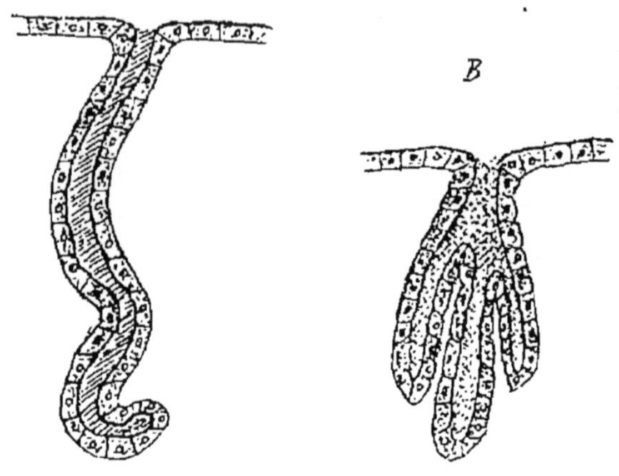


Fig. 39 et 40. — Glandes épithéliales. — A, glande simple ; B, glande composée.

Le fond de la dépression reste parfois indivis et la glande est dite *simple* (fig. 39), ou bien il se ramifie, présentant ainsi un plus ou moins grand nombre de branches communiquant toutes avec l'extérieur par l'orifice excréteur commun et la glande est dite *composée* (fig. 40).

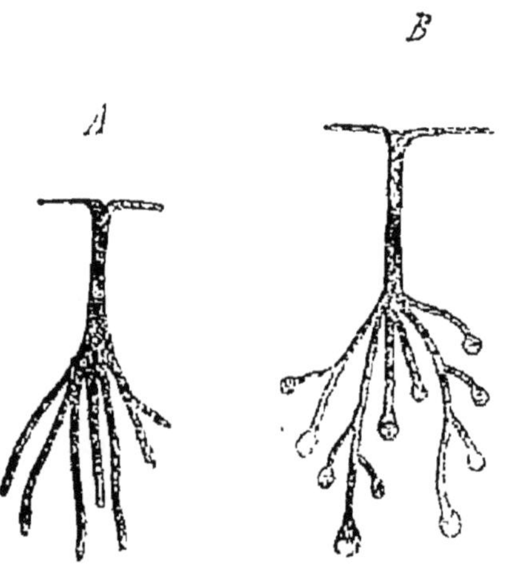


Fig. 41 et 42. — Glandes tubuleuses et acineuses. — A, glande tubuleuse ; B, glande acineuse.

Que les glandes soient simples ou composées, les branches qui les forment restent cylindriques et la glande est *tubuleuse* (fig. 41), ou bien ces branches s'arrondissent à leur extrémité de façon à présenter un fond globuleux ou *acinus* et la glande est *acineuse* (fig. 42).

L'épithélium qui tapisse les conduits glandulaires sécrète un produit liquide, de composition et de fonction diverses suivant les glandes, lequel est rejeté par l'orifice excréteur.

## Tissus conjonctifs

Ainsi qu'on l'a vu, le caractère commun des tissus conjonctifs est d'être constitués par des *cellules* plongées dans une *substance intercellulaire* très abondante.

L'état de cette substance intercellulaire permet de diviser ces tissus de la façon suivante :

1° Substance intercellulaire *liquide* (sang, lymphe);

2° Substance intercellulaire *solide* (tissu conjonctif proprement dit, tissu cartilagineux, tissu osseux).

Etudions les principaux caractères de ces divers tissus conjonctifs.

**Sang, lymphe.** — La lymphe est toujours constituée par des cellules plongées dans un plasma ou substance intercellulaire liquide; il en est de même du sang des animaux vertébrés.

Le rôle général du sang et de la lymphe — que nous étudierons plus loin avec détail — est de transporter dans les différentes parties du corps les matériaux nutritifs nécessaires à l'organisme.

**Tissu conjonctif proprement dit.** — Le tissu conjonctif proprement dit unit les uns aux autres les divers organes du corps ; il est formé de *cellules* arrondies ou ovalaires, munies de petits prolongements qui leur donne un aspect étoilé et d'une *substance intercellulaire* abondante, de nature albuminoïde, produite par les cellules.

La substance fondamentale est rarement homogène ; le plus généralement, elle se différencie en minces filaments isolés ou réunis en faisceaux et désignés sous les noms de *faisceaux connectifs* et de *fibres élastiques* (fig. 43). Les faisceaux connectifs sont des cylindres de la substance intercellulaire; ils paraissent rétrécis, étranglés en de nombreux points de leur longueur. Les fibres élastiques, plus minces que les faisceaux connectifs se ramifient et se mettent en relation les unes avec les autres par leurs branches.

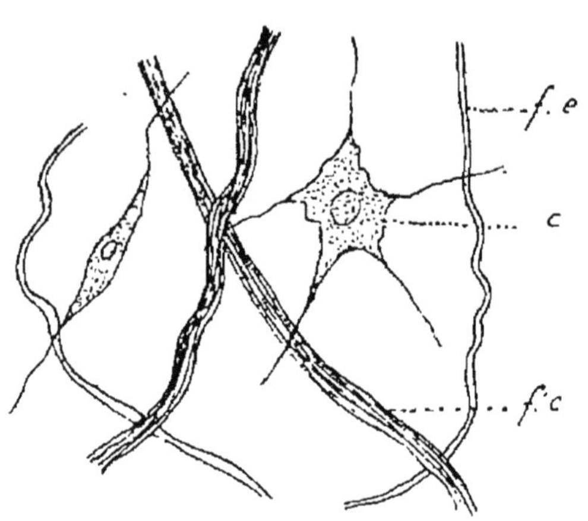


Fig. 43. — Éléments du tissu conjonctif. — c, cellule étoilée; *fe*, fibre élastique; *fc*, faisceaux connectifs.

On désigne, sous le nom de *tissu élastique*, un tissu conjonctif dont les cellules plates, minces, à contours irréguliers, étoilés, sont plongées dans une substance intercellulaire en grande partie décomposée en faisceaux et fibres serrés et parallèles, doués d'une certaine élasticité (tendons, ligaments, etc.). Le *tissu adipeux* est une autre forme de tissu conjonctif; ses cellules renferment une mince couche de protoplasma entourant une grosse gouttelette de graisse; il est très développé autour de certains organes chez les personnes obèses.

En général, le tissu conjonctif proprement dit — exception faite pour ces deux dernières formes spéciales — constitue des lames minces ou *membranes* autour des organes ou des parties d'un même organe. Les *membranes séreuses*, dont il sera question plus loin, sont formées par un double feuillet de tissu conjonctif avec interposition de liquide entre les deux feuillets.

**Tissu cartilagineux.** — Le tissu cartilagineux est un tissu conjonctif dans lequel la substance intercellulaire est dure, homogène et creusée de cavités à peu près sphériques, dans lesquelles sont logées les cellules (fig. 44). Ces dernières, arrondies ou ovalaires, renferment un protoplasma abondant et un ou plusieurs noyaux.

La substance intercellulaire, de nature albuminoïde, comprend une petite proportion de sels minéraux; elle se transforme, par l'ébullition prolongée dans l'eau, en *chondrine*, laquelle se solidifie en *gelée* par le refroidissement.

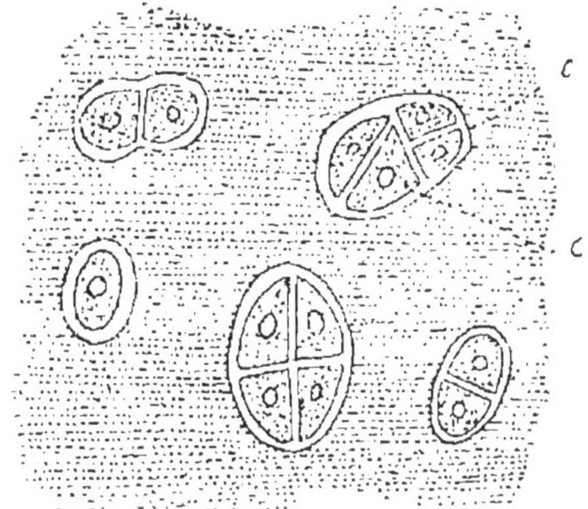


Fig. 44. — Tissu cartilagineux. — c, c', cellules

Le tissu cartilagineux joue le rôle de soutien vis-à-vis des parties molles de l'organisme; il est en grande partie remplacé de bonne heure, chez l'Homme, par le tissu osseux, plus compact et plus résistant.

**Tissu osseux**. — Dans le tissu osseux on trouve : 1° une substance intercellulaire abondante, constituée par une matière albuminoïde, l'*osséine*, intimement mélangée à des sels minéraux calcaires qui lui donnent une grande dureté; 2° des cellules osseuses ou *ostéoblastes*; 3° des canaux, appelés *canaux de Havers*, qui cheminent parallèlement dans les os.

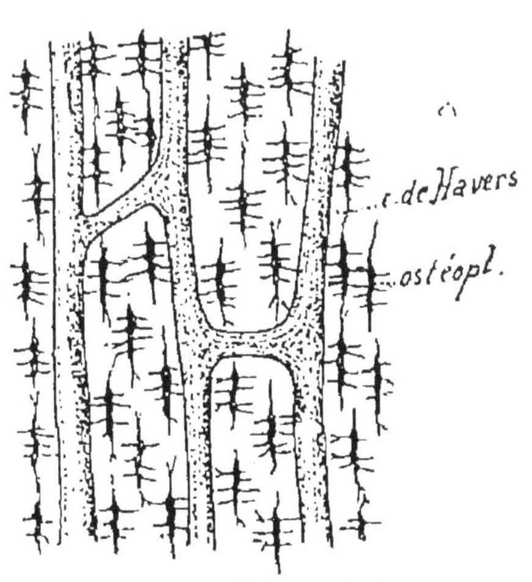


Fig. 45. — Coupe longitudinale dans un fragment d'os.

1° La substance intercellulaire (fig. 45) est disposée en lamelles concentriques autour de chaque canal de Havers; elle est creusée de nombreuses petites cavités ovales — appelées *corpuscules osseux* — dans lesquelles sont logées les cellules osseuses; les corpuscules osseux se prolongent de tous côtés par de fins canaux ramifiés — les *canalicules osseux* — qui se mettent en rapport avec les canaux des corpuscules voisins (fig. 46).

Si l'on soumet un tissu osseux (os) à l'ébullition dans l'eau, l'osséine de la substance intercellulaire se transforme en une substance voisine de la chondrine qui se solidifie en *gélatine* par le refroidissement.

Les sels minéraux qui incrustent l'osséine sont principalement le *phosphate* et le *carbonate de chaux*. Si on les dissout à l'aide d'un acide, l'osséine, inattaquée, conserve sa forme au tissu osseux. En calcinant les os à l'air libre, l'osséine est brûlée par l'oxygène et décomposée en gaz qui s'échappent dans l'air; il ne reste plus que les sels minéraux.

On peut déterminer ainsi, de diverses façons, le poids relatif des substances constituant les os; les expériences faites à ce point de vue ont montré qu'il y a environ $\frac{2}{3}$ de sels minéraux pour $\frac{1}{3}$ de substances organiques (osséine et contenu des cellules osseuses).

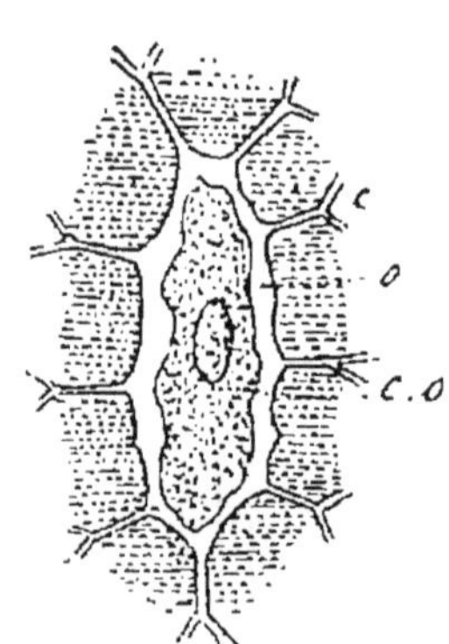


Fig. 46. — Corpuscule osseux et cellule. — *co*, cellule osseuse; *o*, cavité; *c*, canalicules osseux.

2° Les *cellules osseuses* ou *ostéoblastes*, logées dans les corpuscules osseux, sont composées d'une très petite masse de protoplasma renfermant un noyau (fig. 46).

3° Les *canaux de Havers* (fig. 45), creusés dans la substance intercellulaire, sont de faibles dimensions en diamètre (de 0,2 à 1 mm.); ils portent des branches transversales qui les font communiquer les uns avec les autres; dans leur intérieur cheminent des artères, des veines et des filets nerveux qui assurent la nutrition du tissu osseux.

Tels sont les éléments caractéristiques de ce tissu, qui joue un rôle de soutien.

Mais les os comprennent d'autres parties, telles que la *moelle* qui occupe le centre des os longs et le *périoste* ou membrane d'enveloppe des os. (fig. 47).

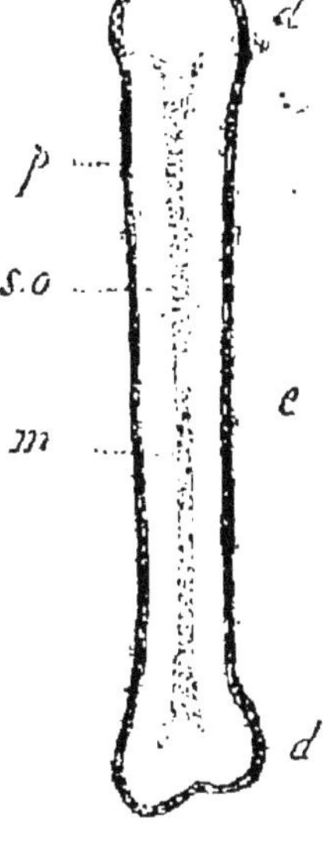


Fig. 47. — Coupe longitudinale d'un os long. — *p*, périoste; *s.o*, substance osseuse; *m*, moelle.

La *moelle* est parcourue par de nombreux canaux sanguins et des filets nerveux; elle est composée de cellules de diverses formes : les unes, à membrane, protoplasma et noyau; les autres, plus grandes, dépourvues de membrane, mais ayant plusieurs noyaux; d'autres, enfin, renfermant des gouttes de graisse (cellules adipeuses).

Le *périoste* est une membrane conjonctive fibro-élastique qui entoure les os, avec lesquels elle se soude intimement; de nombreux vaisseaux parcourent le périoste et de là se rendent dans les canaux de Havers. On verra plus loin le rôle important rempli par cette membrane.

## Tissus musculaires

Les tissus musculaires composent les *muscles*. Le caractère commun des cellules qui, par leur réunion, constituent les tissus musculaires, est que la majeure partie de leur protoplasma est modifiée en une *substance contractile*, jouissant de la propriété de se *contracter*, sous l'action de l'influx nerveux, c'est-à-dire de se raccourcir dans un sens, de s'élargir en même temps dans le sens opposé et de reprendre sa forme primitive lorsque l'excitation nerveuse cesse.

Les cellules musculaires sont des cellules profondément

modifiées dans leur forme et dans leur structure; elles portent le nom de *fibres musculaires*.

On distingue deux sortes de fibres musculaires : 1° les fibres musculaires *striées*; 2° les fibres musculaires *lisses*.

**Fibres musculaires striées.** — Les fibres striées se présentent sous la forme de longs cylindres (3, 4 c. m.) peuvent aller sans interruption d'une extrémité du muscle à l'autre extrémité. On y distingue : 1° une membrane d'enveloppe, appelée *sarcolemme* ; 2° plusieurs *noyaux*, placés sous la membrane, entourés d'une petite masse de protoplasma granuleux ; 3° le *protoplasma* ou substance musculaire, sillonné par des *stries longitudinales* et des *stries transversales* (fig. 48).

Les *stries longitudinales* divisent la substance musculaire en petits éléments connus sous le nom de *fibrilles musculaires*.

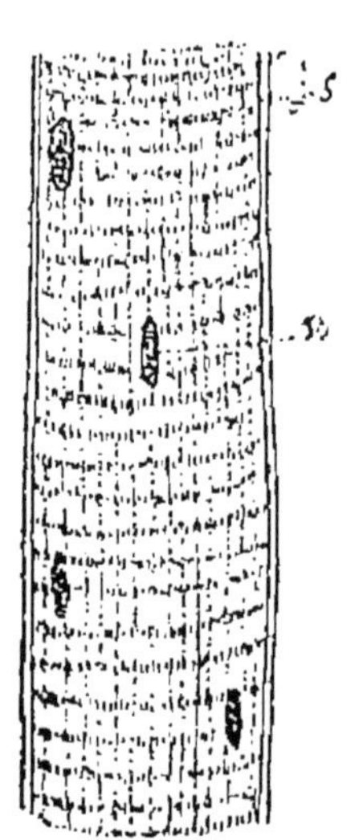

Fig. 48. — Fibre musculaire striée. — *s*, sarcolemme; *n*, noyaux.

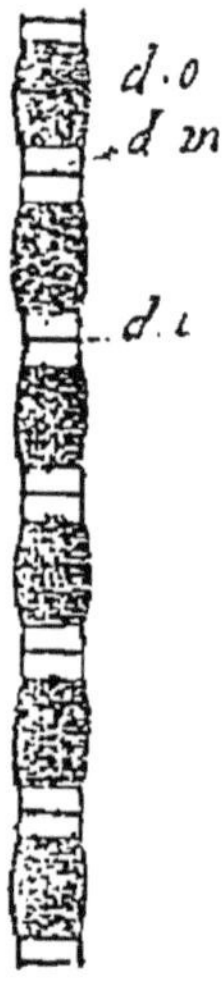

Fig. 49. — Fibrille musculaire. — *d.o*, disque obscur ; *d.m*, disque mince.

La substance musculaire de chaque fibrille est composée d'une série de *disques*, alternativement *obscurs* ou *épais* et *minces* ou *clairs*, régulièrement superposés les uns aux autres (fig. 49); chaque disque *clair* présente lui-même en son milieu un petit disque obscur et chaque disque obscur présente aussi un petit disque clair.

Cette constitution de la fibrille musculaire montre que la substance contractile est différenciée en deux substances, l'une qui absorbe la lumière (*disques obscurs*), l'autre, qui laisse passer la lumière (*disques clairs*). *Pendant la contraction*, les disques obscurs ou épais seuls changent de dimensions; de cylindriques qu'ils étaient, ils deviennent globuleux ou ovalaires. Les disques clairs ne se coutractent pas : ce sont comme des coussinets placés entre les disques contractiles.

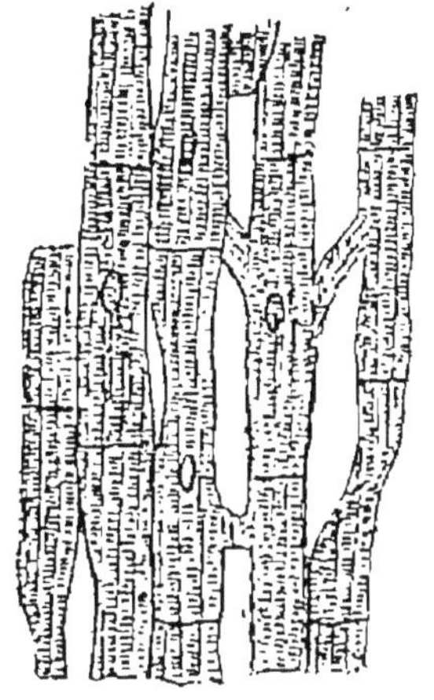

Fig. 50. — Faisceaux striés du cœur.

La striation double des fibres musculaires striées est due à la superposition de ces divers disques.

Les fibres musculaires striées ou *faisceaux primitifs* constituent les éléments des *muscles striés*. Les muscles striés sont des muscles à *contraction rapide;* ils dépendent de la volonté. Toutefois, le cœur — organe non soumis à l'influence de la volonté — renferme des muscles striés; mais les fibres de ces muscles sont ramifiées et anastomosées les unes avec les autres (fig. 50).

La présence de plusieurs noyaux montre qu'il faut considérer les fibres striées comme provenant d'une cellule, dont le noyau primitif seul s'est divisé plusieurs fois.

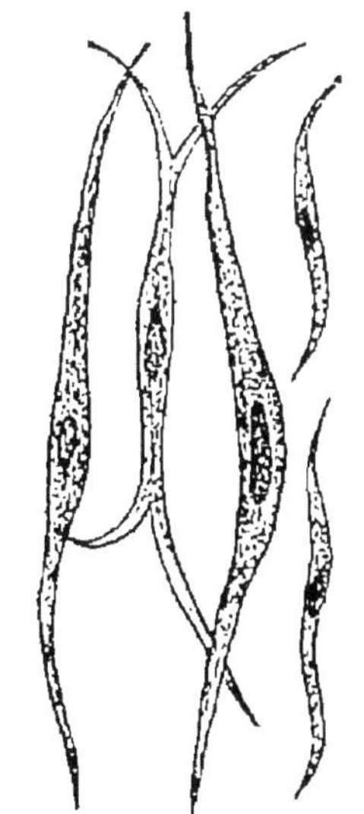

Fig. 51. — Fibres musculaires lisses.

**Fibres musculaires lisses.** — Les fibres musculaires lisses sont des cellules allongées en fuseau; leur membrane n'est pas distincte; elles semblent donc uniquement constituées par le protoplasma non différencié, renfermant un noyau (fig. 51). Cependant, on peut voir, à l'aide de certains réactifs, que la substance musculaire des fibres lisses est souvent divisée en *fibrilles* par des stries longitudinales; les stries transversales manquent, ce qui prouve que les fibrilles ne sont pas formées d'une succession de disques différenciés.

Les fibres musculaires lisses sont les éléments constitutifs des *muscles lisses*, muscles à *contraction lente, indépendants de la volonté* (estomac, intestin).

## Tissu nerveux

Contrairement à ce que nous avons observé dans les tissus précédents, il faut distinguer dans le tissu nerveux deux sortes d'éléments différenciés, associés ou séparés : 1° les *cellules nerveuses;* 2° les *fibres nerveuses*.

**Cellules nerveuses.** — Les cellules nerveuses forment l'élément fondamental des centres nerveux (cerveau, moelle épinière...) où elles se trouvent associées à des fibres nerveuses.

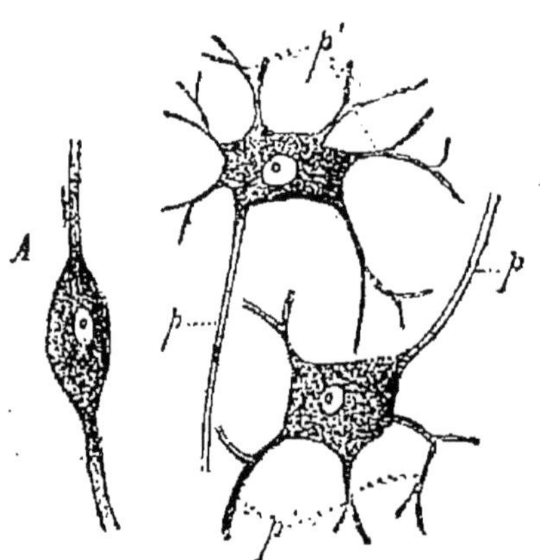


Fig. 52. — Cellules nerveuses. — *p*, prolongement indivis; *p'*, prolongements ramifiés.

Les cellules nerveuses sont dépourvues de membrane et constitués par un *protoplasma granuleux*, légèrement durci à la périphérie, et par un gros *noyau*. Leur forme est très variable (fig. 52); leur contour est légèrement irrégulier et muni de prolongements, au nombre d'un (cellules *unipolaires*), de deux (cellules *bipolaires*), de plus de deux, jusqu'à 10 (cellules *multipolaires*).

Ces prolongements des cellules nerveuses sont de deux sortes. Les uns, ramifiés un grand nombre de fois, mettent en relation les diverses cellules. Un seul — appelé prolongement *indivis* — ne se ramifie pas ; il met en relation les cellules avec les fibres nerveuses.

**Fibres nerveuses.** — Les fibres nerveuses forment les nerfs par leur réunion ; on les trouve aussi dans les centres nerveux, unies aux cellules par le prolongement indivis.

Il y en a de deux sortes : 1° les fibres nerveuses à *myéline ;* 2° les fibres de *Remak* ou fibres nerveuses *sans myéline.*

Les *fibres nerveuses à myéline* ont la forme de cylindres allongés, dont le diamètre ne dépasse guère 10 millièmes de millimètre ; elles présentent, de distance en distance, des étranglements ; il a été démontré que la portion de fibre nerveuse, comprise entre deux étranglements successifs, est *une cellule nerveuse :* par conséquent, il faut considérer les fibres nerveuses comme étant formées par une série de cellules placées les unes à la suite des autres et atteignant chacune environ 1 millimètre de longueur.

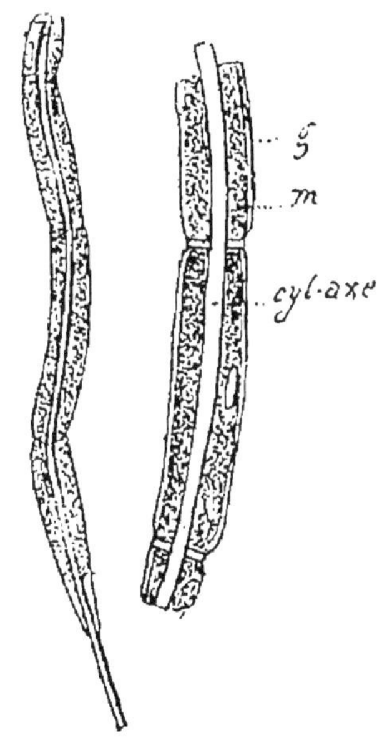

Fig. 53. — Fibres nerveuses. — *g*, gaine de Schwann ; *m*, myéline.

Dans chacune de ces cellules, on trouve (fig. 53) :

1° Une membrane mince, résistante, appelée *gaine de Schwann ;*

2° Une substance grasse phosphorée, la *myéline ;*

3° Un cordon cylindrique, de nature albuminoïde, d'aspect vitreux, occupant l'axe de la fibre nerveuse et désigné sous le nom de *cylindre-axe.*

Le cylindre-axe est la partie essentielle des fibres nerveuses, car la myéline manque dans les fibres de Remak, et la membrane — de même que la myéline — disparaît au moment où les fibres nerveuses pénètrent dans les centres nerveux : c'est le cylindre-axe qui se continue avec le prolongement indivis des cellules nerveuses.

Les *fibres nerveuses de Remak* diffèrent essentiellement des précédentes en ce qu'elles sont dépourvues de myéline.

Chez l'Homme, les fibres nerveuses à myéline prédominent dans les nerfs qui émanent de l'encéphale et de la moelle épinière, tandis que les fibres de Remak forment les nerfs du grand sympathique.

---

# DEUXIÈME PARTIE

## ORGANES ET FONCTIONS DE NUTRITION DE L'HOMME ET DES ANIMAUX

---

Les principales fonctions ayant pour objet la *nutrition* de l'Homme et des animaux, sont :

1° La *digestion* des aliments, remplie par l'ensemble des organes qui forment l'*appareil digestif;*

2° La *circulation* du sang, remplie par l'*appareil circulatoire;*

3° La *respiration*, remplie par l'*appareil respiratoire;*

4° La *sécrétion*, remplie par les *glandes*.

Avant d'entrer dans l'étude de ces divers appareils et fonctions, il est utile de connaître la position relative des divers organes du corps de l'Homme.

**Position des organes dans le corps de l'Homme.** — On distingue dans le corps de l'Homme trois parties principales : 1° la *tête;* 2° le *tronc;* 3° les *membres*.

1° La *tête* comprend : les yeux, les oreilles, le nez *(organes des sens)*, la bouche ; le *crâne*, renfermant et protégeant l'*encéphale;*

2° Le *tronc* (fig. 54), qui fait suite à la tête et qui porte les membres, est une sorte de sac divisé en deux parties par une membrane en forme de voûte appelée *diaphragme*. La partie du tronc comprise entre le diaphragme et le cou porte le nom de *thorax;* dans le thorax, on trouve trois organes principaux: le *cœur*, vers le milieu,

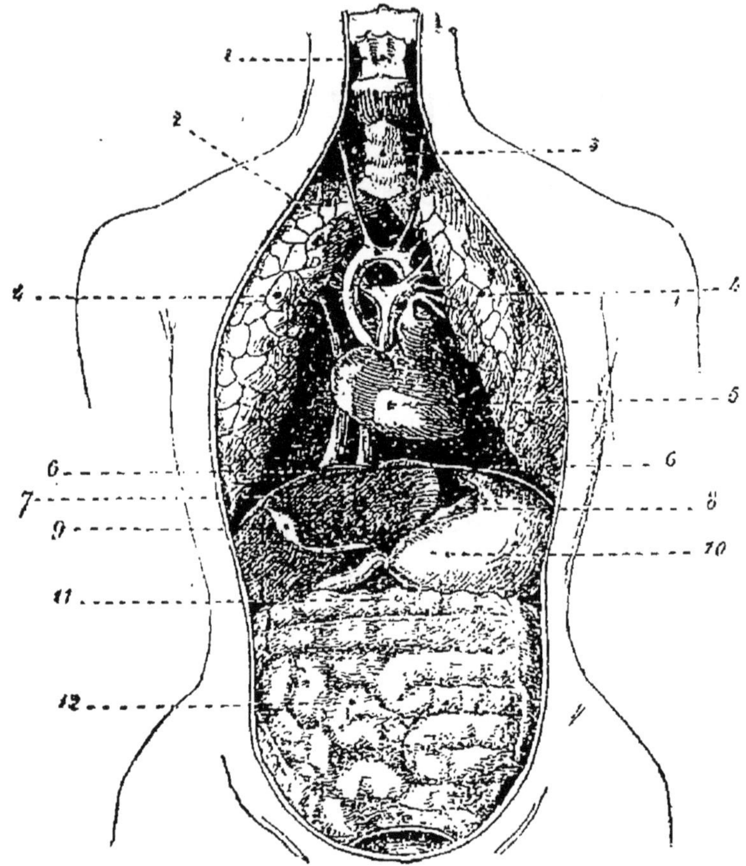

Fig. 54. — Les principaux organes de l'Homme. — 1, larynx; 2, aorte, 3, trachée-artère; 4, poumons; 5, cœur; 6, diaphragme; 7, foie; 8, pancréas (vu en partie); 9, vésicule biliaire; 10, estomac; 11, partie du gros intestin; 12, intestin grêle.

et les *deux poumons*, placés l'un à droite du cœur *(poumon droit)*, l'autre à gauche *(poumon gauche)*.

La partie comprise entre le diaphragme et les membres inférieurs porte le nom d'*abdomen*. Les principaux organes renfermés dans l'abdomen sont les suivants: l'*estomac*, placé sous le diaphragme, un peu vers la gauche; le *foie*, grosse glande placée entre le diaphragme et l'estomac, un peu vers la droite; l'*intestin*, occupant presque toute la portion inférieure de l'abdomen; le *pancréas*, placé derrière l'estomac; la *rate*, à gauche de l'estomac; les deux *reins*, placés un peu plus bas que le pancréas et à la partie postérieure de l'abdomen;

3° Les *membres* sont au nombre de quatre, symétriques deux à deux, savoir: les membres *supérieurs* et les membres *inférieurs*.

---

# CHAPITRE PREMIER

## Appareil digestif et digestion

L'appareil digestif est l'ensemble des organes qui concourent à la digestion des aliments; la digestion est l'ensemble des phénomènes qui ont pour objet de rendre les aliments *solubles* et *assimilables*.

Étudions successivement : 1° l'appareil digestif de l'Homme; 2° la digestion. Nous étudierons ensuite l'appareil digestif des animaux.

### § 1. — Appareil digestif de l'homme

Parties constituantes: la bouche, les dents, les glandes salivaires; le pharynx; l'œsophage; l'estomac; le foie; le pancréas; l'intestin grêle et le gros intestin; le péritoine.

L'appareil digestif de l'Homme comprend : 1° le *tube digestif*; 2° les *organes annexes* du tube digestif.

Le *tube digestif* se compose de la *bouche*, de l'*arrière-bouche* ou *pharynx*, de l'*œsophage*, de l'*estomac* et de l'*intestin*; l'intestin se subdivise lui-même en deux parties:

l'*intestin grêle*, qui fait suite à l'estomac, et le *gros intestin*.

Les principaux *organes annexes* du tube digestif sont : les *dents* et les *glandes salivaires*, en relation avec la bouche ; le *foie* et le *pancréas*, en relation avec la première portion de l'intestin grêle.

## La Bouche

La bouche est une cavité irrégulière, limitée en avant par les *lèvres*, en arrière par le *voile du palais*, sur les côtés par les *joues*, en haut par la *voûte du palais* (ou simplement le *palais*), et en bas par la *langue* (fig. 55).

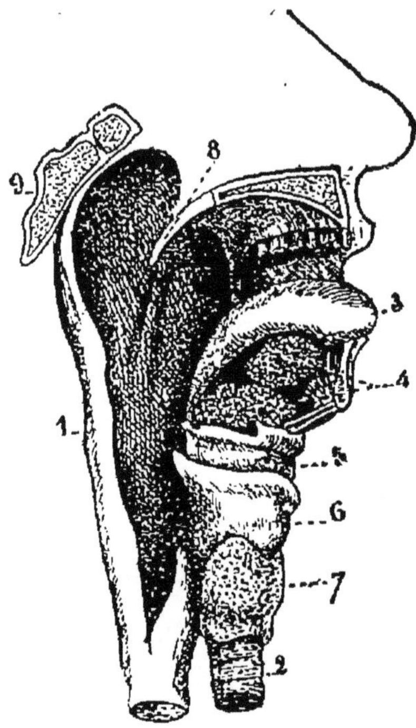


Fig. 55. — Bouche et arrière-bouche (coupe longitudinale). — 3, langue ; 4, glandes sous-maxillaires et sublinguales ; 5, larynx ; 1, arrière-bouche ; 8, partie moyenne du voile du palais.

La cavité buccale est entièrement tapissée par une membrane muqueuse, rosée, renfermant de nombreuses glandes microscopiques, appelées *glandes muqueuses ;* les *gencives*, qui recouvrent les os des mâchoires, sont une dépendance de la muqueuse buccale. La grande mobilité des lèvres, des joues et de la langue est due à la présence de nombreux muscles recouverts par cette membrane muqueuse.

Le *voile du palais* est une sorte de voile musculaire fixé en arrière de la voûte du palais ; il est formé d'une partie médiane — la *luette* — et de deux parties latérales, — les *piliers an-*

*térieurs* et les *piliers postérieurs* du palais. Le pilier antérieur et le pilier postérieur d'un même côté laissent entre eux un espace triangulaire dans lequel se logent les *amygdales*, au nombre de deux, une à droite, une à gauche. On verra plus loin (Pharynx) que le voile du palais joue un rôle important dans le phénomène appelé *déglutition* des aliments.

Avec la bouche sont en relation les *dents* et les *glandes salivaires*, qui produisent la *mastication* et l'*insalivation* des aliments.

## Les Dents

**Les diverses sortes de dents.** — Les dents sont des organes durs qui servent à la *mastication* des aliments ; elles se trouvent comme enracinées, implantées sur les deux mâchoires : les mâchoires sont, en effet, percées de trous ou *alvéoles* dans lesquels les dents s'enfoncent par leur racine.

Chaque dent est formée : 1° de la *racine*, ou partie implantée dans l'alvéole ; 2° de la *couronne*, ou partie libre placée au-dessus des gencives. On désigne sous le nom de *collet* la portion rétrécie de la dent qui sépare la racine de la couronne.

Chez l'Homme, on distingue trois sortes de dents, principalement par la forme de la couronne : 1° les *incisives*, à couronne tranchante, légèrement taillée en biseau sur la face postérieure ; 2° les *canines*, à couronne pointue, conique ; 3° les *molaires*, à couronne aplatie et légèrement mamelonnée. Les molaires sont pourvues de deux ou trois racines (fig. 56).

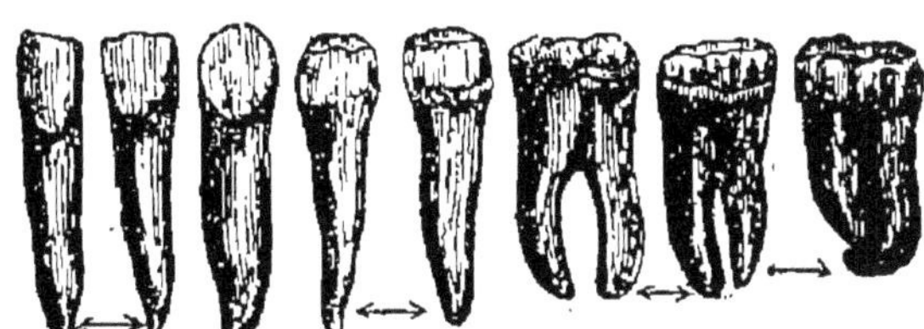


Fig. 56. — Les trois sortes de dents (moitié de mâchoire de l'adulte).

Les incisives sont placées sur le devant des mâchoires; les canines, à droite et à gauche des incisives; les molaires occupent le fond des mâchoires et sont placées à la suite des canines. Toutes les dents arrivent sensiblement au même niveau au-dessus des gencives chez l'Homme, mais quelques-unes dépassent les autres par leur partie libre chez la plupart des animaux.

La forme des dents est en rapport avec la fonction spéciale qu'elles remplissent dans la mastication : les incisives *coupent* les aliments; les canines les *déchirent*, et les molaires les *broient* en agissant les unes sur les autres à la façon d'une meule.

**Les deux dentitions de l'Homme.** — Les dents sont formées chez l'enfant au moment de la naissance, mais elles sont cachées sous les tissus qui recouvrent les os des mâchoires; elles commencent à percer ces tissus vers l'âge de sept ou huit mois; la dentition de l'enfant est complète vers l'âge de trois ans. Plus tard, à partir de sept ans, toutes les dents de l'enfant tombent les unes après les autres : elles sont remplacées à mesure par de nouvelles dents qui s'étaient formées en même temps que les précédentes. Ces nouvelles dents sont les dents *permanentes*.

On donne le nom de *dentition de lait* à la première dentition; la seconde dentition est appelée *dentition de l'adulte*.

Le nombre des dents n'est pas le même dans la première et dans la seconde dentition, car la première comprend *vingt* dents et la seconde *trente-deux*. Les vingt dents de la première dentition se décomposent ainsi : *huit* incisives (4 en haut, 4 en bas); *quatre* canines (2 en haut, 2 en bas); *huit* molaires (4 en haut, 4 en bas — deux de chaque côté des mâchoires). Les trente-deux dents de la seconde dentition comprennent : *huit* incisives; *quatre* canines; *vingt* molaires (10 en haut, 10 en bas — cinq de chaque côté des mâchoires). Les vingt molaires de la dentition adulte se décomposent en *prémolaires* et en *molaires* proprement dites ; les premières, plus petites, ont en général, deux racines ; les secondes, plus grandes, sont généralement pourvues de trois racines. Les prémolaires de l'adulte ont remplacé les molaires de la dentition de lait : on en compte, par conséquent, huit, savoir 4 en haut, 4 en bas, deux de chaque côté des mâchoires. Les molaires de l'adulte sont des dents surajoutées à la première dentition ; on en compte *douze*, 6 en haut, 6 en bas, trois de chaque côté ; les quatre dernières molaires sont dites *dents de sagesse ;* elles ne percent les tissus qui les recouvrent qu'à partir de l'âge de dix-huit ans, en général.

**Formules dentaires.** — On représente le nombre et la disposition des dents par les *formules dentaires*, c'est-à-dire par des séries de fractions dont les numérateurs indiquent les dents de la mâchoire supérieure et les dénominateurs, les dents de la mâchoire inférieure.

Les formules dentaires seraient, pour l'Homme :

Première dentition : $\frac{4}{4}$ incisives + $\frac{2}{2}$ canines + $\frac{4}{4}$ molaires ;

Deuxième dentition : $\frac{4}{4}$ incisives + $\frac{2}{2}$ canines + $\frac{4}{4}$ prémolaires + $\frac{6}{6}$ molaires.

En général, on simplifie ces formules en considérant, non les dents d'une mâchoire, mais les dents d'une moitié de mâchoire ; si l'on suppose, en effet, une mâchoire divisée en deux par son milieu, on trouve que chacune des deux moitiés comprend le même nombre de dents disposées d'une façon symétrique.

En partant de ce principe, on trouve, comme formules dentaires de l'Homme :

Première dentition : $\frac{2}{2}$ incisives ; $\frac{1}{1}$ canine ; $\frac{2}{2}$ molaires ;

Deuxième dentition : $\frac{2}{2}$ incisives ; $\frac{1}{1}$ canine ; $\frac{2}{2}$ prémolaires ; $\frac{3}{3}$ molaires.

Ou, plus simplement, les diverses sortes de dents étant toujours disposées de la même manière:

Première dentition : $\frac{2}{2} + \frac{1}{1} + \frac{2}{2}$;

Deuxième dentition : $\frac{2}{2} + \frac{1}{1} + \frac{2}{2} + \frac{3}{3}$.

**Structure des dents.** — Examinons d'abord exclusivement la *couronne* d'une dent quelconque (fig. 57).

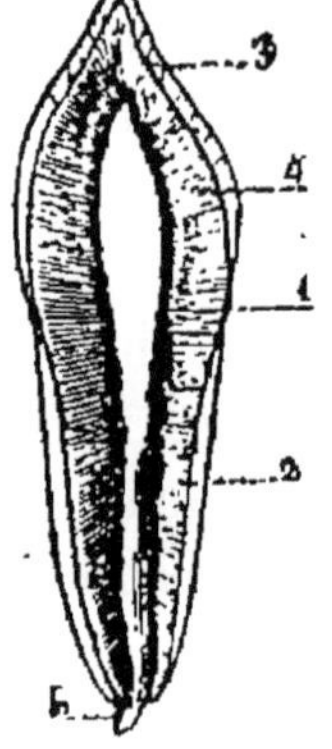


Fig. 57. — Structure d'une dent. — 3, émail; 4, ivoire; 1, pulpe dentaire; 2, cément.

Elle est formée de trois parties qui sont, en allant de dehors en dedans : 1° l'*émail*; 2° l'*ivoire* ou *dentine*; 3° la *pulpe dentaire*.

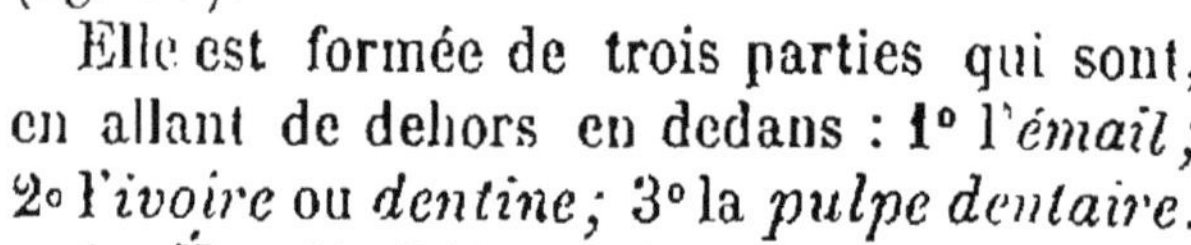

1° *Émail*. L'émail forme un revêtement mince tout autour de la couronne ; il est lui-même revêtu par une sorte de membrane, la *cuticule* de l'émail, qui a le pouvoir remarquable de résister aux acides et aux alcalis.

L'émail est une substance blanche, très dure, presque entièrement minérale ; dans sa composition on trouve 90 0/0 de phosphate de chaux et de fluorure de calcium, et 10 0/0 de matière organique.

Au microscope, il se montre formé par un agencement intime de petits prismes hexagonaux, les *prismes de l'émail*, légèrement ondulés et striés transversalement (fig. 58). Malgré sa dureté, l'émail est fragile et, si la cuticule qui le recouvre se déchire en un point quelconque, les prismes sont attaqués par des parasites microscopiques ; des vides se forment qui augmentent peu à peu et gagnent l'ivoire : c'est le mécanisme qui produit la *carie* des dents.

2° *Ivoire*. L'ivoire ou dentine forme, comme masse, la plus grande partie de la couronne. C'est une substance un peu jaunâtre, un peu moins dure que l'émail; dans sa composition, on trouve 80 à 85 0/0 de phosphate de chaux, de magnésie et de carbonate de chaux, et 20 à 15 0/0 de matière organique.

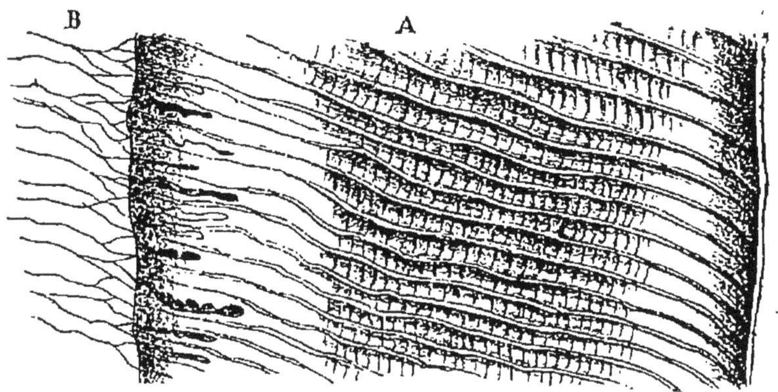


Fig. 58. — Section transversale de l'émail, vue au microscope, montrant les prismes. — *a*, émail ; *b*, ivoire.

A l'aide du microscope, on voit que l'ivoire est parcouru de canaux excessivement fins, ramifiés et anastomosés les

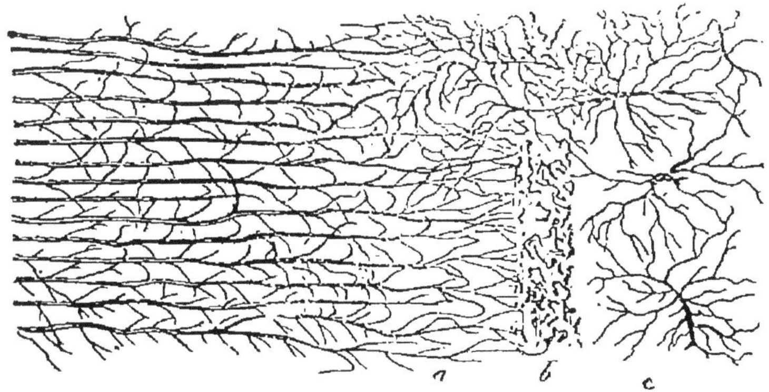


Fig. 59. — Portion d'ivoire (*a*) recouvert par du cément (*c*), vue au microscope. — *a*, canalicules ; *d*, limite de l'ivoire ; *c*, cément avec cellules osseuses étoilées.

uns avec les autres, perpendiculaires à l'émail (fig. 59) : ce sont les *canalicules dentaires*. Ces canalicules s'ouvrent dans la pulpe dentaire et se terminent au voisinage de l'émail dans la *couche granuleuse* de l'ivoire, où l'on voit de petites lacunes et de petits corpuscules à contours irréguliers.

Dans l'intérieur des canalicules dentaires, on a pu déceler la présence de traînées protoplasmiques, les *fibres dentaires*, qui sont une dépendance de certaines cellules de la pulpe dentaire (*odontoblastes*).

3° *Pulpe dentaire.* L'ivoire entoure de toutes parts une cavité occupée par un tissu conjonctif appelé *pulpe dentaire*, partie vivante de la dent. Dans la pulpe dentaire se distribuent : 1° de fins canaux sanguins provenant de la division d'une petite artère et formant par leur réunion une petite veine qui emporte le sang ayant servi à la nutrition de la pulpe; 2° des filets nerveux extrêmement délicats résultant de la ramification d'un petit nerf. L'extrémité de la racine est percée d'un orifice par lequel passent le nerf, l'artère et la veine.

Parmi les cellules que l'on trouve dans la pulpe dentaire, il faut signaler celles qui forment au contact de l'ivoire une sorte d'épithélium; ces cellules sont cylindriques et portent le nom d'*odontoblastes;* les fibres dentaires de l'ivoire sont leurs prolongements externes.

Dans la racine, on retrouve le même ivoire et la même pulpe dentaire que dans la couronne. L'émail s'arrête au collet et l'ivoire de la racine est entouré de tous côtés par une substance dure, *osseuse*, nommée *cément*. Le rôle du cément dans la racine correspond au rôle de l'émail dans la couronne.

**Mode de formation des dents.** — Toutes les dents, aussi bien les dents de lait que les dents de l'adulte, commencent à se former en même temps, aux places qu'elles occuperont à leur sortie, environ sept mois avant la naissance.

A cette époque, les os qui constituent les mâchoires sont représentés par un tissu muqueux formé par un épithélium stratifié doublé de tissu conjonctif.

La première ébauche des dents se manifeste par une sorte d'enfoncement de l'épithélium dans le tissu conjonctif sous-jacent, d'une extrémité de chaque mâchoire à l'autre extrémité : c'est en quelque sorte une gouttière qui se forme ainsi. Cette gouttière ne tarde pas à se fermer parce que les cellules de l'épithélium se multiplient rapidement entre ses deux bords.

Mais l'épithélium continue à s'enfoncer dans le tissu conjonctif et, aux points où doivent naître les dents, il forme autant de petites lames, constituées par une double assise de cellules épithéliales entourées de tous côtés par le tissu conjonctif.

Ces cellules épithéliales se multiplient ; les cellules nouvelles écartent les parois de la lame épithéliale, ce qui a pour effet de former de petits sacs ayant l'apparence de bouteilles avec un col et une partie renflée (fig. 60). Ces petits sacs portent le nom de *bourgeons épithéliaux*.

En même temps la portion du tissu conjonctif placé au-dessous de chaque bourgeon épithélial se multiplie en sens inverse, et refoule vers l'extérieur le fond du bourgeon épithélial qui le coiffe, pour ainsi dire. On donne le nom de *germe dentaire* ou de *papille dentaire* à cette partie du tissu conjonctif ; c'est dans le germe dentaire seulement que l'on trouve des canaux sanguins et des filets nerveux (fig. 61).

Les cellules contenues dans les bourgeons épithéliaux se transforment en une matière gélatineuse, brillante, qui a valu à ces bourgeons la dénomination caractéristique d'*organes adamantins*.

La future dent de lait se voit déjà à ce stade, dans ses diverses parties : l'organe adamantin correspond à l'émail, le germe dentaire correspond à l'ivoire et à la pulpe dentaire.

Mais avant de poursuivre les transformations du germe dentaire et de l'organe adamantin, il faut faire remarquer que les futures dents de l'adulte apparaissent presque en même temps sous forme de bourgeons épithéliaux qui prennent naissance dans le col des petites bouteilles consti-

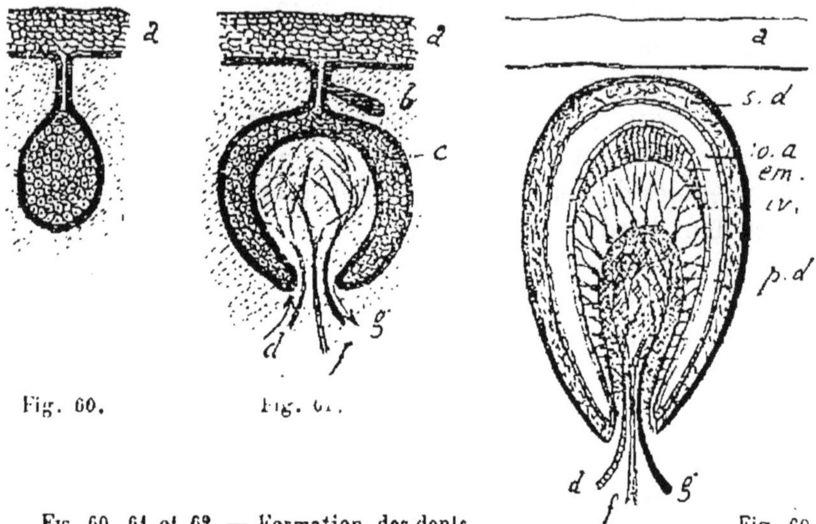


Fig. 60. Fig. 61. Fig. 60.

Fig 60, 61 et 62. — Formation des dents.

tuées par les premiers bourgeons épithéliaux et auxquels s'adjoignent autant de germes dentaires. Il en résulte que *toutes les dents sont de même âge au point de vue de leur première formation* (fig. 61).

L'organe adamantin et le germe dentaire correspondant sont bientôt après entourés d'une enveloppe, le *sac dentaire*, formée par le tissu conjonctif adjacent, ce qui a pour effet de les séparer de l'épithélium de la muqueuse (fig. 62).

Comment se forment les diverses parties des dents ?

L'*émail* se forme dans la portion correspondant à la couronne; c'est un produit d'exsudation de la membrane interne de l'organe adamantin; il s'accroît en épaisseur de dehors en dedans; il arrive au contact du sac dentaire par suite de la disparition des autres parties de l'organe adamantin.

L'*ivoire* est un produit de sécrétion des cellules externes (odontoblastes) du germe dentaire; il s'accroît de dedans en dehors.

La *pulpe dentaire* est le reste du germe dentaire.

Quant au *cément*, il est produit autour de la future racine par la portion correspondante du sac dentaire.

En grandissant, la dent perce le sac et l'épithélium et paraît au dehors.

## Les Glandes salivaires

Les glandes salivaires proprement dites sont au nombre de trois paires (fig. 63) :

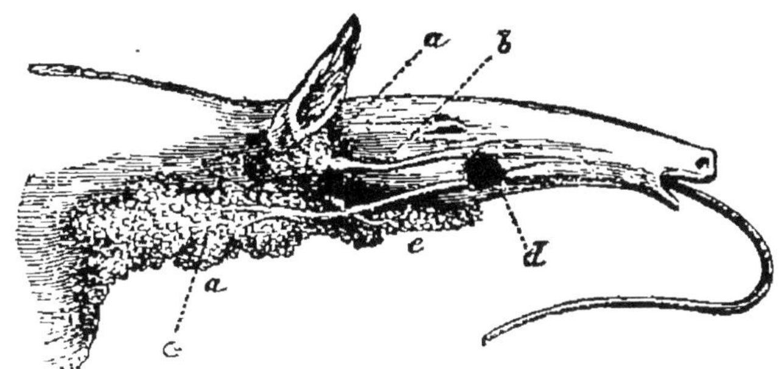


Fig. 63. — Tête du fourmilier. — *a*, glande parotide; *b*, canal de Sténon; *c*, glande sous-maxillaire; *d*, canaux de Warthon; *e*, glandes sublinguales.

1° Les glandes *parotides*, placées à une certaine profondeur dans la face, en avant et au-dessous du trou de l'oreille, de chaque côté; la salive qu'elles produisent s'écoule par le *canal de Stenon* qui s'ouvre entre la première et la seconde grosse molaire supérieure. Les glandes parotides sont les plus volumineuses parmi les glandes salivaires (environ 5 centimètres de longueur);

2° Les glandes *sous-maxillaires*, placées à la face interne de la mâchoire inférieure, de chaque côté; chacune d'elles se continue par le *canal de Warthon*, qui s'ouvre sur le plancher buccal, un peu en arrière des incisives inférieures;

3° Les glandes *sublinguales*, placées un peu en avant des précédentes, se continuent par les *canaux de Rivinus* au nombre de 5 ou 6, qui s'ouvrent presque au même point que les canaux de Warthon.

Pour comprendre la structure des glandes salivaires (fig. 64), il suffit de concevoir que les canaux de Stenon, de Warthon, etc., se divisent dans les glandes correspondantes en 2, puis en 4, puis en 8, etc., branches de plus en plus petites, et que les dernières divisions se terminent dans les culs-de-sac légèrement renflés. Les canaux et leurs branches sont dits *conduits excréteurs;* les culs-de-sac ou *acini* produisent seuls la salive. Les conduits excréteurs sont tapissés d'un épithélium cylindrique, et les acini sont tapissés d'un épithélium à grosses cellules ovales, granuleuses ou claires.

Fig. 64. — Structure des glandes salivaires.

La muqueuse buccale renferme un grand nombre de glandes microscopiques, en grappe, dont le produit de sécrétion se mêle avec la salive produite par les glandes salivaires proprement dites. C'est ce mélange de liquides d'origines diverses qui constitue la *salive mixte* ou simplement la salive.

La salive a une réaction alcaline. Elle joue un rôle important dans la digestion, car elle transforme les aliments féculents en glucose (voir plus loin). En outre, elle imprègne les aliments solides et aide ainsi à leur mastication; sa sécrétion est indispensable aussi à la déglutition des aliments (voir *Déglutition*).

Les produits de sécrétion des glandes salivaires proprement dites paraissent jouer des rôles plus spéciaux que ceux qui viennent d'être signalés. Les glandes parotides sont très développées chez les animaux qui vivent de matières sèches (Herbivores) : leur salive, très fluide, imprègne en les ramollissant les aliments durs, tels que les herbes et les graines. Les glandes sous-maxillaires semblent avoir pour rôle spécial d'aider à la gustation, car leur salive est produite abondamment en présence d'aliments ayant un goût bien prononcé. Les glandes sublinguales sécrètent une salive visqueuse qui recouvre les particules alimentaires d'une sorte de vernis facilitant leur glissement sur la langue et dans le pharynx.

## Le Pharynx

Le pharynx ou arrière-bouche, séparé de la bouche par le voile du palais, est une cavité irrégulière, musculaire, ayant 12 centimètres de longueur sur 5 ou 6 de largeur. Il communique librement en avant avec la bouche, en arrière et en bas avec l'œsophage; en haut avec les fosses nasales par les deux orifices postérieurs du nez; en bas et en avant avec les voies respiratoires (larynx, trachée-artère). L'orifice d'entrée dans les voies respiratoires porte le nom de *glotte;* la glotte est recouverte par un repli cartilagineux appelé *épiglotte.*

On désigne sous le nom de *déglutition* le passage des aliments de la bouche dans le pharynx et du pharynx dans l'œsophage.

Ce passage s'effectue d'après le mécanisme suivant (fig. 65 et 66) :

La langue pousse les aliments vers le pharynx en appliquant sa base contre le voile du palais, qui, en même temps, est tendu horizontalement de façon à fermer les orifices postérieurs des fosses nasales.

Au même moment, le larynx tout entier s'élève sous la base de la langue comme sous un abri, et dans ce mouvement fait baisser l'*épiglotte* qui, en s'appliquant sous la glotte, empêche les aliments d'entrer dans les voies respiratoires.

Par suite de ces divers mécanismes, il n'y a de libre que

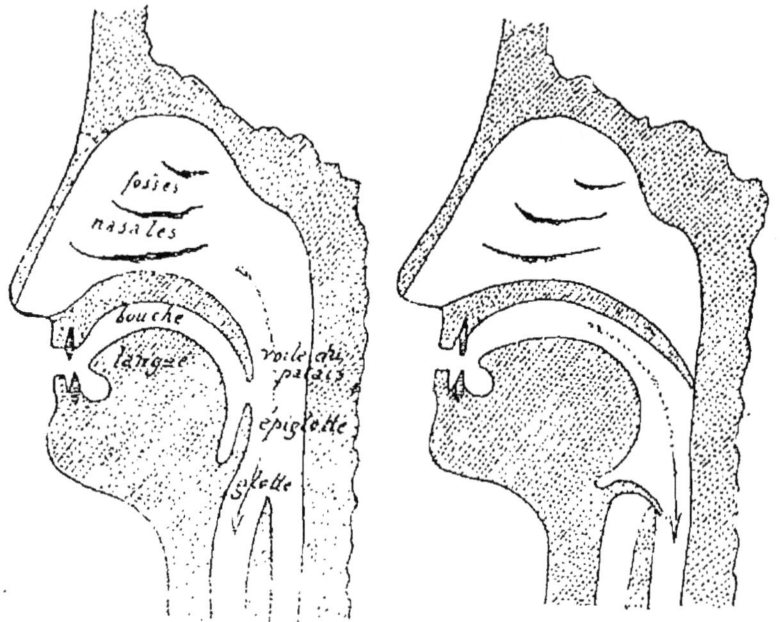


Fig. 65. — Disposition du voile du palais et de l'épiglotte pendant la respiration.

Fig. 66. — Disposition du voile du palais et de l'épiglotte pendant la déglutition.

l'ouverture de l'œsophage : les aliments s'y engagent rapidement, poussés par les contractions des muscles nombreux dont le pharynx est revêtu.

## L'Œsophage

L'œsophage est un tube aplati à l'état de repos, ayant une longueur de 23 à 25 centimètres, allant du pharynx à l'estomac (fig. 67). Le diaphragme est percé d'une ouverture à l'endroit où l'œsophage passe du thorax à l'abdomen. On désigne sous le nom de *cardia* le plan de séparation de l'œsophage et de l'estomac.

Au point de vue de sa structure, il présente à considérer trois tuniques, savoir : 1° une tunique externe, de nature conjonctive, *fibreuse;* 2° une tunique moyenne, de nature *musculaire;* 3° une tunique interne, *muqueuse*.

La tunique musculaire est formée de deux couches de muscles, striés dans la région du cou, lisses à la partie inférieure, striés et lisses dans la région moyenne. La couche musculaire externe a ses fibres dirigées dans le sens de la longueur de l'œsophage (*fibres longitudinales*), tandis que dans la couche musculaire interne, les fibres forment autant d'anneaux parallèles les uns aux autres (*fibres circulaires*).

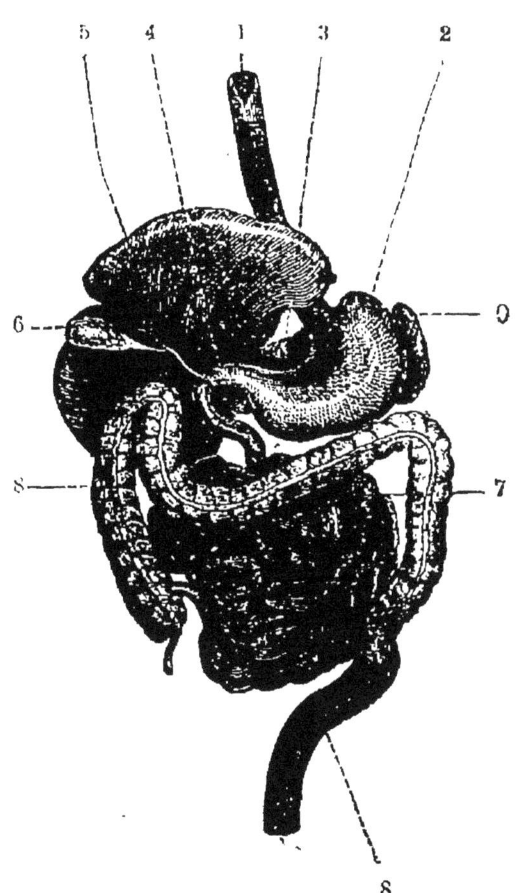


Fig. 67. — Ensemble de l'appareil digestif (à partir de l'arrière-bouche). — 1, œsophage ; 2, estomac ; 3. pancréas ; 4, pylore ; 5, foie ; 6, vésicule biliaire ; 7, intestin grêle ; 8, gros intestin ; 9, rate.

La tunique muqueuse est compliquée; on peut y observer, en allant de dehors en dedans : 1° une couche de tissu conjonctif; 2° une couche très mince de fibres musculaires (*muscles de la muqueuse*); 3° la muqueuse proprement dite à épithélium pavimenteux stratifié, avec de nombreuses petites *glandes en grappe*.

L'œsophage sert simplement à conduire les aliments du pharynx à l'estomac.

## L'Estomac

L'estomac est placé un peu au-dessous du diaphragme, à peu près horizontalement; il communique d'un côté avec l'œsophage et du côté opposé avec l'intestin (fig. 67). C'est une poche qui rappelle par sa forme l'instrument de musique appelé cornemuse (fig. 68); elle est plus renflée du côté de l'œsophage (*grande tubérosité*) que du côté de l'intestin (*petite tubérosité*). La longueur de l'estomac est d'environ 25 centimètres, sa hauteur de 9 centimètres; il a 12 centimètres d'avant en arrière.

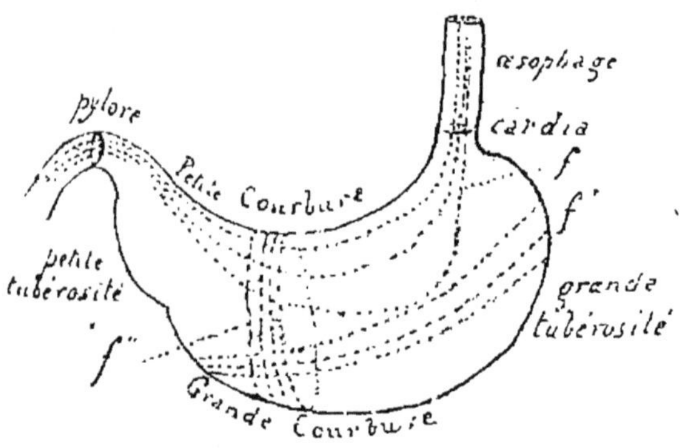


Fig. 68. — Disposition théorique des fibres musculaires de l'estomac.

On y observe trois tuniques : 1° une tunique externe *séreuse*, qui n'est qu'une partie du *péritoine* (voir plus loin); 2° une tunique moyenne, *musculaire*, dans laquelle on distingue trois plans de fibres enchevêtrées comme les fils d'une étoffe, un plan à fibres longitudinales, un plan de fibres circulaires et un plan de fibres obliques; 3° une tunique interne *muqueuse*.

La tunique muqueuse, aussi complexe que la muqueuse de l'œsophage, présente quelques plis longitudinaux; son épithélium est *cylindrique simple*. Dans la muqueuse stomacale, on trouve deux sortes de glandes, savoir : 1° les glandes *muqueuses*; 2° les glandes *à pepsine*.

Les glandes muqueuses (fig. 69, A), très abondantes au voisinage de l'intestin, sont toutes des glandes en grappe, c'est-à-dire formées d'un conduit qui dans la profondeur de la muqueuse se divise plusieurs fois.

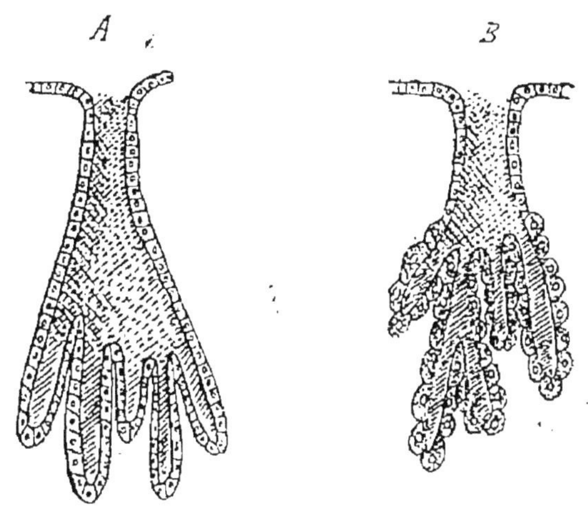

FIG. 69. — Glandes de l'estomac. — A, glande muqueuse ; B, glande à pepsine.

Les glandes à pepsine (fig. 69, B), situées dans la grande tubérosité, sont, les unes *simples*, c'est-à-dire formées d'un seul conduit, les autres *en grappe*.

Au point de vue physiologique, on distingue ces glandes les unes des autres en ce que les glandes à pepsine sécrètent le *suc gastrique*, à action digestive, tandis que les glandes muqueuses sécrètent un mucus, à action simplement mécanique. Ces glandes se distinguent aussi au point de vue anatomique en ce que les conduits des premières sont bordés de cellules à contenu granuleux, tandis que les cellules qui bordent les conduits des secondes sont claires, transparentes.

**Le pylore.** — On désigne sous le nom de *pylore* l'orifice de communication entre l'estomac et l'intestin ; à ce niveau, la muqueuse forme un repli circulaire de 1 centimètre de largeur appelé valvule pylorique. A cette valvule se joint un muscle circulaire qui, par sa contraction, peut rétrécir et même fermer l'orifice pylorique, par conséquent gêner et empêcher le passage des aliments de l'estomac à l'intestin.

## Le Foie.

Le foie est une grosse glande pesant de 1 kilog. 1/2 à 2 kilog. chez l'Homme adulte; il est placé immédiatement au-dessous du diaphragme, au-dessus de l'estomac qu'il dépasse du côté droit de l'abdomen. On y distingue une face supérieure lisse et convexe, sans aucune particularité, et une face inférieure concave par laquelle nous allons l'examiner.

Vu par la face inférieure, le foie présente une moitié gauche plus allongée et une moitié droite arrondie : ce sont le *lobe gauche* et le *lobe droit*. Entre les deux lobes s'observent trois sillons disposés en H, délimitant en avant le *lobule de Spiegel*, en arrière le *lobe carré* (fig. 70).

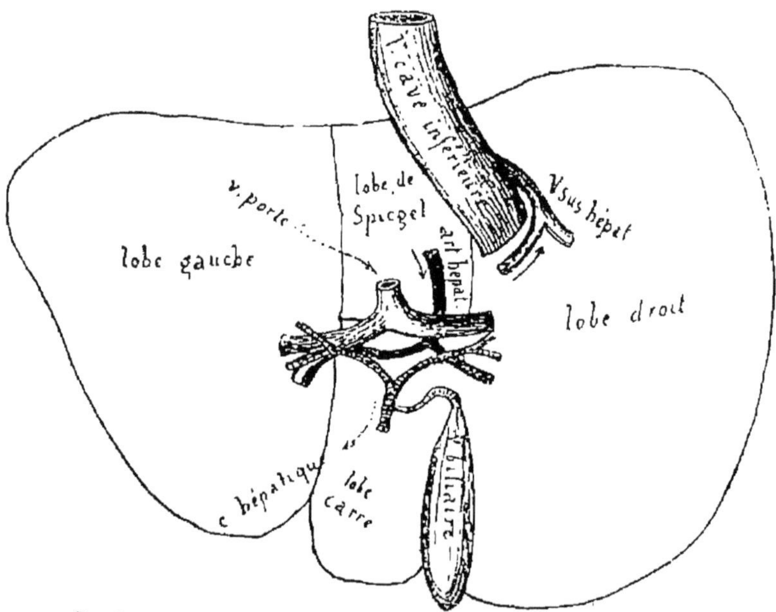


Fig. 70. — Le foie vu par la face inférieure (figure théorique).

Le sillon transversal de l'H précitée, appelé *sillon transverse*, est en partie caché par des canaux qui entrent dans le foie ou en sortent; ces canaux sont les uns biliaires (renfermant la bile), les autres sanguins (renfermant du sang).

1° *Canaux biliaires.* — Deux canaux biliaires sortant l'un du lobe gauche, l'autre du lobe droit, s'unissent presque aussitôt en un seul canal, le *canal hépatique* qui, après un trajet de 3 centimètres en moyenne, s'unit lui-même à un canal, le *canal cystique*, venant d'une poche en forme de poire allongée, appelée *vésicule du fiel* ou *vésicule biliaire*, logée dans le sillon droit de l'H (fig. 70). Le canal hépatique et le caual cystique, par leur confluence, forment le *canal cholédoque* qui aboutit dans le duodénum (ampoule de Vater).

2° *Canaux sanguins.* — Les canaux sanguins sont au nombre de trois; deux d'entre eux pénètrent dans cet organe (vaisseaux *afférents*); le troisième en sort (vaisseau *efférent*). Les vaisseaux afférents sont la *veine porte* qui vient de l'intestin, et l'*artère hépatique* qui vient indirectement du cœur (voir plus loin). Le vaisseau efférent est la veine *sus-hépatique* qui, par l'intermédiaire de la veine cave inférieure, aboutit au cœur (fig. 70).

**Structure du foie.** — Le foie est enveloppé par une portion du péritoine, mais il a aussi une membrane propre, la *capsule de Glisson*, de nature fibreuse, intimement accolée à sa surface et pénétrant même à l'intérieur sous forme de revêtement des divers canaux. En outre, elle divise le foie, par de minces cloisons, en une infinité de petits grains polyédriques, au nombre de 500 par centimètre cube. Ces petits grains sont les *lobules hépatiques*, dont il suffit d'étudier l'organisation pour connaître la structure du foie.

On peut considérer un lobule hépatique (fig. 71) comme un petit sac entouré de tous côtés par de fines branches du canal hépatique, de la veine porte et de l'artère hépatique, rempli de cellules entre lesquelles rampent les dernières divisions de ces divers canaux sanguins et biliaires, et contenant vers son centre une des branches originelles de la veine sus-hépatique. Pour bien comprendre cette distribution de canaux sanguins et biliaires, il suffit de sa-

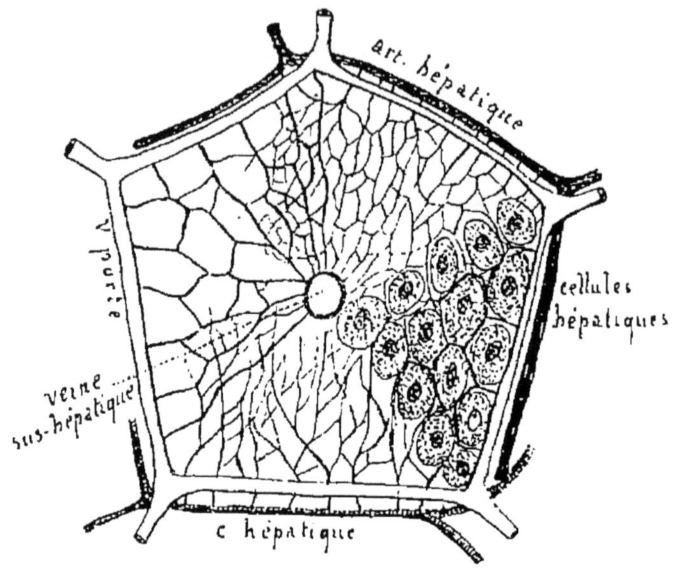


FIG. 71. — Lobule du foie (coupe théorique).

voir que le canal hépatique, la veine porte et l'artère hépatique se divisent dans le foie en une infinité de canaux de plus en plus fins, et que la veine sus-hépatique résulte de la réunion deux par deux, quatre par quatre, etc., des diverses branches de la veine porte et de l'artère hépatique.

Les cellules hépatiques sont dépourvues de membrane d'enveloppe; elles sont formées d'un protoplasma granuleux renfermant un ou deux noyaux. Le protoplasma, qui est, en définitive, la partie essentielle du foie, produit la *bile* et le *glycogène*, dont nous aurons à parler à propos des fonctions du foie.

## LE PANCRÉAS

Le pancréas (fig. 72) est une glande allongée, de couleur grise, placée derrière l'estomac, entre le foie à droite et la rate à gauche. Ses dimensions moyennes sont 13 centimètres de longueur, 3 de hauteur et 1 centimètre d'épaisseur. Le canal excréteur du pancréas ou *canal de Wirsung*

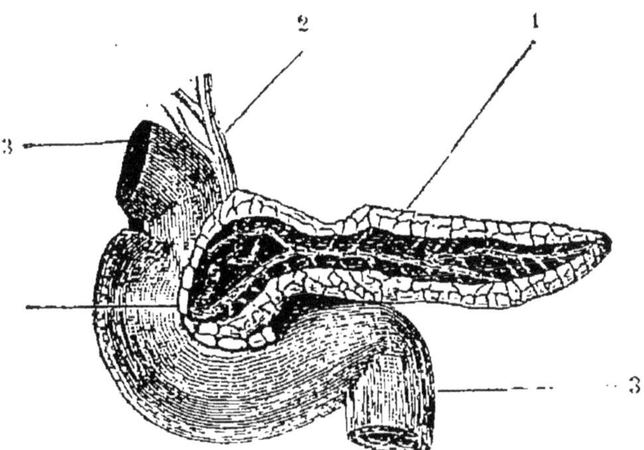


Fig. 72. — Le pancréas ouvert. — 1. pancréas; 2, canal cholédoque (venant du foie); 3, 3, duodenum

parcourt toute la face postérieure de la glande, reçoit en chemin les canaux excréteurs secondaires, et débouche dans le duodénum au même niveau que le canal cholédoque. A ce niveau, la muqueuse intestinale présente une dépression faisant légèrement saillie dans le tube du duodénum; cette dépression est l'*ampoule de Vater*, dans laquelle s'écoulent la *bile* venue du foie et le *suc pancréatique* formé par le pancréas.

Un second canal excréteur, le *canal accessoire*, se sépare du précédent à une petite distance du duodénum et va s'ouvrir dans cette portion du tube digestif, 2 ou 3 centimètres au-dessus de l'ampoule de Vater.

La structure du pancréas est si analogue à la structure des glandes salivaires qu'on désigne parfois cette glande sous le nom de *glande salivaire abdominale*.

### Intestin grêle

L'intestin grêle (fig. 67) est un tube ayant environ 3 centimètres de diamètre et 8 à 9 mètres de longueur, en moyenne. Entièrement situé dans l'abdomen, au-dessous de l'estomac avec lequel il communique par le pylore, il est divisé en trois parties, le *duodénum*, le *jéjunum* et l'*iléon* qui ne sont séparées les unes des autres par aucun caractère anatomique spécial.

Au point de vue de la structure, l'intestin grêle présente à considérer trois tuniques : 1° une tunique externe *séreuse* qui n'est qu'une portion du péritoine ; 2° une tunique moyenne *musculaire*, comprenant deux plans de fibres, les fibres *longitudinales* et les fibres *circulaires*, toutes lisses ; 3° une tunique interne *muqueuse*, à peu près analogue, au point de vue de sa constitution, à la muqueuse stomacale.

La muqueuse de l'intestin grêle présente un certain nombre de particularités qu'il est utile de définir.

1° *Les valvules conniventes.* — Les *valvules conniventes* sont des plis transversaux de la muqueuse de l'intestin grêle, évalués au nombre de 800 à 900; ces plis, qui font saillie dans l'intérieur du tube intestinal, ont une forme semi-lunaire, et, par conséquent, ne forment jamais que des anneaux ouverts, en fer à cheval.

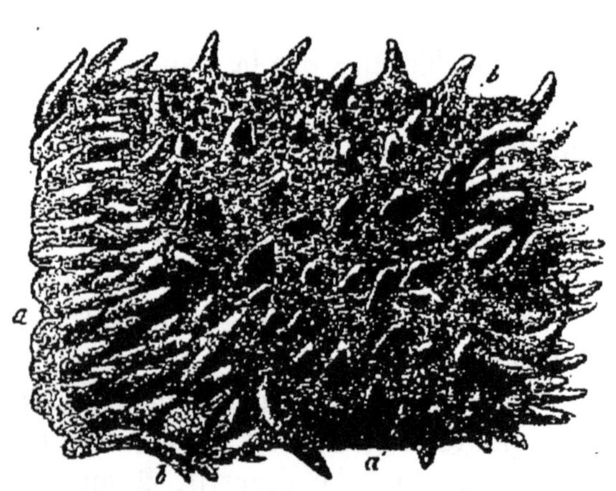


Fig. 73. — Portion de la membrane muqueuse de l'intestin grêle, grossie pour montrer les villosités (1, 1 et 2), les orifices des glandes et les follicules clos (4 et 5).

2° *Les villosités intestinales.* — On désigne sous le nom de *villosités intestinales* (fig. 73) des prolongements en forme de petits poils qui donnent à la muqueuse de l'intestin grêle une apparence veloutée, parce que ces prolongements font saillie dans l'intérieur du tube intestinal.

Les villosités intestinales ont, en moyenne 1/2 millimètre de longueur ; elles sont réparties uniformément aussi bien sur les valvules conniventes que dans les espaces compris entre elles ; leur nombre est évalué à 10 millions.

Le centre de chaque villosité est occupé par un canal

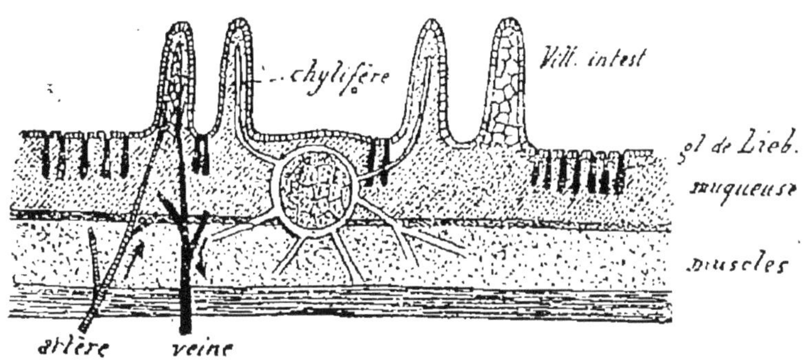


Fig. 74. — Coupe théorique de l'intestin grêle.

nommé *chylifère,* qui se termine en cul-de-sac vers la partie libre de la villosité (fig. 74).

Tout autour du chylifère, on observe un réseau capillaire sanguin provenant de la division d'une petite artère qui entre dans la villosité par sa base, et donnant, par la réunion de ses branches, une veine qui emporte le sang ayant circulé dans ce petit organe.

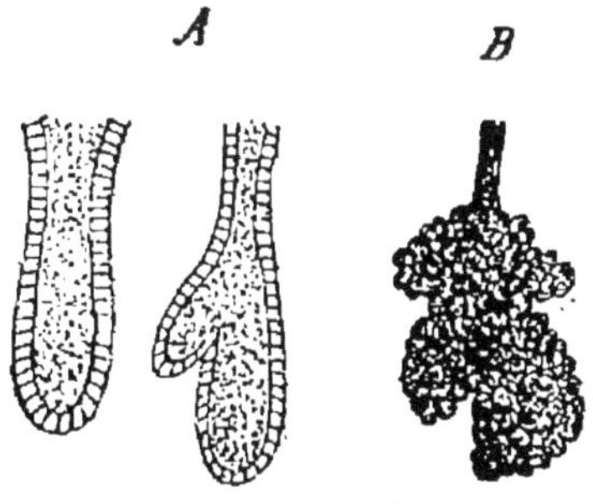

3° *Les follicules clos.* — Les *follicules clos* sont de petits sacs arrondis, logés dans la muqueuse qu'ils soulèvent légèrement (fig. 73) ; ils appartiennent à l'appareil lymphatique.

Fig. 75. — Glandes de l'intestin grêle. — *A*, glandes de Lieberkühn ; *B*, glande de Brunner.

4° *Les glandes de Lieberkühn.* — Les *glandes de Lieberkühn,* au nombre de 40 à 50 millions, sont des glandes en *tube simple*, ayant une longueur d'environ 1 dixième de millimètre (fig. 74 et 75); elles sécrètent le *suc intestinal*.

5° *Les glandes de Brünner*. — Ce sont de petites glandes en grappe qui ne se rencontrent que dans le duodénum. Leur fonction est inconnue.

**Valvule iléo-cæcale.** — L'intestin grêle et le gros intestin ne se continuent pas directement ; en effet, l'iléon refoule devant lui la première partie du gros intestin (*cæcum*) de façon à former une sorte de boutonnière à 2 lèvres, saillante dans le cæcum ; c'est ce qu'on appelle la *valvule iléo-cæcale*.

**Rôle de l'intestin grêle.** — L'intestin grêle joue plusieurs rôles importants qui seront étudiés plus loin avec détail : le suc pancréatique et la bile qui s'y déversent, le suc intestinal produit par les glandes de Lieberkühn, transforment la plupart des aliments ; les villosités intestinales sont les organes indispensables de l'absorption des aliments digérés ; ce sont là les deux fonctions principales remplies par cette portion du tube digestif.

## Gros intestin

Le gros intestin (fig. 67), dernière portion du tube digestif, est un gros tube divisé en trois parties : 1° le *cæcum* ; 2° le *côlon* ; 3° le *rectum*.

Le *cæcum* est une sorte de cul-de-sac très court se prolongeant du côté opposé au côlon par un petit conduit de la largeur d'une plume d'oie appelé *appendice vermiculaire*.

Le *côlon* fait le tour de l'intestin grêle sous les noms de côlon ascendant (côté droit), côlon transverse (côté d'en haut) et côlon descendant (côté gauche et en arrière), décrivant vers son extrémité inférieure une sorte de S (*S iliaque*).

Le *rectum*, tube droit, se termine à l'anus entouré d'un muscle annulaire appelé *sphincter anal*.

Au point de vue de la structure, on retrouve dans le gros intestin les mêmes tuniques que dans l'intestin grêle. La muqueuse est beaucoup plus simple ; elle renferme bien, dans le cæcum principalement, des follicules clos et des glandes comparables aux glandes de Lieberkühn sous le rapport anatomique, mais elle n'a plus ni valvules conniventes, ni villosités intestinales.

## Le Péritoine

Pour bien saisir la forme des *séreuses*, groupe de membranes auquel appartient le péritoine, supposons un sac clos de tous côtés, rempli de liquide, et dont les parois sont formées de tissu conjonctif. Pour faire entrer un organe quelconque dans ce sac sans l'ouvrir, il suffira de déterminer une pression en un point (fig. 76), et de refouler en cet endroit la paroi du sac jusqu'à ce que l'organe se loge entièrement dans la dépression ainsi formée.

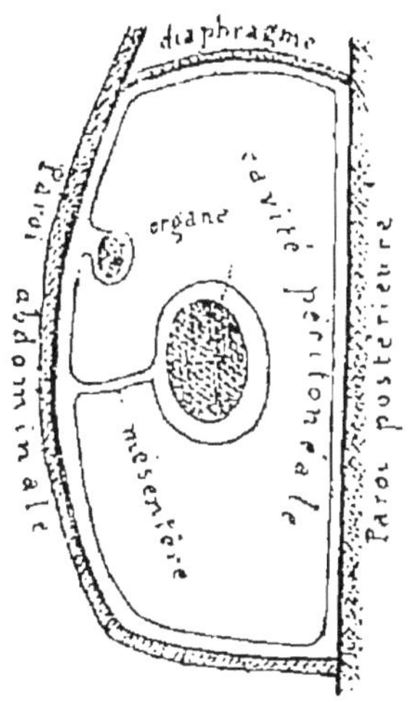


Fig. 76. — Disposition théorique du péritoine.

Lorsque l'opération sera terminée, l'organe se trouvera entouré de tous côtés par une membrane ayant deux feuillets, savoir : un feuillet interne (feuillet *viscéral*) appliqué contre l'organe, et un feuillet externe (feuillet *pariétal*), séparé du précédent par un petit espace renfermant le liquide primitif du sac.

C'est là l'idée la plus simple qu'on puisse se faire d'une membrane séreuse. On voit que cela rappelle le bonnet normand, qui, n'ayant aucune ouverture, se place sur la tête lorsqu'on enfonce une des moitiés sur l'autre moitié.

Examinons les particularités que présente le péritoine.

Primitivement, l'abdomen, dépourvu de tout organe, est une cavité tapissée par un sac fermé, rempli de liquide. Les organes de la digestion se forment en dehors de ce sac, entre lui et les parois du corps ; en se développant, ils refoulent devant eux le sac péritonéal qui les entoure bientôt plus ou moins complètement ; en même temps diminuent le liquide du sac et la cavité abdominale primitive. Quand les organes sont définitivement développés, on observe, dans le péritoine : 1° un feuillet *viscéral*, accolé aux organes qu'il protège ; 2° un feuillet *pariétal*, accolé aux parois de la cavité abdominale ; 3° entre les deux feuillets, un espace très petit occupé par le liquide péritonéal.

Le duodénum, seul parmi les organes abdominaux du tube digestif, n'est pas entouré par le péritoine.

## § 2. — Digestion des aliments.

Historique de la digestion. — Les aliments. — Rôle chimique de la salive, du suc gastrique, de la bile, du suc pancréatique et du suc intestinal. — Absorption des aliments.

Les aliments solides apportés dans la bouche sont immédiatement mâchés par les dents (*mastication*) et en même temps imprégnés par la salive mixte (*insalivation*) ; ils sont poussés ensuite dans le pharynx ; du pharynx, ils passent dans l'œsophage (*déglutition*), qui les conduit à l'estomac par les contractions de la tunique musculaire. On les retrouve dans l'estomac sous la forme d'une pâte demi-liquide désignée sous le nom de *chyme ;* les mouvements de l'estomac (tunique musculaire) les font passer dans l'intestin grêle où leur partie utilisable se présente sous l'aspect d'un liquide blanchâtre, appelé *chyle*. Le chyle est absorbé dans l'intestin grêle (*absorption*) ; les parties non digérées continuent leur chemin dans le gros intestin et sont enfin expulsées au dehors (*excrétion*).

Tels sont les principaux faits que l'on observe dans la digestion des aliments.

Parmi ces faits, il en est un qui les domine tous : c'est la transformation de substances *solides* et *insolubles* en substances *solubles* que l'organisme absorbe et assimile.

Comment doit-on envisager cette transformation? C'est ce que nous allons examiner tout d'abord.

**Historique de la digestion.** — Jusqu'à la fin de la première moitié du XVIII$^{e}$ siècle (1750), on admettait généralement que la digestion consiste dans la *trituration* des aliments solides. Le célèbre physicien naturaliste *Réaumur* montra le premier par l'expérience que la trituration ne suffit pas à expliquer ce qui se passe dans l'acte de la digestion.

Réaumur fit avaler à certains oiseaux de proie qui vomissent facilement (milan, buse), des tubes métalliques percés de trous et contenant de la viande. La viande fut digérée et les tubes étaient restés intacts, ce qui ne pouvait s'expliquer que par l'intervention d'un phénomène chimique, ayant pour résultat de transformer les aliments solides en substances solubles.

Vers 1780, un physiologiste italien, *Spallanzani*, reprenant les expériences de Réaumur, se procura du *suc gastrique* en faisant avaler aux animaux de petits fragments d'éponge qu'il retirait et exprimait au bout de quelque temps; il put ainsi opérer des *digestions artificielles* avec le suc gastrique recueilli.

A la suite de ces expériences, on admit que l'estomac est le seul organe de la digestion chimique, et que les autres organes n'ont d'autre rôle que de préparer la digestion stomacale.

C'était une erreur. Les physiologistes modernes, au premier rang desquels il faut signaler *Claude Bernard*, ont démontré que les phénomènes chimiques, de la digestion sont produits par les divers sucs formés dans l'appareil digestif (salive, suc gastrique, bile, suc pancréatique et suc intestinal).

Cette démonstration a été faite à la suite des recherches qui ont permis de recueillir ces divers liquides ou sucs digestifs à l'état de pureté, et de faire, par conséquent, les digestions artificielles les plus variées.

Pour recueillir la *salive*, il suffit de mettre à nu le conduit excréteur d'une glande salivaire, d'y pratiquer une ouverture dans laquelle on introduit une fine canule en argent adaptée à une poire en caoutchouc.

Le *suc gastrique*, ainsi que la bile et le suc pancréatique, s'obtiennent par des *fistules artificielles*. Ces opérations ont été faites pour la première fois avec succès, en 1842, par *Blondlot* de Nancy et *Bassow* de Moscou, sur l'estomac des animaux (*fistules gastriques*) d'après le procédé suivant : on pratique dans la région abdominale d'un Chien, au niveau de l'estomac, une ouverture ayant 4 ou 5 centimètres de longueur ; quand la paroi de l'estomac paraît, on la tire vers le dehors, on y fait une incision et, au moyen d'une suture, on attache les bords des deux parois abdominales et stomacales qui, au bout de quelques jours, adhèrent intimement l'une à l'autre. Dans l'ouverture ainsi constituée, on introduit une canule ayant à peu près l'aspect d'un bouton et formée de deux parties qui se vissent l'une dans l'autre ; à la canule, on adapte un ballon en caoutchouc dans lequel s'écoule le suc gastrique.

Chez l'Homme, on avait observé, avant les expériences de Blondlot et de Bassow — et on a observé depuis — un certain nombre de fistules de l'estomac dues à des accidents ou à des maladies ; ainsi, en 1833, un médecin américain, *William Beaumont*, put étudier le cas singulier d'un chasseur canadien qui présentait une fistule gastrique permanente due à un coup de fusil ayant perforé l'estomac.

Le *suc intestinal* est recueilli généralement par le procédé suivant : on isole une partie de l'intestin grêle (50 centimètres) et on le sectionne à ses deux extrémités en maintenant intacts les vaisseaux nourriciers; on réunit par une suture les deux bouts de l'intestin afin que les aliments continuent leur chemin sans passer par la portion isolée. On adapte enfin à l'un des bouts de cette dernière — l'autre bout étant ligaturé en même temps — une canule qui sort par la plaie ouverte sur l'abdomen, et à la canule une poire en caoutchouc dans laquelle s'écoule le suc intestinal.

**Les aliments.** — Avant d'étudier les transformations chimiques produites par les divers liquides digestifs, il est nécessaire d'établir les caractères des principaux aliments dont l'Homme se nourrit.

Les aliments peuvent être rangés dans les deux catégories suivantes : 1° les aliments *minéraux ;* 2° les aliments *organiques.*

Les principaux *aliments minéraux* sont *l'eau*, le *sel de cuisine*, le *phosphate* et le *carbonate de chaux.*

Les *aliments organiques* se subdivisent eux-mêmes en aliments *ternaires* et en aliments *quaternaires.* Les premiers doivent leur nom au nombre des corps simples qui les constituent par leurs diverses combinaisons (*carbone, hydrogène, oxygène*). Dans la composition des seconds entrent *quatre* corps simples fondamentaux (carbone, hydrogène, oxygène, *azote*) ; on y trouve, en outre, généralement de très petites quantités de *soufre* et de *phosphore.*

Examinons successivement les principaux aliments ternaires et quaternaires.

1° *Aliments ternaires.* — Les aliments ternaires comprennent : 1° les aliments *féculents ;* 2° les aliments *gras ;* 3° les aliments *sucrés.*

I. — Les aliments *féculents* sont fournis par les végétaux (graines de Blé, de Haricot, de Pois, de Lentille, etc., tubercules de Pomme de terre) ; c'est la fécule ou l'amidon qui constitue la majeure partie de ces organes des plantes utilisées comme aliments. La fécule et l'amidon se présentent sous forme de grains microscopiques, qui ont la propriété de *bleuir au contact de l'iode* ou de *l'eau iodée.*

II. — Les aliments *gras* viennent des animaux (lard, graisse, beurre) et de végétaux (huiles d'olive, de colza, d'amandes douces, etc.) ; ils résultent du mélange *d'éthers de la glycérine* appelés *stéarine, margarine, oléine, palmitine*, etc. ; ces éthers ont une base commune, la *glycérine* et un *acide gras* variable (acide stéarique, margarique, etc.). Les aliments gras sont insolubles dans l'eau, solubles dans l'éther, dans le sulfure de carbone ; ils ont deux propriétés remarquables, qu'il est utile de connaître au point de vue de leur digestion :

1° En agitant quelque temps dans l'eau une substance grasse à l'état liquide, cette substance se divise en gouttelettes microscopiques et semble se mêler intimement avec l'eau : on a ainsi produit une *émulsion ;*

2° Si, à cette émulsion on ajoute des alcalis, de la soude, de la potasse, de la chaux, etc., et si l'on porte le mélange à l'ébullition, les corps gras émulsionnés se dédoublent en *acide gras* qui s'unit à la base (soude, potasse, etc.) pour former un *savon*, et en *glycérine*, d'après la formule ci-dessous :

[Stéarate de glycérine (*stéarine*) + soude = stéarate de soude (*savon*) + glycérine.]

Cette opération est une *saponification.*

III. — Les aliments *sucrés* sont nombreux ; ils renferment principalement, soit du *glucose*, soit du *lévulose*, soit du *sucre de canne*, très éminemment solubles dans l'eau. La glucose et le lévulose ont même formule chimique ($C^{12}\ H^{12}\ O^{12}$) ; ils diffèrent seulement par leurs propriétés optiques. Le sucre de canne ou de betterave (*saccharose*) a pour formule $C^{24}\ H^{22}\ O^{22}$ ; soumis à l'action d'acides étendus, il absorbe de l'eau et se dédouble en glucose et en lévulose ($C^{24}\ H^{22}\ O^{22} + 2\ HO = C^{12}\ H^{12}\ O^{12} + C^{12}\ H^{12}\ O^{12}$) ; le mélange de ces deux derniers sucres s'appelle *sucre inverti*, et le dédoublement du saccharose porte le nom d'*in-*

*version.* On verra bientôt que le sucre de canne, quoique soluble, n'est pas *assimilable* s'il n'est au préalable inverti.

2° *Les aliments quaternaires.* — Les aliments *quaternaires* constituent la partie principale du protoplasma des animaux et des végétaux ; ce sont eux seuls qui fournissent l'azote nécessaire à la constitution du protoplasma de l'Homme ; c'est dire qu'ils sont essentiels à la vie.

Ils sont tirés les uns du règne animal, les autres du règne végétal.

Le règne animal fournit le blanc d'œuf ou *albumine*, la *myosine* (chair, muscles), la *fibrine* (sang), la *caséine* (lait, fromage), la *gélatine* et la *chondrine* (os et cartilages).

Le règne végétal fournit surtout l'*aleurone*, qu'on trouve sous forme de grains microscopiques dans les graines du Haricot, de la Lentille, du Pois, du Maïs, du Blé, etc. ; c'est l'aleurone qui forme le *gluten* de la pâte de farine et du pain.

Le caractère physique le plus important des substances quaternaires est que ces substances sont *colloïdes*, c'est-à-dire *non cristallisables*, et par suite *non osmotiques* (voir *Absorption*).

**Aliments complets.** — On désigne sous ce nom les aliments qui renferment les substances minérales, ternaires et quaternaires indispensables pour le maintien de la vie. Les principaux aliments complets sont les suivants :

1° *Le lait.* — Le lait renferme de la *caséine*, substance quaternaire ; du *beurre*, substance grasse ; du *sucre de lait*, substance sucrée. Les principes ternaires et quaternaires se trouvent donc dans cet aliment ;

2° *Les œufs.* — Il en est de même des œufs qui contiennent principalement de l'*albumine* et des *matières grasses* ;

3° *Le pain.* — Le pain est un aliment complet, puisqu'il renferme le *gluten*, substance quaternaire et l'*amidon*, substance ternaire ;

4° *La viande.* — La viande est formée principalement d'une substance quaternaire, la *myosine ;* mais elle renferme toujours plus ou moins de matières grasses ; c'est aussi, par conséquent, un aliment complet, mais à un degré moindre que les aliments précédents ;

5° *Haricots, Pois.* — Il en est de même des Haricots et des Pois, qui sont des aliments complets, puisqu'on y trouve de l'*aleurone* et de l'*amidon*.

Mais pour qu'une alimentation soit réellement complète, il faut surtout que les aliments ternaires et quaternaires y soient *distribués dans de justes proportions ;* en d'autres termes, *l'alimentation doit être mixte.* Si, en effet, on nourrit des animaux soit avec de la viande seulement, soit seulement avec des aliments ternaires, ils dépérissent et meurent inévitablement, dans les deux cas, au bout d'un court espace de temps. Si l'on examine l'alimentation de l'Homme dans les divers pays et dans les divers milieux, on ne tarde pas à remarquer qu'elle n'est jamais exclusivement formée de principes quaternaires ou de principes ternaires.

**Rôle chimique de la salive.** — La salive, ainsi qu'on l'a vu, est le mélange du produit de sécrétion des trois paires de glandes salivaires et des glandes de la muqueuse buccale. Sa réaction est alcaline ; sa densité est à peine supérieure à celle de l'eau (1,01). C'est un liquide formé en majeure partie d'eau (990 sur 1000), renfermant une faible proportion de principes dissous, parmi lesquels il faut signaler :

1° Une substance *albuminoïde* appelée *ptyaline* ou *diastase* salivaire ;

2° Des *sels* (phosphate et carbonate de soude, chlorure de sodium, etc.) ;

3° Des matières *grasses* en très petite proportion.

La salive n'a d'action que sur les *aliments féculents ;* elle les transforme d'abord en une substance soluble, la *dextrine*, qui a la composition de l'amidon, puis en *glucose* par hydratation, suivant la formule suivante :

$$\underset{\text{amidon}}{C^{12} H^{10} O^{10}} + \underset{\text{eau}}{H\ O} = \underset{\text{glucose}}{C^{12} H^{12} O^{12}}$$

Cette transformation est due uniquement à la *ptyaline* ou diastase salivaire, substance quaternaire dissoute dans la salive, insoluble dans l'alcool. La ptyaline est un *ferment*, c'est-à-dire une substance qui, prise en très petite quantité, peut transformer de grandes quantités d'une autre substance — les aliments féculents pour ce qui concerne la diastase salivaire. — Tous les ferments analogues à la ptyaline peuvent être isolés des liquides dans lesquels ils se trouvent dissous en traitant ces derniers par l'alcool concentré qui précipite les ferments.

La ptyaline n'exerce aucune action ni sur les aliments gras ou sucrés, ni sur les aliments quaternaires ; son action sur les aliments féculents commence dans la bouche et se continue dans l'estomac.

**Rôle chimique du suc gastrique.** — Le suc gastrique est le mélange du produit de sécrétion des glandes à pepsine et des glandes muqueuses de l'estomac; le liquide sécrété par les glandes à pepsine renferme un ferment, une diastase gastrique, la *pepsine*. La pepsine est administrée aux personnes dont la digestion stomacale se fait avec difficulté ; pour la préparer, on traite le suc gastrique par dix fois son volume d'alcool; le précipité obtenu est recueilli et traité par l'eau distillée qui dissout seulement la pepsine ; on filtre et l'on fait de nouveau agir l'alcool. Le précipité obtenu cette fois est la pepsine pure qui, desséchée, se présente sous l'aspect d'une poudre grisâtre.

Le suc gastrique est un liquide incolore; sa réaction est *acide*, ce qui est dû à la présence de l'*acide chlorhydrique*, à l'état libre ou à l'état de combinaison avec la *leucine*, substance organique. Il est composé :

1° D'eau (990 pour 100);

2° D'une substance albuminoïde, la *pepsine;*

3° De sels (phosphate de chaux, chlorure de sodium);

4° De l'acide chlorhydrique.

Il a la propriété de faire *cailler* le lait, c'est-à-dire de coaguler la caséine : la *présure*, dont on se sert communément pour fabriquer les fromages, est une solution étendue du suc gastrique de la *caillette* du veau.

Le suc gastrique n'a d'action que sur les aliments *quaternaires*, qu'il transforme, par hydratation et dédoublements chimiques, en *peptones*, c'est-à-dire en substances *azotées*, solubles et assimilables. Les autres aliments ne sont nullement modifiés par le suc gastrique.

La transformation des aliments quaternaires en peptones est uniquement due à la pepsine; la présence d'un acide est indispensable : cette dernière condition est normalement réalisée dans l'estomac.

**La bile; son rôle dans la digestion.** — La bile est le produit de sécrétion du foie; c'est un liquide de couleur *jaune* tout d'abord, mais qui prend une couleur *verte* après avoir séjourné dans la vésicule biliaire; sa réaction est *neutre* ou très légèrement alcaline; l'Homme en sécrète, en moyenne, 1 kilog. en 24 heures.

La bile est composée d'eau (85 0/0), tenant en dissolution des principes divers, parmi lesquels nous signalerons :

1° Des *sels minéraux* (phosphate et carbonate de soude, chlorure de sodium);

2° Des sels à acides *organiques azotés*, résultant de la combinaison de l'acide cholique et de l'acide choléique avec la soude (taurocholate et glycocholate de soude);

3° La *cholestérine*, rangée par les chimistes dans le groupe des *alcools;* c'est une substance ternaire, soluble dans la bile grâce au choléate de soude;

4° Des *matières colorantes*, telles que la *bilirubine* et la *biliverdine*, analogues à des substances dérivées de la matière colorante du sang.

Ces diverses substances se déposent, sous certaines conditions, dans la vésicule biliaire ainsi que dans les conduits excréteurs du foie, constituant ainsi les *calculs biliaires.*

En résumé, la bile est composée chimiquement de la façon suivante :

| | | | |
|---|---|---|---|
| Eau | | 85 | pour 100. |
| Substances solides. | Sels minéraux | 1 | |
| | Sels à acides organiques. | 8 | |
| | Cholestérine | 4 | |
| | Matières colorantes | 2 | |

La bile remplit plusieurs rôles dans la digestion des aliments et dans leur absorption.

1° Elle émulsionne les aliments gras ; elle les saponifie même partiellement, d'après quelques physiologistes ;

2° Elle favorise l'absorption, non seulement en déterminant la contraction des villosités intestinales, mais aussi et surtout en hâtant le développement des cellules d'une partie de ces organes (voir *Absorption*) ;

3° Elle est un antiputride pour les résidus de la digestion pendant leur séjour dans l'intestin.

Ces divers rôles sont surtout mis en évidence par les modifications de la nutrition qui se produisent chez les animaux pourvus d'une fistule biliaire. Ces animaux dépérissent rapidement : l'absorption est faible ; leurs excréments acquièrent une odeur fétide. On constate le rôle émulsif de la bile en pratiquant des fistules pancréatiques : les matières grasses sont émulsionnées et absorbées, ce qui prouve que la faculté d'émulsion appartient à la bile tout aussi bien qu'au suc pancréatique.

**Rôle chimique du suc pancréatique.** — Le suc pancréatique est sécrété par le pancréas et versé dans le duodénum par le canal de Wirsung et par le canal accessoire ; c'est un liquide incolore, à réaction alcaline. Il se compose d'eau tenant en dissolution des sels, des matières grasses et des diastases ; la proportion de l'eau est d'environ 90 0/0, moins grande, par conséquent, que dans le suc gastrique et la salive : aussi le suc pancréatique est-il relativement très épais.

Contrairement à ce que nous avons vu jusqu'ici, le suc pancréatique exerce une action chimique à la fois sur les aliments *gras*, sur les aliments *féculents* et sur les aliments *quaternaires;* il est considéré, avec raison, comme le plus important des sucs de la digestion.

1° Les aliments *gras* sont émulsionnés ; il paraissent être aussi saponifiés, c'est-à-dire dédoublés en acide gras et glycérine ; les acides gras, insolubles dans l'eau, formeraient des savons avec la soude fournie par les sels du suc pancréatique et seraient absorbés sous cette forme ;

2° Les aliments *féculents* sont transformés en glucose ;

3° Les aliments *quaternaires* sont transformés en peptones.

Le principe actif du suc pancréatique (*pancréatine*) paraît donc être formé par le mélange de trois ferments, ayant chacun un rôle déterminé : ces trois ferments ont pu être isolés les uns des autres.

Ainsi qu'on le voit, le suc pancréatique achève la digestion des aliments féculents et des aliments quaternaires qui ont échappé à l'action de la salive et du suc gastrique ; de plus, son action s'ajoute à celle de la bile pour la transformation des aliments gras en substances absorbables.

**Rôle chimique du suc intestinal.** — Le suc intestinal est sécrété par les glandes de Lieberkühn ; c'est un liquide limpide, à réaction alcaline, composé, comme les autres sucs digestifs, d'eau tenant en dissolution diverses substances, parmi lesquelles il importe de signaler une diastase découverte par Claude Bernard et désignée par ce physiologiste sous le nom d'*invertine*.

L'action digestive du suc intestinal a été aussi mise en

lumière par ce même savant; elle consiste dans la transformation du saccharose en glucose et lévulose, c'est-à-dire en sucre *inverti* :

$$C^{24}H^{22}O^{22} + 2\,HO = C^{12}H^{12}O^{12} + C^{12}H^{12}O^{12}$$

saccharose eau glucose lévulose

Le saccharose est donc *digéré*, quoique soluble ; cette digestion est indispensable pour l'assimilation de cet aliment par l'organisme : le saccharose, en effet, n'est pas utilisé lorsqu'il est directement injecté dans le sang.

## Absorption des aliments

**Phénomènes d'osmose.** — Plongeons dans un vase contenant de l'eau pure un tube de verre, fermé à son extrémité inférieure par une membrane et contenant une dissolution concentrée de sucre dans l'eau : pour mieux saisir les résultats de l'expérience, faisons coïncider les niveaux de l'eau dans les deux réservoirs (fig. 77, A).

Au bout de quelque temps, nous constatons que le niveau monte dans le tube contenant de l'eau sucrée (fig. 77, B) ; cela tient à ce que la membrane, imbibée par l'eau, s'est laissé traverser plus rapidement par l'eau pure que par l'eau sucrée.

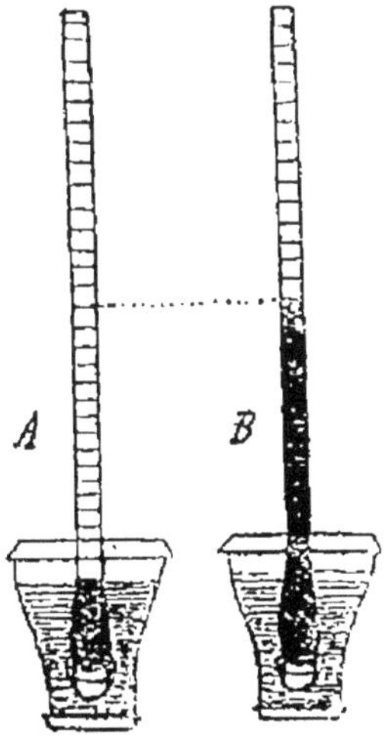

Fig. 77. — Phénomènes d'osmose. — A, osmomètre au début de l'expérience ; B, osmomètre quelque temps après.

Ce phénomène est appelé *osmose*; l'appareil qui sert à le mettre en évidence et à le mesurer porte le nom d'*osmomètre*.

En remplaçant la solution de sucre par des solutions de gomme, de sels, etc., de même densité, on observe que l'eau pure est absorbée en quantité inégale : chaque substance possède un pouvoir osmotique spécial.

Pour que l'osmose se produise, il faut nécessairement : 1° que la membrane soit constamment *imbibée* de liquide ; 2° que les substances employées soient *cristalloïdes*, c'est-à-dire osmotiques ; les substances colloïdes ne sont pas osmotiques.

**L'absorption est un phénomène d'osmose.** — Les organes de l'absorption des aliments sont constitués par l'ensemble des villosités intestinales. Ainsi qu'on l'a vu, on trouve dans chaque villosité : 1° un *chylifère* central ; 2° un réseau *capillaire sanguin*. Le *corps* même des villosités est formé, en allant de l'extérieur sur l'intérieur : 1° d'un *épithélium* cylindrique ; 2° de la *couche génératrice* de cet épithélium ; 3° d'un *tissu conjonctif* compliqué, parcouru par les capillaires sanguins et le chylifère central (fig. 78).

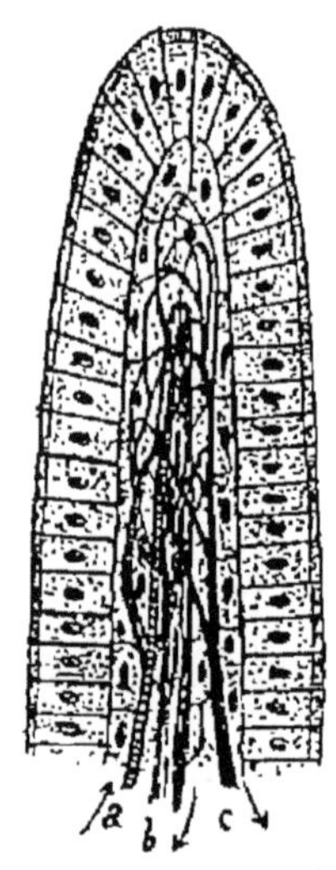


Fig. 78. — Structure d'une villosité. — *a*, artère ; *c*, veine ; *b*, chylifère.

L'absorption du chyle par les villosités est un phénomène d'osmose.

En effet, le chyle est essentiellement formé d'eau tenant en dissolution les principes osmotiques préparés par les sucs digestifs (glucoses, peptones, etc.) ; les cellules épithéliales des villosités sont constamment imbibées de liquide, grâce aux sécrétions de l'intestin ; elles renferment du protoplasma, c'est-à-dire une substance colloïde. Ce sont là précisément les conditions nécessaires pour l'absorption du chyle.

Si l'on observe ce qui se passe au moment où ce phénomène se produit, on constate tout d'abord que les cellules épithéliales se gonflent considérablement, ce qui est le résultat immédiat de l'absorption du chyle ; les principes absorbés passent ensuite dans les cellules sous-jacentes et ne sont bientôt séparés des capillaires et des chylifères que par les parois propres de ces organes, à travers lesquels ils osmosent un peu plus tard (fig. 78). On constate ensuite que les *principes dissous*, tels que les glucoses et les peptones, plus osmotiques que les *principes gras émulsionnés*, passent en majeure partie dans les capillaires sanguins, tandis que les émulsions traversent lentement le corps de la villosité pour être presque totalement absorbées par les chylifères. Ces derniers prennent, à partir de ce moment, une couleur blanchâtre qui leur a valu autrefois le nom de *vaisseaux lactés :* cette couleur est précisément due à la présence des gouttelettes grasses des émulsions.

Le *rôle actif* dans l'absorption du chyle est rempli par les cellules épithéliales des villosités ; la fonction use ces cellules qui tombent en débris après avoir transmis aux cellules sous-jacentes les liquides absorbés. Elles sont à mesure remplacées par de nouvelles cellules produites par la couche génératrice, et ainsi de suite indéfiniment.

La bile joue un rôle dans la chute et dans le renouvellement incessant de l'épithélium des villosités intestinales ; ce liquide dissout rapidement les éléments cellulaires usés et les entraîne dans l'intestin, qu'elle balaie en quelque sorte ; les cellules placées au-dessous peuvent dès lors se développer de façon à remplir à leur tour la fonction d'absorption.

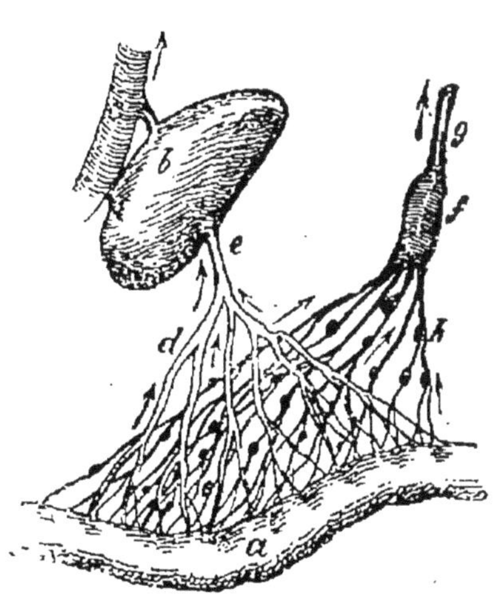

Fig. 79. — Figure théorique de l'absorption du chyle. — *a*, portion de l'intestin grêle ; *d*, canaux sanguins formant par leur réunion la veine porte *e* ; *b*, foie ; *c*, veine cave inférieure ; *h*, chylifères aboutissant au réservoir *f* ; *g*, canal thoracique.

**Marche de l'absorption** (fig. 79). — Où se rendent les substances absorbées par les villosités ?

1° Les *chylifères* s'unissent de proche en proche, formant ainsi des canaux de plus en plus grands, entremêlés de renflements appelés *ganglions lymphatiques;* ces canaux aboutissent au *canal thoracique* (partie de l'appareil lymphatique), qui remonte le long de la colonne vertébrale, derrière les organes de l'abdomen et du thorax et qui va s'ouvrir dans une veine du bras gauche (*veine sous-clavière gauche*), laquelle se rend à l'*oreillette droite* du cœur par l'intermédiaire de la *veine cave supérieure ;*

2° Les *vaisseaux sanguins*, en sortant des villosités, s'unissent aussi les uns avec les autres et constituent, en définitive, un tronc unique, la *veine porte* qui se ramifie dans le foie et qui se continue au delà de cet organe par la *veine sus-hépatique*, laquelle s'ouvre dans la *veine cave inférieure;* cette dernière aboutit à l'*oreillette droite* du cœur.

En d'autres termes : à partir de leur absorption, les principes nutritifs suivent deux voies très différentes, voie des chylifères et voie des canaux sanguins, pour être, en définitive, portés en un même point de l'appareil circulatoire, l'oreillette droite du cœur.

## § 3. — Appareil digestif des animaux.

Appareil digestif des Mammifères. — Appareil digestif des Oiseaux. — Appareil digestif des Reptiles et des Batraciens. — Appareil digestif des Poissons. — Appareil digestif des Invertébrés.

Nous étudierons successivement les modifications principales de l'appareil digestif chez les *Vertébrés* et chez les *Invertébrés* en prenant pour terme de comparaison l'appareil digestif de l'Homme.

Les Vertébrés, ainsi qu'on l'a vu, comprennent cinq groupes ou classes savoir : les Mammifères, les Oiseaux, les Reptiles, les Batraciens et les Poissons.

## Appareil digestif des Mammifères

L'appareil digestif des Mammifères ne diffère guère de celui de l'Homme que par la forme et le nombre des dents et par le mode de mouvement de la mâchoire inférieure. Nous aurons à signaler cependant la forme toute particulière de l'estomac chez les Ruminants.

**Forme des dents.** — Il faut distinguer tout d'abord les Mammifères *hétérodontes*, qui ont plusieurs sortes de dents, des Mammifères *homodontes* chez lesquels les dents sont toutes de même forme (Cétacés, Edentés) ; ces derniers sont quelquefois dépourvus de dents (Baleine, Fourmilier).

Les Mammifères hétérodontes ont trois sortes de dents comme l'Homme (Carnivores, Insectivores, etc.), ou bien deux sortes de dents (Rongeurs, Proboscidiens, etc.) ; ce sont les canines qui manquent dans ce dernier cas.

La forme des diverses dents est toujours en rapport avec le régime alimentaire des animaux :

1° Les Mammifères carnivores ont les incisives petites, les canines longues et crochues, propres à déchirer la chair ;

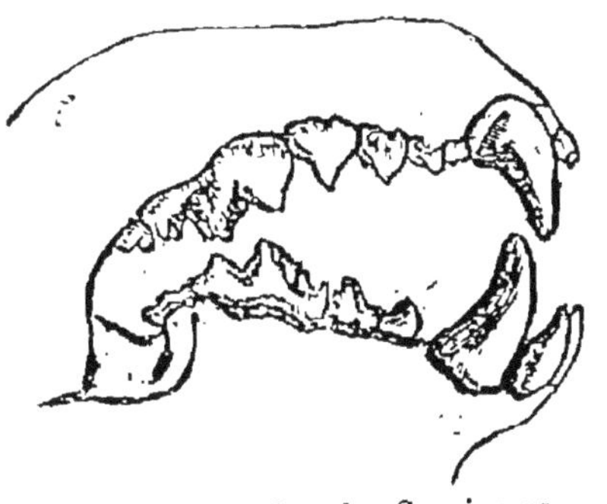

Fig. 80.— Dentition des Carnivores.

Fig. 81. — Dentition des Rongeurs.

leurs molaires (fig. 80) ont la couronne aiguë, tranchante, pouvant couper la chair en morceaux (exemple : Chat).

2° Les Rongeurs sont dépourvus de canines, de sorte

qu'il y a entre leurs incisives et leurs molaires un espace vide de dents, appelé *barre* (fig. 81). Les incisives ou dents *rongeuses* sont longues et fortes ; au contraire de ce qui s'observe d'habitude, ces dents s'allongent pendant toute la vie, mais elles s'usent à mesure par la partie libre de leur couronne, à cause du frottement exercé par celles d'en haut sur celles d'en bas ; elles s'usent plus rapidement en arrière qu'en avant ; aussi sont-elles taillées en biseau et par suite très coupantes. Les molaires ont la couronne aplatie et pourvue, à sa surface libre, de plis d'émail disposés transversalement ; par suite de cette disposition des plis, l'ensemble des molaires représente assez exactement une râpe ou une lime (exemple : Rat).

3° Les Ruminants n'ont pas de canines, et les incisives manquent à la mâchoire supérieure; les molaires ont la couronne aplatie et pourvue de plis d'émail en forme de croissants, disposés d'avant en arrière (exemple : Mouton).

**Nombre de dents.** — Le nombre des dents est très variable chez les Mammifères ainsi qu'on peut s'en convaincre en examinant les formules dentaires suivantes :

| | | |
|---|---|---|
| Homme.................... : | $\frac{2}{2}+\frac{1}{1}+\frac{5}{5}$ | (par demi-mâchoire.) |
| Singe de l'ancien continent : | $\frac{2}{2}+\frac{1}{1}+\frac{5}{5}$ | (id. |
| Chat..... ...............: | $\frac{3}{3}+\frac{1}{1}+\frac{4}{3}$ | (id.) |
| Taupe.................... : | $\frac{3}{4}+\frac{1}{1}+\frac{7}{6}$ | (id.) |
| Souris ...................: | $\frac{1}{1}+\frac{}{0}+\frac{3}{3}$ | (id.) |
| Mouton.................... : | $\frac{0}{4}+\frac{0}{0}+\frac{6}{6}$ | (id.) |
| Éléphant.................. : | $\frac{1}{0}+\frac{0}{0}+\frac{1}{1}$ | (id.) |

Les Singes de l'ancien continent (Gorille, Chimpanzé, etc.) ont seuls la même formule dentaire que l'Homme. R.ppelons encore que certains Mammifères, tels que la Baleine et

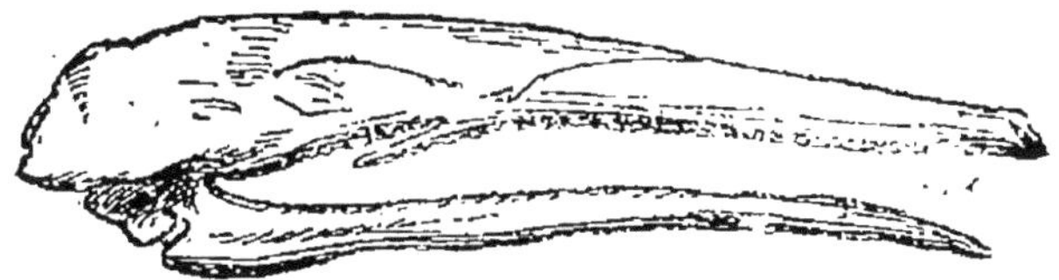

Fig. 82. — Mâchoires du Fourmilier.

le Fourmilier (fig. 82), sont totalement dépourvus de dents.

**Mouvements de la mâchoire inférieure.** — Le maxillaire inférieur ou os de la mâchoire inférieure a sensiblement la forme d'un fer à cheval redressé de chaque côté, en arrière, à peu près verticalement (fig. 83) : cette

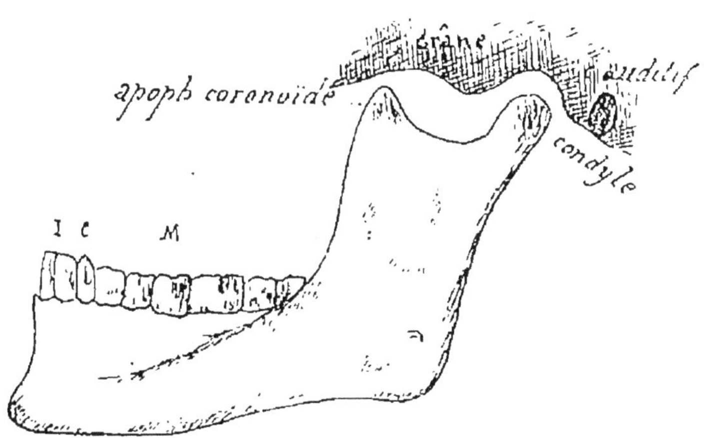


Fig. 83. — Mâchoire inférieure de l'Homme.

partie redressée est la *branche ascendante* qui se divise en haut, par une échancrure, en deux portions, savoir : 1° *l'apophyse coronoïde*, en avant ; 2° le *condyle*, en arrière.

Chez l'Homme, le condyle est une sorte de renflement transversal qui se loge dans une cavité correspondante de la base du crâne (*os temporal*) située en avant et au-dessous de l'ouverture extérieure du conduit de l'oreille (*conduit auditif externe*). C'est par le condyle que la mâchoire inférieure s'articule avec le crâne (articulation *temporo-maxillaire*) ; cette articulation est telle, chez l'Homme, que la mâchoire inférieure se meut principalement de haut en bas et de bas en haut ; elle permet, en outre, des mouvements de latéralité peu étendus.

Chez les *Carnivores*, le condyle a la forme d'une olive disposée *perpendiculairement* par rapport au plan de symétrie de la mâchoire ; il est renfermé à peu près exactement dans une cavité de même forme. Ce mode d'articulation empêche les mouvements latéraux et les mouvements antéro-postérieurs : aussi la mâchoire se meut-elle seulement de *bas en haut* et de *haut en bas*; lorsque la bouche se ferme, les molaires et les canines de la mâchoire supérieure et les dents correspondantes de la mâchoire inférieure glissent les unes sur les autres comme les lames d'un ciseau, de façon à découper la chair et non à la broyer.

Chez les *Rongeurs*, le condyle a la forme d'une olive disposée *parallèlement* au plan de symétrie de la mâchoire ; il est renfermé dans une gouttière ayant la même forme et la même direction. Ce mode d'articulation facilite surtout les mouvements de la mâchoire inférieure d'*avant en arrière* et d'*arrière en avant* : c'est précisément le mouvement qu'on imprime à une lime, et l'on a vu que les molaires ont l'aspect d'un instrument de ce genre (plis transversaux d'émail).

Chez les *Ruminants*, le condyle a une forme légèrement *concave*; il s'articule avec une surface légèrement *convexe* de la base du crâne : cette disposition permet les mouvements de la mâchoire dans tous les sens et principalement de droite à gauche et de gauche à droite, *circulairement*, de telle façon que les plis d'émail des molaires inférieures s'engrènent avec les plis correspondants des molaires supérieures, afin de bien mâcher les herbes.

Il faut conclure de ces faits qu'il y a une *corrélation entre la forme des molaires et les mouvements de la mâchoire inférieure.*

**Estomac des Ruminants.** — Le tube digestif des Mammifères est à peu près semblable au tube digestif de l'Homme. La seule particularité qui mérite d'être signalée est présentée par l'*estomac* des Ruminants (Bœuf, Mouton, Chameau, etc.).

Les Ruminants possèdent la faculté de *ruminer*, c'est-à-dire de faire remonter dans la bouche, pour les mâcher une seconde fois, les aliments qui avaient déjà été avalés après avoir subi une mastication grossière et incomplète. A cette faculté correspond une forme particulière de l'estomac qui, au lieu d'être simple, se compose de quatre poches, savoir (fig. 84) :

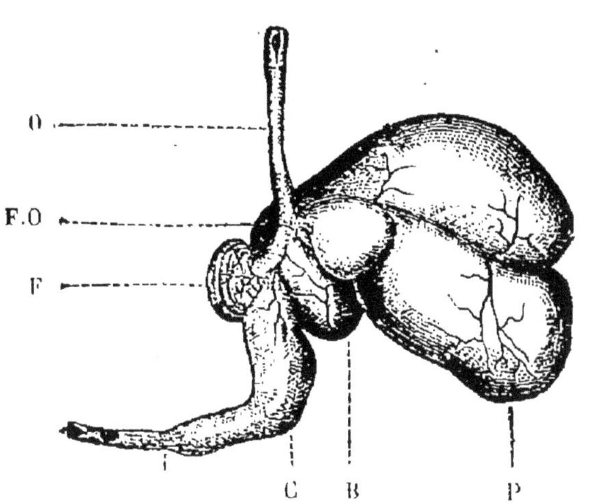

Fig. 84. — Estomac des Ruminants.— O, Œsophage ; FO, fente œsophagienne ; P, panse ; B, bonnet ; F. feuillet ; C, caillette.

1° La *panse*, sorte de sac très volumineux présentant une moitié droite et une moitié gauche ; la panse communique avec l'œsophage par une fente dite *gouttière œsophagienne ;*

2° Le *bonnet* ou *réseau*, sorte de poche dont la paroi interne présente des plis ayant un aspect réticulé (fig. 85) ; le bonnet communique avec la panse par un large orifice ;

3° Le *feuillet*, renflement qui porte intérieurement des plis disposés comme les feuillets d'un livre (fig. 85), le feuillet communique d'un côté avec l'œsophage et de l'autre côté avec la caillette;

4° La *caillette*, poche allongée qui sécrète seule le *suc*

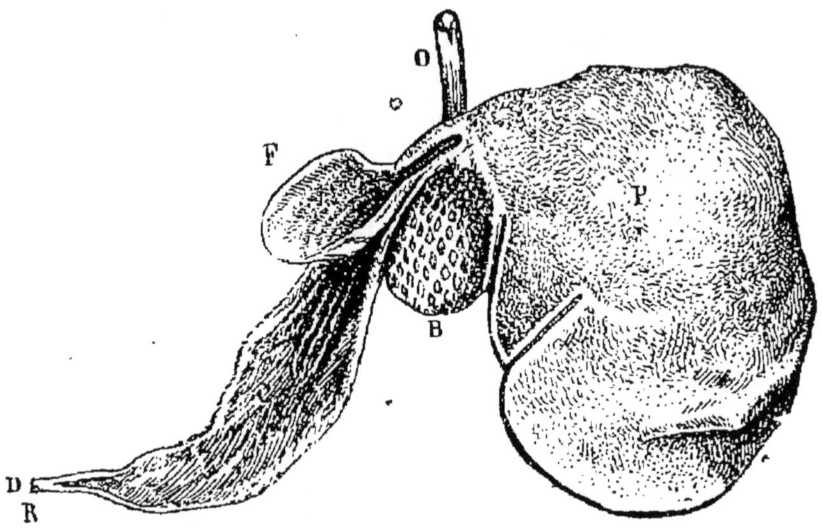


Fig. 85. — Estomac des Ruminants (ouvert).

*gastrique* et à laquelle fait suite l'intestin. La caillette doit son nom à ce que, préparée en infusion dans l'eau salée pendant 48 heures, elle fournit un liquide acide, la *présure*, qui sert à faire cailler le lait.

Comment se comportent les aliments dans ces diverses poches ?

Les aliments à peine mâchés descendent dans l'œsophage, écartent les lèvres de la gouttière œsophagienne et s'accumulent dans la panse. Au bout de quelque temps, lorsque l'animal est rentré à l'étable, par exemple, la panse se contracte et les aliments remontent dans la bouche par la gouttière œsophagienne et l'œsophage, après avoir été réunis en boules dans le bonnet. Quand ils sont complètement mâchés, ils redescendent par l'œsophage et glissent le long de la gouttière œsophagienne sans en écarter les lèvres à cause de leur état demi-liquide; puis ils arrivent dans le feuillet et enfin dans la caillette où ils sont soumis à l'action digestive du suc gastrique.

### Appareil digestif des Oiseaux

Les Oiseaux n'ont pas de dents ; leurs maxillaires sont recouverts par des étuis cornés qui constituent le bec.

L'*œsophage* porte un renflement appelé *jabot* (fig. 86), dans lequel les aliments s'accumulent avant de passer dans l'estomac ; le jabot n'exerce aucune action digestive.

L'*estomac*, qui fait suite à l'œsophage, est formé de deux poches, de forme et de fonction bien différentes. L'une des poches a des parois molles; elle sécrète le *suc gastrique :* c'est le *ventricule succenturié.* L'autre, beaucoup plus grande, a des parois épaisses, musculaires, et ne produit pas de suc gastrique : c'est le *gésier* (fig. 86). Le ventricule succenturié *digère* certains aliments à l'aide du suc gastrique ; le gésier triture, *broie* les aliments que l'Oiseau avale sans avoir pu les mâcher

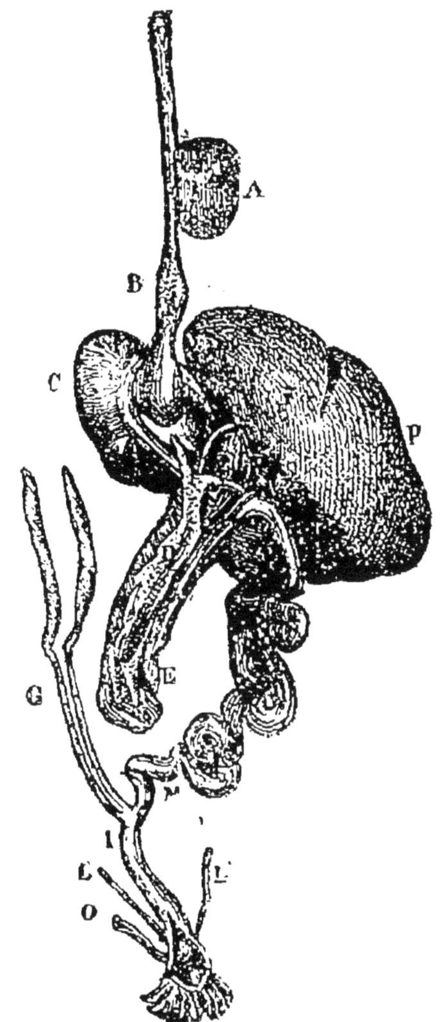

Fig. 86. — Appareil digestif des Oiseaux. — A, gésier; B, ventricule succenturié; C, gésier ; D, pancréas logé dans une anse de l'intestin E ; G, cæcums.

L'*intestin*, beaucoup moins long que chez les Mammifères, présente, au niveau où il s'élargit pour constituer le gros intestin, deux poches allongées appelées *cæcums*; au lieu de déboucher directement au dehors, l'intestin s'ouvre dans une poche, le *cloaque*, qui reçoit aussi les conduits urinaires (fig. 86).

Les *glandes salivaires* sont relativement peu développées ; les glandes sous-maxillaires manquent chez les Oiseaux granivores, qui ne *goûtent* pas leurs aliments. — Le *foie*, très volumineux, occupe une partie du *thorax* et la partie supérieure de l'abdomen, car chez les Oiseaux le diaphragme est rudimentaire, et la séparation entre l'abdomen et le thorax n'existe pas pour ainsi dire. — Le *pancréas* est allongé et logé dans une anse de l'intestin.

### Appareil digestif des Reptiles et des Batraciens

La bouche des Reptiles est grande ; elle peut s'ouvrir considérablement chez les Serpents, qui avalent des proies vivantes. Les mâchoires portent d'habitude de nombreuses dents crochues, toutes semblables, qui sont, non implantées, mais simplement accolées sur les maxillaires. Chez les Crocodiles cependant, les dents sont enracinées dans des alvéoles.

L'arrière-bouche n'existe pas, pour ainsi dire ; l'œsophage et l'estomac n'ont pas de séparation nette ; l'intestin est court, dépourvu de cæcum ; il débouche dans un cloaque, comme chez les Oiseaux.

L'appareil digestif des Batraciens ressemble à celui des Reptiles, à part quelques particularités peu importantes.

### Appareil digestif des Poissons

Chez les Poissons, les dents sont le plus souvent en nombre considérable et portées non seulement sur les mâchoires, mais aussi sur d'autres os de la bouche, et même sur le palais, la langue et jusque sur l'œsophage.

Le tube digestif comprend (fig. 87) : la bouche, l'œsophage, l'estomac et l'intestin, de peu de longueur en général, et par suite presque droit.

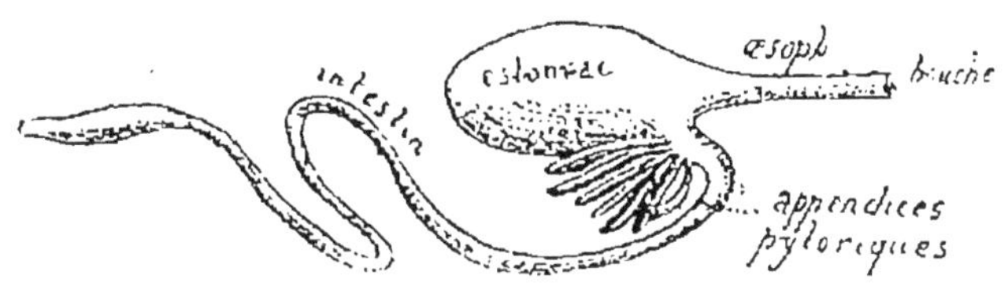


Fig. 87. — Appareil digestif des poissons.

Les glandes salivaires manquent ; le foie est généralement très développé ; le pancréas semble représenté par un certain nombre de prolongements portés au voisinage du pylore et connus sous le nom d'*appendices pyloriques*.

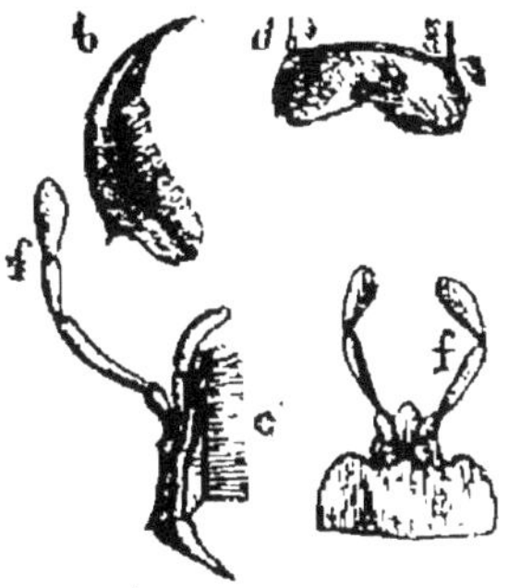

Fig. 88. — Pièces buccales des Insectes broyeurs. — *a*, lèvre supérieure; *b*, mandibule ; *c*, mâchoire portant le palpe maxillaire *f*; *c*, lèvre inférieure avec les deux palpes labiaux *f*.

### Appareil digestif des Invertébrés

**Insectes.** — L'appareil digestif des Insectes comprend : le *tube digestif* et les *organes annexes*.

1° Le *tube digestif* est formé par la *bouche*, l'*œsophage*, l'*estomac* et l'*intestin*.

La *bouche* est entourée par des pièces cornées dites *appendices buccaux*, dont la forme varie avec le régime alimentaire. Si l'on considère un Insecte *broyeur*, comme le *Hanneton* ou le *Carabe*, on voit, autour de la bouche (fig. 88) : 1° en avant, une petite languette médiane appelée *lèvre supérieure;* 2° sur les côtés, une *paire de mandibules* et, un peu en arrière d'elles, une *paire de mâchoires*. Les mandibules sont fortes, légèrement recourbées et découpées en scie sur leur face interne. Les mâchoires sont constituées chacune de deux parties, savoir : une pièce qui rappelle une mandibule par sa forme et un ou deux *palpes maxillaires*, dont la fonction est de saisir les aliments pour les porter au contact des mandibules et de la portion interne des mâchoires ; 3° en arrière et à l'opposé de la lèvre supérieure, on voit la *lèvre inférieure* formée d'une languette médiane qui porte deux *palpes labiaux*.

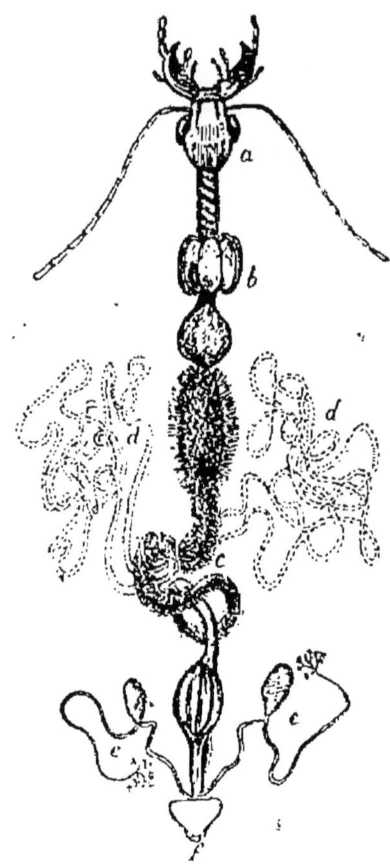

Fig. 89. — Appareil digestif d'un Insecte carnivore.

La trompe de l'Abeille, des Papillons, des Cousins, etc., est constituée des mêmes appendices buccaux considérablement modifiés dans leur forme.

L'*œsophage* est pourvu d'un *jabot* (fig. 89, *b*), petit réservoir pour les aliments avant leur digestion ; chez les Insectes *broyeurs*, on trouve au-dessous du jabot un deuxième renflement appelé *gésier* ; les parois du gésier sont musculaires et parfois garnies de petites pièces cornées propres à triturer les aliments.

L'*estomac* proprement dit, c'est-à-dire la portion du tube digestif qui sécrète le *suc gastrique*, porte chez les Insectes le nom de *ventricule chylifique* (fig. 89) : c'est une poche allongée, à parois minces, hérissée extérieurement de petits prolongements.

L'*intestin* est relativement très court et presque rectiligne.

2° Parmi les *organes annexes* du tube digestif nous citerons : les *glandes salivaires* et les *tubes de Malpighi*.

Les *glandes salivaires* communiquent avec l'œsophage ; la soie qui forme les cocons des Vers-à-soie est le produit de ces glandes.

Les *tubes de Malpighi* (fig. 89, *d*) sont de longs tubes glandulaires, diversement contournés, qui communiquent avec le tube digestif au point où finit l'estomac et où commence l'intestin. Par leur fonction, ces tubes semblent correspondre au *foie* et aux *reins* des Vertébrés.

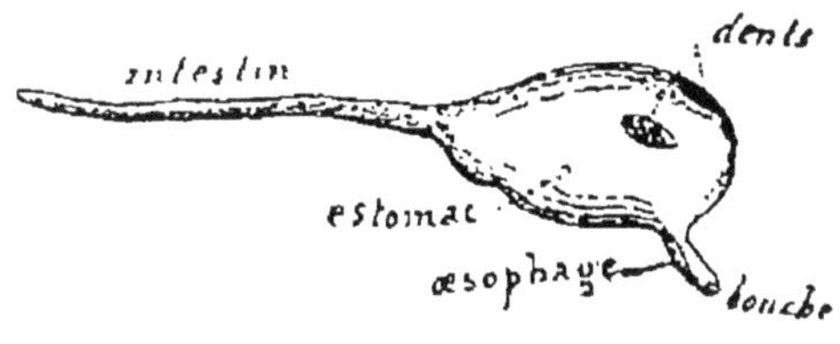

Fig. 90. — Appareil digestif de l'Écrevisse.

L'appareil digestif des *Arachnides*, des *Myriapodes* et des *Crustacés* (fig. 90) est à peu près analogue à l'appareil digestif des Insectes. L'estomac de l'Écrevisse (Crustacé) renferme des parties dures, cornées qui jouent le rôle des dents vis-à-vis des aliments (fig. 90) ; il renferme aussi des dépôts calcaires connus sous le nom d'*yeux d'Écrevisse*.

**Vers.** — Un grand nombre de Vers sont totalement dépourvus d'appareil digestif : tel est le cas de la plupart des *Vers parasites* qui se nourrissent par imbibition des liquides préparés par leurs hôtes.

Lorsque l'appareil digestif est développé, il se compose généralement d'un simple tube ouvert aux deux extrémités et dans lequel on ne peut guère distinguer un estomac différencié par sa forme ou par sa fonction : la digestion paraît se faire également sur toute la longueur de ce tube.

**Mollusques.** — Le *tube digestif* de l'Escargot comprend : la *bouche* munie d'une sorte de râpe cornée, la *radula*, qui est en quelque sorte un organe de mastication ; l'*œsophage ;* l'*estomac ;* l'*intestin*, recourbé en U de façon à s'ouvrir au dehors près de la bouche, ou plus exactement à côté de la fente qui donne entrée dans le poumon.

Le *foie* est très volumineux ; il occupe la plus grande partie de la coquille.

**Echinodermes.** — Chez l'*Oursin*, la *bouche* est placée au centre de la face plane du test ; elle est entourée d'un appareil masticateur appelé *lanterne d'Aristote*. La lanterne d'Aristote est formée de cinq pyramides calcaires et creuses, accolées les unes aux autres.

Le tube digestif a la forme d'un tube à peu près régulièrement cylindrique, qui décrit deux courbes sinueuses sous le test ; il s'ouvre au dehors au pôle opposé à celui qui porte la bouche.

**Cœlentérés, Protozoaires.** — Si parmi les Cœlentérés, nous prenons comme exemple l'*Hydre d'eau douce*, nous voyons que cet animal n'est qu'un sac ouvert à l'extrémité opposée au point de fixation. L'ouverture de ce sac, la *bouche*, sert à la fois à l'entrée des aliments et à la sortie des résidus de la digestion ; elle est entourée d'appendices creux intérieurement, appelés *tentacules*, et elle communique avec la *cavité digestive* où les aliments sont digérés. La cavité digestive ne communique qu'avec la bouche : ce caractère est commun à tous les Cœlentérés.

Les *Protozoaires sont dépourvus d'appareil digestif*. La digestion chez ces animaux est remplie par le protoplasma.

# CHAPITRE II

## Appareil circulatoire et circulation du sang

L'appareil circulatoire est l'ensemble des organes destinés à renfermer le sang et à le porter rapidement d'un point à un autre afin d'assurer la nutrition des diverses parties de l'organisme.

Nous étudierons successivement : 1° le *sang;* 2° l'*appareil circulatoire;* 3° la *circulation du sang;* 4° l'*appareil circulatoire des animaux.*

### § 1. — Le Sang

Composition du sang. — Les globules. — Le plasma. — Sang artériel, sang veineux.

**Composition du sang.** — Le sang est un liquide rouge, dont la saveur est légèrement *salée,* et la réaction *alcaline;* sa densité est à peine supérieure à celle de l'eau (de 1,045 à 1,075). On estime que le *poids* total du sang est environ le treizième du poids du corps : un Homme du poids de soixante-cinq kilogrammes a environ cinq kilogrammes ou cinq litres de sang.

Le sang a une composition très complexe; les considérations qui suivent sont de nature à en faire saisir les traits essentiels.

Si l'on recueille une certaine quantité de sang frais dans un verre, et si on l'agite aussitôt avec un balai de fines brindilles, on remarque, en retirant le balai, qu'une substance de couleur blanchâtre s'est attachée aux brindilles. Cette substance, qui se trouvait *dissoute* dans le sang, porte le nom de *fibrine;* le sang qui en est dépourvu est *défibriné;* il reste rouge.

Si, au lieu d'agiter le sang frais comme nous venons de le montrer, on l'abandonne simplement à l'air, il se sépare rapidement en deux parties, savoir : un *liquide* jaunâtre, nageant sur une masse *solide* rouge appelée *caillot.* Dans ce cas, on dit que le sang est *coagulé.* Comme le sang défibriné *ne se coagule pas*, il faut en conclure que la fibrine est la cause de la coagulation du sang.

Filtrons le *sang défibriné* sur un linge très fin, en batiste : un liquide presque incolore, un peu jaunâtre, coule à travers le linge; c'est le *sérum* Une masse *solide* rouge est retenue sur le linge : cette masse solide est formée par les *globules.*

Nous concluons de ces observations que le sang présente à considérer : 1° une masse solide, les *globules;* 2° un *liquide* renfermant une substance dissoute, la *fibrine;* ce liquide est le *plasma.* Le plasma dépourvu de fibrine s'appelle le *sérum.*

Dans le *sang coagulé*, la partie liquide est formée par le sérum; la partie solide ou *caillot* est constituée par les globules emprisonnés dans la fibrine.

Étudions avec plus de détails ces diverses parties (*globules* et *plasma*).

**Les globules du sang.** — Les globules du sang sont de deux sortes : 1° les globules *rouges* ou *hématies;* 2° les globules *blancs* ou *leucocytes.*

I. — Les *globules rouges* (fig. 91) sont les seuls éléments qui colorent le sang. Ils ont la forme de *disques circulaires biconcaves;* leur diamètre est en moyenne de 7 millièmes de millimètre, et leur épaisseur ne dépasse pas 2 millièmes de millimètre. On a calculé qu'il y a environ *cinq millions* de globules rouges dans un millimètre cube de sang, ce qui fait *vingt-cinq trillions* dans cinq litres de sang.

Les globules rouges peuvent être considérés comme de petites cellules : chacun d'eux se compose d'une fine membrane d'enveloppe de nature quaternaire et d'un contenu dans lequel il faut distinguer la *globuline* et l'*hémoglobine*. La *globuline* est une substance albuminoïde incolore; elle forme le substratum des globules; l'*hémoglobine*, de nature albuminoïde aussi, mais *cristallisable*, est une matière rouge, — la seule partie colorante du sang — qui imprègne la globuline; elle renferme des sels de potasse et une très petite proportion de fer : c'est l'hémoglobine seule qui, ainsi qu'on le verra plus loin, *absorbe l'oxygène de l'air* dans les poumons. Il faut donc regarder cette substance comme formant la partie la plus essentielle des globules rouges.

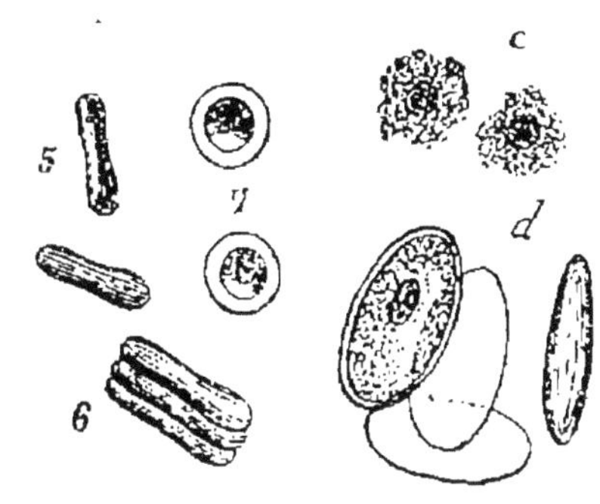

Fig. 91. — Globules du sang (rouges et blancs). — 5, 6, globules rouges vus de profil; 7, vus de face; c, globules blancs; d, globules rouges des Oiseaux.

Les globules rouges n'ont pas de noyau, excepté chez l'embryon. Leurs dimensions et leurs formes varient suivant les animaux considérés. Les Mammifères — à part les *Caméliens* (Chameau, Lama) — ont des globules circulaires biconcaves comme l'Homme, *plus petits* (Cheval, Chèvre, Lapin, Rat, etc.), *égaux* à peu près (Chien), ou *plus volumineux* (Éléphant : 9 millièmes de millimètre). Chez les *Caméliens*, les globules rouges ont la forme de disques elliptiques, sans noyau. — Les Oiseaux, les Reptiles, les Batraciens et les Poissons ont des globules rouges *elliptiques et biconcaves, avec noyau;* ce sont certains Batraciens (Grenouille, Protée) qui ont les plus gros globules rouges, car chez la Grenouille ils mesurent cinq *centièmes* de millimètre, et sept *centièmes* chez le Protée.

**II.** — Les *globules blancs* (fig. 91, *c*) sont beaucoup

moins nombreux que les globules rouges (en moyenne un globule blanc pour un millier de globules rouges); ils sont incolores; leur forme est celle de petites sphères dont le diamètre varie entre 8 et 9 *millièmes de millimètre;* ils sont constitués par une petite masse protoplasmique, renfermant un ou plusieurs noyaux. Ils possèdent la propriété spéciale de se déformer comme les Amibes et de se *déplacer* lentement; en d'autres termes, ils présentent des mouvements *amiboïdes*.

Les globules blancs ne sont pas spéciaux au sang, car on les trouve aussi dans la *lymphe*. Leur fonction paraît être de devenir des globules rouges en se transformant.

**Le plasma sanguin.** — Ainsi qu'on l'a vu, le plasma sanguin est formé par la *fibrine* et le *sérum*.

La *fibrine* est une substance albuminoïde, spontanément coagulable lorsque le sang est extrait des canaux sanguins; elle se trouve dans le sang en proportion très faible (2 à 3 grammes par litre) et paraît résulter du dédoublement de substances quaternaires.

Le *sérum* est un liquide incolore, renfermant un grand nombre de principes divers parmi lesquels nous signalerons :

1° Des *substances albuminoïdes*, non coagulables spontanément, en forte proportion (70 à 75 grammes 0/0); les *peptones* absorbées dans l'intestin font partie de ces substances;

2° Du *glucose* (2 à 3 0/0) provenant aussi de l'absorption intestinale;

3° Des *matières grasses* (2 à 4 0/00) ayant la même origine;

4° Des *sels* (6 à 8 0/0), parmi lesquels nous citerons : le *chlorure de sodium*, le *carbonate* et le *phosphate de soude;*

5° Des *produits d'élimination*, tels que l'*urée*, l'*acide urique*, des *matières colorantes*, etc.;

6° Des *gaz* (acide carbonique, azote);

Les *gaz du sang sont ceux de l'air*, c'est-à-dire l'*oxygène*, l'*azote* et l'*acide carbonique*, en proportions variables dans le sang *artériel* et le sang *veineux*.

**Sang artériel, sang veineux.** — Le sang se présente dans l'organisme sous deux formes appelées l'une *sang artériel*, l'autre *sang veineux*. Le sang artériel est d'un *rouge vif* (sang rouge), le sang veineux d'un *rouge sombre* (sang noir).

La différence de coloration des deux sangs tient essentiellement à ce que le sang veineux contient moins d'oxygène que le sang artériel.

Ainsi, 100 centimètres cubes de sang du Chien renferment :

Sang artériel : O, 19,66 ; $CO^2$, 48,02 ; Az, 2,19 ;
Sang veineux : O, 11,98 ; $CO^2$, 55,47 ; Az, 2,66.

Le rapport $\frac{CO^2}{O}$ du sang artériel est 2 environ, tandis que le raport $\frac{CO^2}{O}$ du sang veineux est 4 en chiffres ronds.

Sous quelle forme se trouvent ces divers gaz dans le sang ?

L'*azote* est dissous dans le sérum ; l'*acide carbonique* est en partie dissous dans le sérum et en partie combiné au carbonate et au phosphate de soude, avec lesquels il forme du bicarbonate et du phosphocarbonate de soude.

L'*oxygène* se trouve, non dans le sérum, mais dans les globules rouges : il est combiné avec l'hémoglobine sous forme d'*oxyhémoglobine*.

## § 2. — Appareil circulatoire

L'appareil circulatoire se compose : 1° du *cœur ;* 2° des *canaux* ou *vaisseaux sanguins*. Ces derniers sont de trois sortes, savoir : les *artères*, les *veines* et les *capillaires*.

## Le Cœur

**Position, forme du cœur.** — Le cœur est un organe charnu, creux, placé vers le milieu du thorax, un peu incliné de droite à gauche; il a à peu près la forme d'un cône dont la pointe, dirigée vers le bas, se trouve située sous le sein gauche; il pèse en moyenne 280 grammes, et ses dimensions moyennes sont de 10 centimètres en longueur et en largeur.

La cavité intérieure du cœur (fig. 92) est divisée, par deux cloisons sensiblement perpendiculaires l'une à l'autre, en quatre poches, savoir : deux *oreillettes* à la partie supérieure — oreillette droite et oreillette gauche; 2° deux *ventricules* à la partie inférieure — ventricule droit et ventricule gauche. Les parois des ventricules sont beaucoup plus épaisses que celles des oreillettes, et la paroi du ventricule gauche est plus épaisse que celle du ventricule droit.

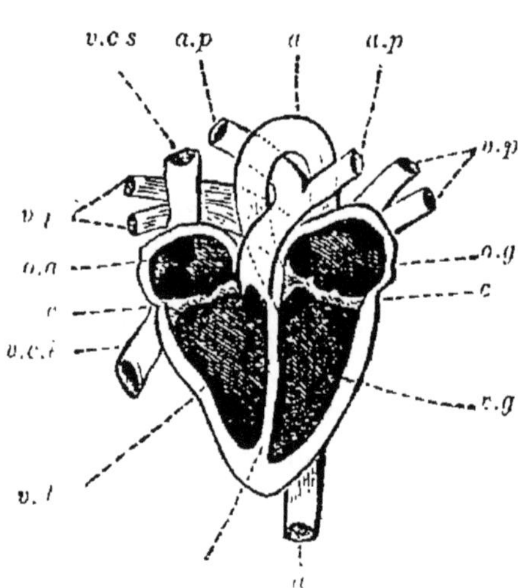


Fig. 92. — Cœur de l'Homme (ouvert). — *o.d*, *o.g*, oreillette droite et gauche ; *v.d*, *v.g*, ventricules droit et gauche ; *a*, aorte; *a.p*, artères pulmonaires ; *v.p*, veines pulmonaires ; *v.c.i*, *v.c.s*, veines caves inférieure et supérieure.

Les oreillettes ne communiquent pas l'une avec l'autre; les ventricules non plus. Mais l'oreillette droite communique avec le ventricule droit et l'oreillette gauche avec le ventricule gauche; en effet, la cloison qui sépare chaque oreillette du ventricule correspondant est percée d'un orifice muni d'un repli appelé *valvule auriculo-ventriculaire*. Les valvules auriculo-ventriculaires sont formées de petites lames élastiques, triangulaires, fixées par leur base au bord de l'orifice et rattachées à la paroi des ventricules par de nombreux filaments de nature élastique (fig. 93). Elles ont pour fonction de permettre le passage du sang des oreillettes dans les ventricules, et d'empêcher le sang de revenir sur son chemin, des ventricules vers les oreillettes.

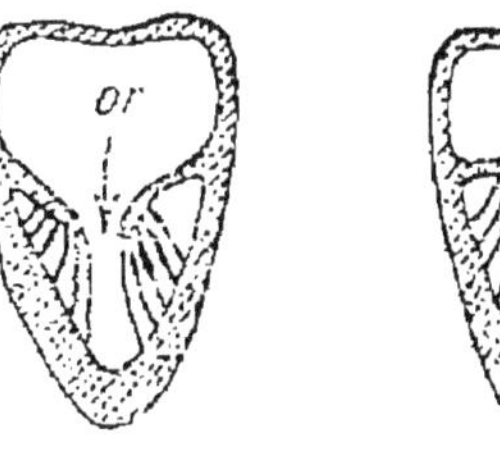

Fig. 93. — Valvule auriculo-ventriculaire (fig. théoriques).

La valvule auriculo-ventriculaire de droite est formée de trois petites lames et porte le nom de valvule *tricuspide;* la valvule auriculo-ventriculaire de gauche est formée de deux lames seulement : c'est la valvule *mitrale.*

On considère généralement le cœur comme étant formé de deux moitiés désignées sous le nom de *cœur droit* et de *cœur gauche* et comprenant chacune une oreillette et le ventricule correspondant. Il n'y a nulle communication directe entre le cœur droit et le cœur gauche chez l'Homme adulte; il n'en est pas de même dans le très jeune âge, car l'oreillette droite et l'oreillette gauche communiquent ensemble par un orifice, le *trou de Botal,* qui se ferme quelques jours après la naissance, en laissant comme trace une dépression appelée *fosse ovale.*

Le cœur droit renferme du sang veineux ; le cœur gauche du sang artériel, à partir du moment où le trou de Botal est oblitéré.

**Canaux sanguins en communication directe avec le cœur.** — Les oreillettes sont en communication directe avec les *veines;* les ventricules, avec les *artères.*

A l'oreillette droite (fig. 92) aboutissent deux grosses veines, la *veine cave supérieure* et la *veine cave inférieure,* qui ramènent à cette partie du cœur le sang *veineux* de tous les organes du corps.

Dans l'oreillette gauche (fig. 92) débouchent quatre veines

les *veines pulmonaires*, qui ramènent à cette partie du cœur le sang devenu *artériel* dans les poumons.

Du ventricule droit (fig. 92) part l'*artère pulmonaire* chargée de conduire aux poumons le sang *veineux* apporté à l'oreillette droite par les veines caves.

Du ventricule gauche (fig. 92) part l'*artère aorte* qui, à l'aide de nombreuses branches issues d'elle, distribue à tous les organes le sang artériel ramené à l'oreillette gauche par les veines pulmonaires.

L'artère pulmonaire et l'aorte sont munies, à leur orifice de communication avec les ventricules, de trois replis membraneux, les *valvules sigmoïdes*, qui empêchent le sang de retourner vers le cœur.

**Structure du cœur.** — Le cœur est formé de trois tuniques, savoir (fig. 94) : 1° le *péricarde* ou tunique externe; 2° le *myocarde* ou tunique moyenne; 3° l'*endocarde* ou tunique interne.

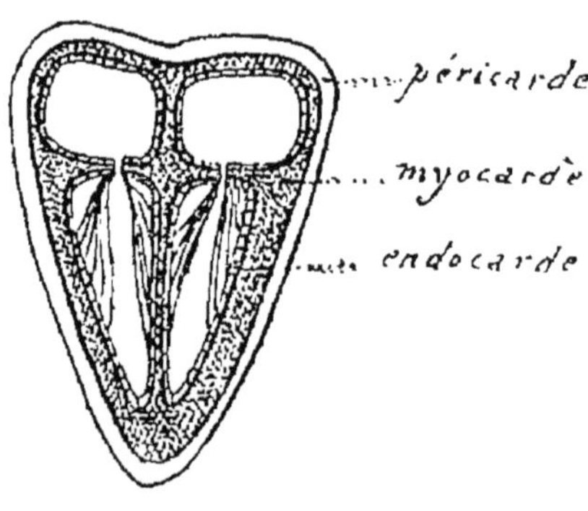

Fig. 94. — Structure du cœur (fig. théorique).

I. — Le *péricarde* est une membrane séreuse qui entoure le cœur de tous les côtés; le feuillet interne du péricarde (feuillet *viscéral*) est directement accolé au myocarde; le feuillet externe (feuillet *pariétal*) est accolé à la membrane séreuse (la *plèvre*) qui entoure les poumons. Les deux feuillets sont séparés l'un de l'autre par un petit espace rempli du *liquide péricardique*, qui facilite les mouvements du cœur.

II. — Le *myocarde*, ou muscle du cœur, est de beaucoup la tunique la plus épaisse; nous avons déjà dit que la paroi des ventricules a une bien plus grande épaisseur que celle des oreillettes : cette différence d'épaisseur est due au myocarde. Le myocarde est une tunique *musculaire* formée de fibres *striées*, *ramifiées* et *anastomosées* les unes avec les autres. Les fibres se distinguent en *fibres propres*, c'est-à-dire particulières à chacune des cavités du cœur, et en *fibres unitives*, c'est-à-dire allant d'une oreillette à l'autre ou du ventricule gauche au ventricule droit et réciproquement.

III. — L'*endocarde* est essentiellement formé par un *épithélium* pavimenteux.

## Les Artères

**Forme, structure des artères.** — Nous avons vu que l'artère pulmonaire et l'artère aorte sont en relation, la première avec le ventricule droit, la seconde, avec le ventricule gauche. Toutes les branches qui partent de ces deux canaux sanguins sont des artères, et, pour établir une définition générale, nous dirons que les artères sont les vaisseaux sanguins qui portent le sang à partir du cœur jusque dans les divers organes du corps.

Les artères cheminent presque toujours dans la profondeur des tissus, au contact des os; quelques-unes seulement passent à une faible distance de la surface de la peau : c'est le cas de l'artère *radiale* dont on sent le pouls au niveau du poignet.

Les artères ont leur paroi épaisse et élastique; quand on les ouvre, elles restent béantes et le sang s'écoule en un jet continu; elles sont lisses à l'intérieur.

Au point de vue de leur structure, les artères sont formées de trois tuniques, savoir : 1° une tunique *externe*, de nature *conjonctive;* 2° une tunique *moyenne*, à la fois *musculaire* et *élastique;* les éléments musculaires sont *plus abondants* que les éléments élastiques dans les petites artères; c'est l'inverse qui s'observe dans les gros troncs artériels; 3° une tunique interne, l'*endothélium*, de nature épithéliale.

**Principales artères du corps.** — Les principales artères du corps — exception faite pour les artères pulmonaires — sont des branches de l'aorte (fig. 95).

L'aorte, au sortir du cœur, se dirige de bas en haut, derrière cet organe; puis, elle se recourbe d'avant en arrière, de droite à gauche et enfin descend verticalement derrière le cœur, traverse le diaphragme, et, arrivée au niveau de l'origine des membres inférieurs, se divise en deux branches, les artères *iliaques* qui se ramifient dans ces membres.

Il y a donc lieu de distinguer dans le parcours de l'aorte : 1° l'aorte *ascendante;* 2° la *crosse* de l'aorte; 3° l'aorte *descendante.*

I. — De l'*aorte ascendante* partent les artères *coronaires* au nombre de deux (antérieure et postérieure) qui sont les artères nourricières du cœur.

II. — De la *crosse de l'aorte* partent : 1° le tronc *brachio-céphalique* droit qui se divise, après un court trajet, en deux branches : l'artère *carotide droite* et l'artère *sous-clavière droite;* 2° l'artère *carotide gauche* et l'artère *sous-clavière gauche.* Les artères *carotides* sont les artères nourricières de la tête; les artères *sous-clavières* portent le sang artériel aux membres supérieurs et au cou.

III. — De l'*aorte descendante* partent un grand nombre d'artères parmi lesquelles nous signalerons : 1° les artères *intercostales;* 2° le tronc *cœliaque* qui naît de l'aorte au-dessous du diaphragme et qui se divise après un trajet de 1 à 2 centimètres en trois branches : l'artère *stomachique* qui se rend à l'estomac; l'artère *hépatique*, au foie; l'artère *splénique*, à la rate; 3° l'artère *mésentérique supérieure*, qui se ramifie dans l'intestin ; 4° les artères *rénales* qui vont aux reins; 5° l'artère *mésentérique inférieure* qui se rend au côlon et au rectum ; 6° les artères *iliaques.*

Ce sont là les principales artères du corps de l'Homme.

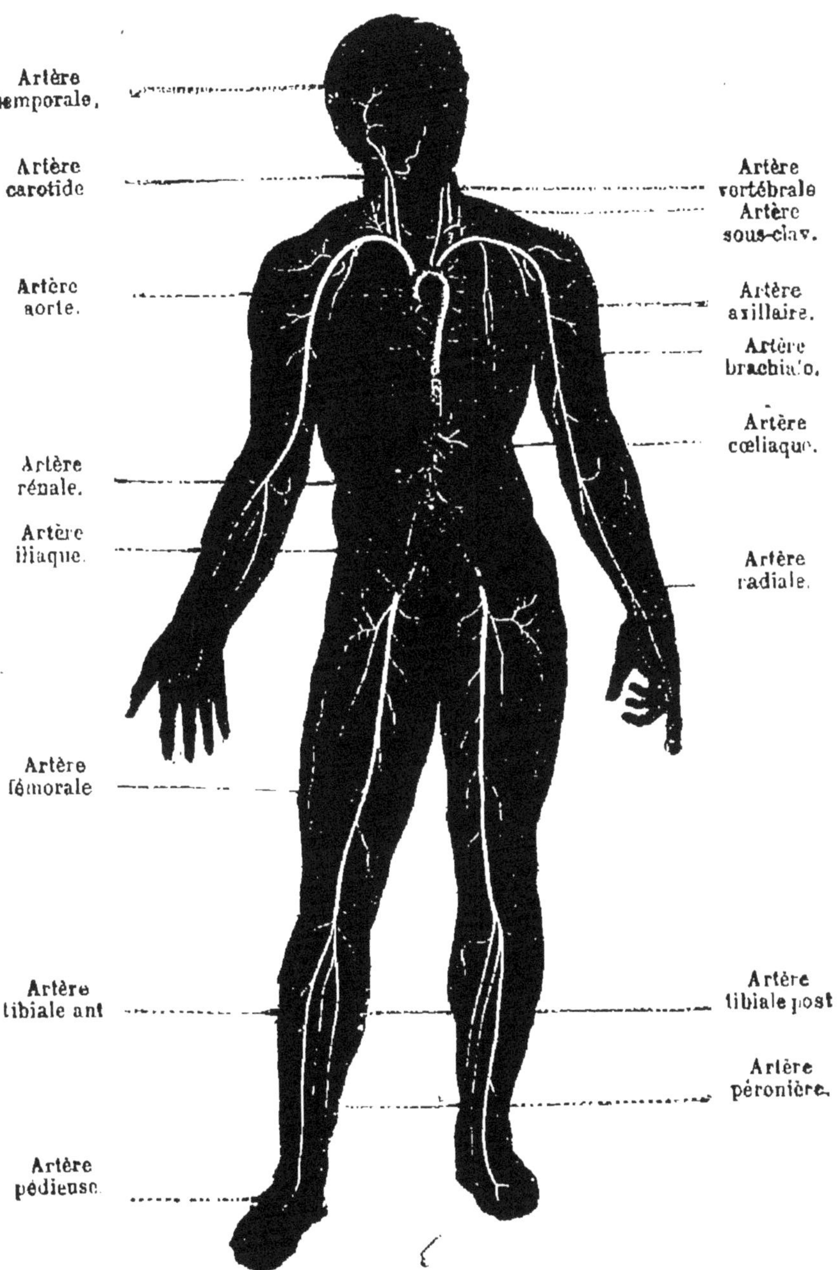


Fig. 95. — Système artériel de l'Homme.

**Capillaires.** — Toutes ces artères se divisent un grand nombre de fois dans les organes auxquels elles se rendent, de façon à porter le sang jusque dans toutes les parties de ces organes ; leurs dernières divisions constituent les *capillaires*, c'est-à-dire des canaux sanguins extrêmement étroits et si nombreux qu'il est impossible de piquer avec une épingle une partie quelconque du corps sans en déchirer quelques-uns (fig. 96).

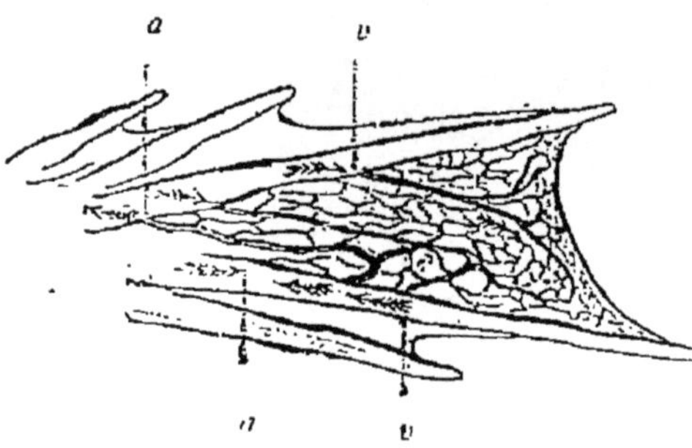


Fig. 96. — Patte de grenouille. — *a*, artère ; *v*, veine.

Les capillaires sont ainsi en relation immédiate, pour ainsi dire, avec les éléments des tissus ; c'est grâce à eux que se font les échanges gazeux et nutritifs entre le sang et ces éléments. Le sang perd une partie de ses principes nutritifs et de son oxygène ; il prend, en échange, des principes d'élimination et de l'acide carbonique : en d'autres termes, d'artériel qu'il était, il devient veineux.

Au sortir des organes, les capillaires s'unissent de proche en proche (fig. 97) pour constituer de petites veines qui,

Fig. 97. — Division d'un artère en capillaires ; union des capillaires en veine (fig. théorique).

par leur réunion, constitueront des veines plus grandes, lesquelles aboutissent aux veines caves chargées de ramener au cœur le sang qui a traversé les divers organes.

## LES VEINES

**Forme, structure des veines.** — Nous venons de voir que les veines naissent de l'union des capillaires sanguins; on sait, d'autre part, que le sang artériel porté aux divers organes par l'aorte et ses branches est ramené, sous la forme veineuse, à l'oreillette droite du cœur par les veines caves et leurs branches.

Les veines, dont l'origine et la fonction sont ainsi déterminées, sont des canaux sanguins qui cheminent soit dans la profondeur des tissus, soit à une faible épaisseur de la peau; leur paroi est relativement mince, essentiellement musculaire; quand on les ouvre, le sang s'écoule en nappe et non en jet continu, à moins qu'on ne les ait comprimées, comme cela se pratique dans la saignée. Ce qui distingue essentiellement les veines, c'est qu'elles présentent à leur intérieur, de distance en distance, des replis ou *valvules* en forme de nid de pigeon, dont la concavité est tournée du côté du cœur (fig. 98) ; ces valvules sont, en général, disposées par paires; leur rôle sera étudié plus loin (voir *Circulation*).

Au point de vue de leur structure, les veines sont, comme les artères, formées de trois tuniques, savoir : 1° une tunique *externe*, conjonctive, plus épaisse que dans les artères; 2° une tunique *moyenne*, qui est surtout musculaire, mais qui renferme toutefois quelques éléments élastiques; 3° une tunique *interne*, l'endothélium, analogue à la tunique interne des artères.

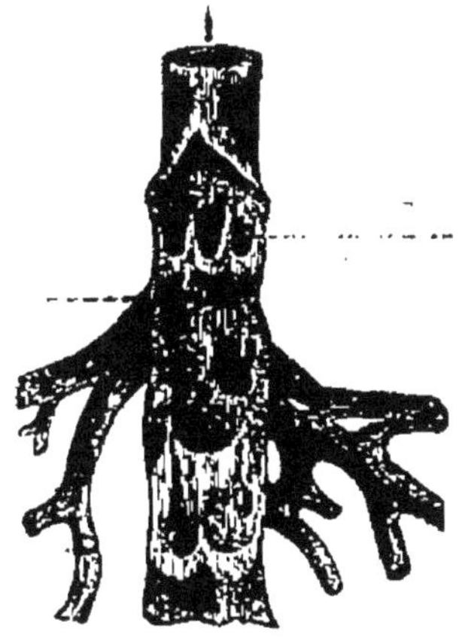

FIG. 98. — Veine ouverte, montrant les valvules.

**Principales veines du corps.** — Les veines sont

beaucoup plus nombreuses que les artères, car non seulement chaque artère est, en général, accompagnée de deux veines, mais, en outre, les veines forment un *réseau sous-cutané* dans presque toutes les régions du corps. Ce réseau sous-cutané se dessine sous la forme de traînées bleuâtres; il communique avec le *réseau profond* par de nombreuses branches anastomotiques.

Les deux veines principales du corps de l'Homme sont la veine *cave inférieure* et la veine *cave supérieure*.

La *veine cave inférieure* est formée par les deux veines *iliaques* qui ramènent le sang ayant traversé les membres inférieurs ; elle remonte verticalement, en suivant un trajet presque parallèle à celui de l'aorte et reçoit sur son parcours les veines *rénales* qui viennent des reins, la veine *sus-hépatique* qui vient du foie, etc.

La *veine cave supérieure* est formée par l'union des *troncs brachio-céphaliques* droit et gauche; chaque tronc brachio-céphalique veineux est lui-même formé par la confluence de la *veine jugulaire* qui ramène le sang de la partie correspondante de la tête, et de la *veine sous-clavière* qui ramène le sang du membre correspondant.

**Veine porte.** — On a vu que les veines résultent de l'union des capillaires, et qu'elles s'unissent de proche de façon à constituer des veines de plus en plus grandes.

Il n'en est pas toujours ainsi, car certaines veines, issues de capillaires comme les précédentes, *forment des capillaires* sur leur parcours, au lieu de déboucher immédiatement dans une veine plus grande. C'est le cas de la *veine porte hépatique*, par exemple, qui, issue de l'union de capillaires de l'intestin, se divise dans le foie en capillaires qui, par leur union, forment la veine sus-hépatique.

On désigne sous le nom de *système porte* l'ensemble constitué par le premier réseau de capillaires, la veine qui en est issue, le réseau capillaire formé sur son parcours et la nouvelle veine qui résulte de leur union.

## § 3. — Circulation du sang

Historique. — Mécanisme de la circulation ; rôle du cœur, des artères, des veines. — Influence du système nerveux sur la circulation.

**Historique de la circulation du sang.** — Les anciens n'avaient aucune notion sur la circulation du sang : ils croyaient que les artères renferment de l'air parce qu'ils n'avaient examiné que des cadavres, et que le sang quitte les artères après la mort pour se rendre dans les veines.

*Galien*, dans la seconde moitié du II^e siècle de notre ère, montra, le premier, à l'aide de vivisections, que les artères renferment du sang, comme les veines. La théorie de la circulation du sang qu'il formula à la suite de ses recherches, fut adoptée jusqu'au XVI^e siècle, si bizarre qu'elle fût : il admettait que le sang se forme dans le foie et que de là il se rend au ventricule droit, puis directement au ventricule gauche par des orifices de la cloison de séparation et de là par les veines dans toutes les parties du corps, etc.

Au XVI^e siècle, *Vésale* démontra que la moitié droite et la moitié gauche du cœur ne peuvent avoir aucune communication directe l'une avec l'autre puisque la cloison qui les sépare ne présente aucune ouverture. Vers la même époque, *Michel Servet* découvrit que le sang passe du cœur dans les poumons pour y être purifié par l'air, et qu'il retourne au cœur par les veines pulmonaires. *Charles Etienne* et *Fabricius d'Aquapendente* reconnurent l'existence de valvules dans les veines, et *Colombo* étudia le jeu des valvules du cœur (1559).

A ce moment, on avait recueilli toutes les observations nécessaires pour résoudre le problème de la circulation du sang ; ce problème fut résolu en 1628 par *Harvey*, médecin de Charles I^er, roi d'Angleterre, qui, par de nombreuses recherches faites sur l'Homme et sur divers animaux, montra que le sang passe du cœur aux artères, des artères aux veines, lesquelles le ramènent au cœur.

Un seul point restait à démontrer, le passage du sang des artères dans les veines : ce point fut vérifié directement par *Malpighi* (1661), qui, en étudiant à l'aide du microscope les capillaires intacts des pattes de la Grenouille, vit le sang traverser les capillaires en se dirigeant des artères vers les veines.

A partir de cette date, la théorie de la circulation du sang était complète, mais il restait encore à établir le rôle de chacune des parties de l'appareil circulatoire, l'influence du système nerveux sur la circulation, etc. : c'est de ce côté que se sont portées les recherches des physiologistes modernes ; nous ferons connaître les résultats les plus importants de ces recherches après avoir décrit la circulation du sang dans le corps de l'Homme.

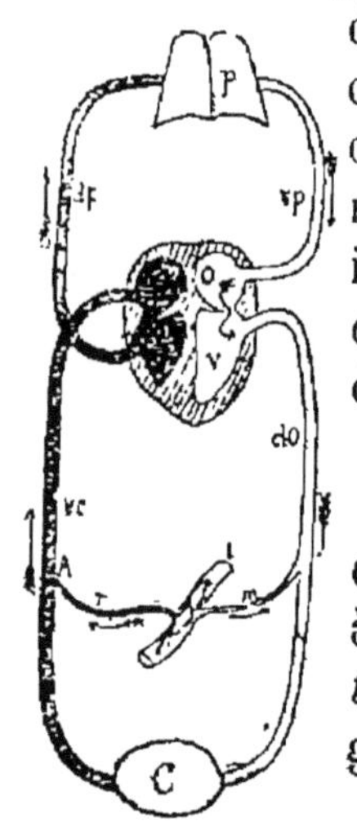


Fig. 99. — Circulation du sang (fig. théorique). — *o*, *v*, oreillette, ventricule ; *ao*, artère aorte ; *c*, le corps ; *vc*, veine cave ; *ap*, artère pulmonaire ; *p*, poumons ; *vp*, veines pulmonaires ; *i*, intestin et ses canaux *m*, *r*.

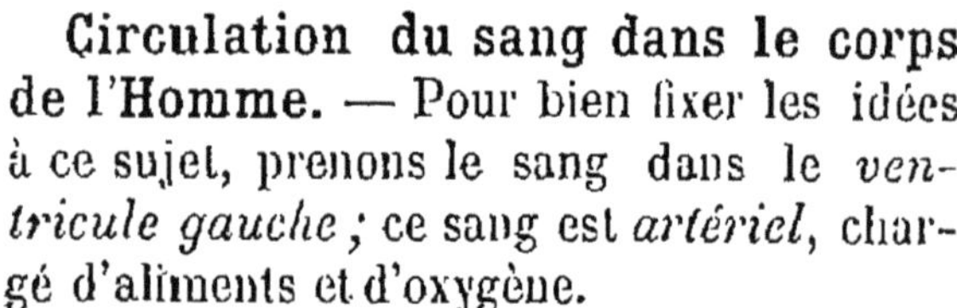

**Circulation du sang dans le corps de l'Homme.** — Pour bien fixer les idées à ce sujet, prenons le sang dans le *ventricule gauche* ; ce sang est *artériel*, chargé d'aliments et d'oxygène.

Il passe dans l'*aorte*, qui, par ses différentes branches, le conduit dans tous les organes (fig. 99).

Grâce aux capillaires distribués dans chacun de ces organes, le sang se trouve en rapport intime avec les tissus et leurs éléments : il perd une partie des aliments et de l'oxygène qu'il renferme et se charge de ivers produits d'élimination, tels que l'acide carbonique et l'urée ; en d'autres termes il devient *veineux*.

A cet état, il passe dans les diverses veines qui aboutissent aux *veines caves*, lesquelles le ramènent à l'*oreillette droite* du cœur. Comme la veine cave inférieure reçoit la *veine sus-hépatique* qui, par la veine porte, est en relation avec l'*intestin*, le sang veineux venu des organes s'est chargé de *matières nutritives* absorbées dans les villosités intestinales.

De l'*oreillette droite*, il passe au *ventricule droit* qui le pousse dans les artères pulmonaires, lesquelles se divisent en capillaires dans les poumons. Grâce à ces capillaires, il se trouve en rapport presque intime avec l'air introduit par la respiration : il prend une certaine quantité d'oxygène et abandonne une partie de l'acide carbonique qu'il renferme ; en d'autres termes, il devient *artériel*.

A cet état, il passe dans les veines pulmonaires qui le ramènent à l'*oreillette gauche* du cœur, d'où il est poussé dans le ventricule gauche, notre point de départ supposé.

Il faut déduire de ces faits les données suivantes :

1° L'oreillette et le ventricule *gauches* renferment toujours du sang *artériel* ; l'oreillette et le ventricule *droits* renferment toujours du sang *veineux*.

2° Le sang, pour revenir à un point de départ déterminé — ventricule *gauche*, par exemple — parcourt un premier circuit — très long, puisqu'il comprend tous les organes du corps — qui se termine à l'oreillette *droite* : c'est ce qu'on appelle la *grande circulation*. Il passe du ventricule *droit* dans les poumons, est ramené à l'oreillette *gauche*, puis au ventricule gauche et recommence indéfiniment le même trajet : on désigne sous le nom de *petite circulation* ou *circulation pulmonaire* la circulation comprise entre le ventricule droit et l'oreillette gauche.

3° Le sang artériel et le sang veineux ne se *mélangent* jamais l'un avec l'autre.

## MÉCANISME DE LA CIRCULATION

**Rôle du cœur.** — En mettant à nu le cœur de certains animaux (Mammifères), on remarque aussitôt que cet organe se contracte et se relâche successivement, et que les mouvements de contraction et de relâchement des oreillettes *alternent* avec les mouvements analogues des ventricules : on appelle *systole* l'état de contraction des oreillettes (*systole auriculaire*) ou des ventricules (*systole ventriculaire*), et *diastole* l'état de relâchement de ces mêmes parties du cœur (*diastole auriculaire*, *diastole ventriculaire*). Ainsi, les deux oreillettes du cœur de l'Homme entrent simultanément en contraction, en systole, et aussitôt après, pendant qu'elles se relâchent (diastole auriculaire), les deux ventricules entrent en même temps en contraction, en systole ; lorsque les ventricules sont en diastole, les oreillettes passent en systole et ainsi de suite. La systole des ventricules se manifeste par un battement, un *choc*, que l'on perçoit sous le sein gauche ; le nombre des chocs est de 70 à 80 par minute, chez l'Homme adulte, à l'état normal.

Étudions avec plus de détails ces divers états du cœur.

Les *oreillettes* se dilatent avec la plus grande facilité à mesure que le sang leur arrive par les veines ; on peut, à ce point de vue, les comparer aux bulles de savon qui se distendent sous l'effort de l'air qu'on y insuffle. Lorsque les oreillettes sont pleines de sang, elles se contractent brusquement : leur contraction ou leur systole durerait seulement $\frac{2}{10}$ de seconde dans un cœur battant 60 fois par minute ; elle dure moins encore puisqu'on compte normalement 70 à 80 battements du cœur par minute. — La systole des oreillettes est donc extrêmement rapide : cela tient à ce que les oreillettes envoient le sang dans les ventricules qui leur sont adjacents et qui, à ce moment, sont vides, c'est-à-dire à l'état de diastole.

Les *ventricules* entrent en contraction, en systole, immédiatement après la fin de la systole auriculaire ; leur systole est plus lente, car elle durerait une demi-seconde dans un cœur battant 60 fois par minute ; elle est plus lente parce que les ventricules poussent le sang dans les artères pleines du sang lancé dans les contractions précédentes et qu'ils doivent, par suite, vaincre la pression exercée par cette colonne sanguine. — Au moment où les ventricules se contractent, les valvules auriculo-ventriculaires se redressent de façon à fermer les communications avec les oreillettes et à empêcher par conséquent le reflux du sang ; les petites cordes élastiques qui attachent les valvules aux parois des ventricules s'opposent au renversement vers les oreillettes des deux replis de la valvule mitrale et des trois replis de la valvule tricuspide. — Lorsque la systole ventriculaire a pris fin, les ventricules entrent aussitôt en relâchement, en diastole ; à ce moment, la diastole des oreillettes n'est pas terminée et il s'écoule un petit intervalle de temps, $\frac{2}{10}$ de seconde au chiffre de 60 battements par minute, avant que commence la systole auriculaire. Il faut donc remarquer que pendant cet intervalle de temps le *cœur est tout entier en repos.*

Le sang poussé dans l'aorte et dans l'artère pulmonaire ne peut pas refluer vers les ventricules à cause des valvules sigmoïdes qui se redressent de façon à fermer complètement les orifices correspondants.

**Choc et bruits du cœur.** — Lorsque les ventricules se contractent, on perçoit sous le sein gauche un *choc* sensible à la main; en auscultant le cœur, on entend *deux bruits* qui se succèdent régulièrement, presque sans intervalle de silence.

A quoi sont dus le choc et les bruits?

Le choc paraît dû à plusieurs causes. Tout d'abord, pendant la systole des ventricules, le cœur se déplace légèrement en glissant par sa pointe sur le diaphragme; quand la systole a pris fin, il reprend sa place primitive. Mais ce n'est pas tout : les ventricules sont mous pendant leur diastole; pendant leur systole, ils deviennent durs brusquement et repoussent légèrement vers le dehors les muscles intercostaux; ce changement d'état des ventricules semble être la cause prédominante du choc du cœur.

Les bruits ont une toute autre origine. Le *premier bruit*, correspondant à la systole des ventricules, est dû au jeu des valvules auriculo-ventriculaires qui, pressées par le sang, se tendent et se redressent. Le *second bruit*, plus court que le premier, correspond à cet intervalle de temps pendant lequel le cœur est tout entier en repos; il est dû aux mouvements des valvules sigmoïdes dont les trois lames s'adossent précisément à ce moment pour empêcher le sang de refluer vers les ventricules.

Le second bruit est séparé du premier bruit suivant par un court intervalle de silence correspondant à peu près à la durée et au moment de la systole auriculaire.

**Rôle des artères.** — Les artères conduisent aux divers organes du corps le sang qu'elles reçoivent des ventricules. Dans la circulation du sang, elles ont pour rôle essentiel de transformer le *jet intermittent* du cœur en un *jet continu*.

Pour bien comprendre ce rôle, il est nécessaire de rappeler que la tunique moyenne des artères est formée de tissu *musculaire* et de tissu *élastique* qui sont antagonistes l'un de l'autre, puisque les fibres circulaires du premier tendent à *rétrécir* le calibre des artères tandis que les fibres élastiques du second tendent à le *dilater* : d'où il résulte que la forme des artères est celle d'un *ruban aplati*, à l'état normal.

Les ventricules lancent le sang par ondées dans les artères et l'on estime que l'ondée sanguine du ventricule gauche a un poids d'environ 180 grammes : ce poids représente une quantité de sang relativement grande et l'on conçoit que cette ondée ait pour résultat de provoquer une dilatation des artères qui sont en relation avec les ventricules. Cette dilatation facilite le travail de contraction du cœur qui devrait être beaucoup plus considérable si les parois des artères étaient rigides, inextensibles. A la dilatation des artères succède aussitôt le retour à leur forme normale de rubans aplatis, ce qui a pour effet immédiat de chasser le sang dans le sens imprimé par les contractions des ventricules. Ces dilatations et ces retours successifs se transmettent de proche en proche jusque dans les plus petites artères en diminuant peu à peu d'amplitude : il en résulte que le mouvement du sang, saccadé dans les grosses artères, se régularise dans les artères de moindres dimensions en un jet continu.

En résumé, les artères ont pour rôle de faciliter le travail du cœur et de transformer le mouvement intermittent du sang en mouvement continu.

**Pouls.** — Les artères sont remplies de sang pendant la vie; chaque ondée sanguine produite par la systole ventriculaire déplace la colonne de sang des artères, ce qui se manifeste sur les divers points du parcours de ces canaux par une dilatation de leur paroi : aussi, en appliquant le doigt sur une artère superficielle telle que l'artère radiale, l'on perçoit des soulèvements rythmiques désignés sous le nom de *pouls*.

Le nombre des pulsations des artères est évidemment le même que le nombre des battements du cœur, mais les pulsations retardent toujours un peu sur les battements et ce retard est d'autant plus grand que les artères considérées, ou divers points d'une même artère sont plus éloignés du cœur : on peut aisément vérifier qu'il n'y a pas *isochronisme* entre le pouls de l'artère radiale et le choc du cœur.

**Rôle des veines.** — Les veines ramènent au cœur le sang devenu *veineux* dans les capillaires des organes, et le sang devenu *artériel* dans les capillaires des poumons. Dans la circulation même du sang qu'elles renferment, les veines jouent, en quelque sorte, un rôle passif, puisque la circulation est assurée d'*un côté* par les artères qui, à la suite de leurs dilatations et contractions successives, déplacent le sang des capillaires et le forcent à se diriger vers le cœur, et d'un *autre côté* par les valvules des veines qui se redressent de façon à empêcher le sang de refluer vers les capillaires.

La circulation du sang est en outre assurée dans les veines qui se dirigent de bas en haut par les muscles qui, pendant leur contraction, compriment les veines voisines et déplacent le sang vers le cœur, le retour vers les capillaires étant impossible à cause des valvules. De plus, les artères étant unies aux veines profondes par un tissu conjonctif commun, elles leur transmettent les ondulations dont elles sont le siège, ce que l'on constate directement avec des appareils spéciaux.

## NFLUENCE DU SYSTÈME NERVEUX SUR LA CIRCULATION

**Influence du système nerveux sur les mouvements du cœur.** — Les mouvements du cœur sont, comme tous les mouvements, régis directement par le système nerveux. Mais, contrairement à ce qui s'observe d'habitude, le système nerveux exerce sur le cœur deux actions contraires, l'une *accélératrice* (par le grand sympathique), l'autre *modératrice* (par le pneumogastrique).

En effet, l'excitation des nerfs cardiaques, issus du sympathique, produit l'augmentation du nombre des battements du cœur au point d'*arrêter cet organe en systole* si l'excitation de ces nerfs est suffisamment prolongée; au contraire, l'excitation du pneumogastrique produit un ralentissement des mouvements du cœur et, si elle est suffisamment prolongée, arrête le *cœur en diastole*.

**Influence du système nerveux sur les vaisseaux sanguins.** — Les vaisseaux sanguins sont soumis à l'influence de filets nerveux du grand sympathique qui ont reçu le nom de nerfs *vaso-moteurs*. Ces nerfs vaso-moteurs sont de deux sortes : les uns *dilatent* le calibre des vaisseaux et, par suite, accélèrent la circulation et la nutrition ; ce sont les *vaso-dilatateurs ;* les autres, au contraire, *resserrent*, diminuent ce calibre et ralentissent la circulation ; ce sont les *vaso-modérateurs*.

## § 4. — Appareil circulatoire des animaux

Appareil circulatoire des Mammifères et des Oiseaux. — Appareil circulatoire du Crocodile. — Reptiles et Batraciens. — Poissons. — Appareil circulatoire des Insectes et des principaux groupes d'Invertébrés.

**Mammifères, Oiseaux.** — L'appareil circulatoire des Mammifères et des Oiseaux est à peu près analogue à l'appareil circulatoire de l'Homme.

Voici les particularités les plus intéressantes de cet appareil dans ces deux classes de vertébrés.

Chez les Mammifères, on observe que le cœur du *Dugong* est presque entièrement séparé en cœur droit et en cœur gauche qui sont soudés l'un à l'autre simplement au niveau des oreillettes. Chez les *Caméliens* (Chameau, Dromadaire), les globules du sang ont la forme de disques ovales, ellipsoïdaux, mais *biconcaves*.

Chez les Oiseaux, le cœur, comme chez les Mammifères, est formé d'une oreillette gauche et d'un ventricule gauche, d'une oreillette droite et d'un ventricule droit, par conséquent composé de deux moitiés analogues et séparées l'une de l'autre par une cloison complète. La crosse de l'aorte est tournée de droite à gauche et non de gauche à droite comme chez les Mammifères. Les globules rouges du sang ont la forme de disques ovales, *biconvexes, avec un noyau.*

**Crocodile.** — Le cœur des Crocodiles, contrairement à ce qui s'observe chez les autres Reptiles, est constitué à peu près comme chez les Oiseaux et les Mammifères, c'est-à-dire formé d'une moitié gauche et d'une moitié droite séparées l'une de l'autre par une cloison complète (fig. 100).

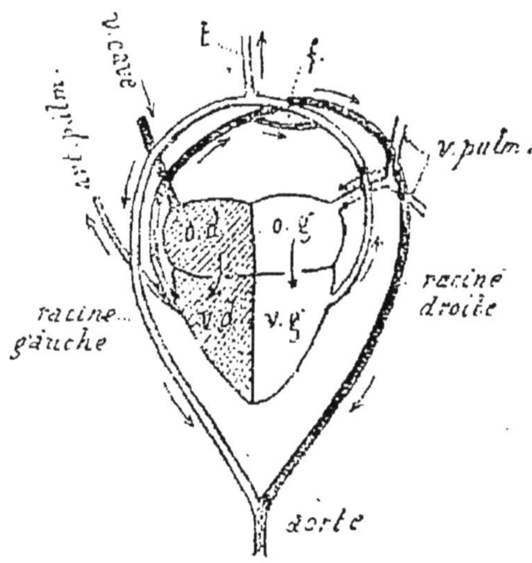


Fig. 100. — Le cœur et les principaux vaisseaux sanguins chez le Crocodile.

La moitié gauche renferme du sang artériel et la moitié droite du sang veineux.

L'*aorte* résulte de l'union de deux branches d'origine qui partent l'une du ventricule gauche, l'autre du ventricule droit; la première porte du sang artériel, la seconde du sang veineux (racine droite et racine gauche de l'aorte). La branche partie du ventricule gauche tourne de droite à gauche; la branche partie du ventricule droit tourne de gauche à droite, après quoi les deux branches se fusionnent en un seul tronc commun qui renferme *à la fois du sang artériel et du sang veineux.*

De la branche issue du ventricule gauche partent les artères nourricières de la tête et des membres antérieurs qui reçoivent, par suite, du sang artériel presque pur, car les deux branches de l'aorte ne communiquent avant leur union que par un très petit orifice, le *trou de Panizza* (*f*, fig. 100).

De l'aorte constituée par la réunion de ses deux racines,

partent les artères nourricières de toutes les autres parties du corps, qui reçoivent par conséquent du *sang mélangé.*

Voici le mécanisme de la circulation dans le cœur des Crocodiles.

L'oreillette gauche reçoit le sang artérialisé dans les poumons; par ses contractions elle le pousse dans le ventricule gauche, d'où il passe dans la racine gauche de l'aorte.

L'oreillette droite reçoit le sang veineux qui a nourri tous les organes; elle le pousse dans le ventricule droit d'où il est lancé *à la fois* dans la racine droite de l'aorte et dans l'artère pulmonaire, qui part aussi du ventricule droit.

**Autres Reptiles.** — Chez les autres Reptiles (Lézards, Serpents, Tortues), le cœur est formé de deux oreillettes qui ne communiquent pas entre elles, et d'un *seul ventricule* communiquant directement avec les deux oreillettes (fig. 101).

L'oreillette gauche reçoit le sang *artériel* venu des poumons, et l'oreillette droite le sang veineux ayant traversé les organes; le ventricule unique renferme du sang mélangé. De ce ventricule partent les deux racines de l'aorte et l'artère pulmonaire; à l'oreillette gauche aboutissent les veines pulmonaires et à l'oreillette droite les veines caves (fig. 101 et 102).

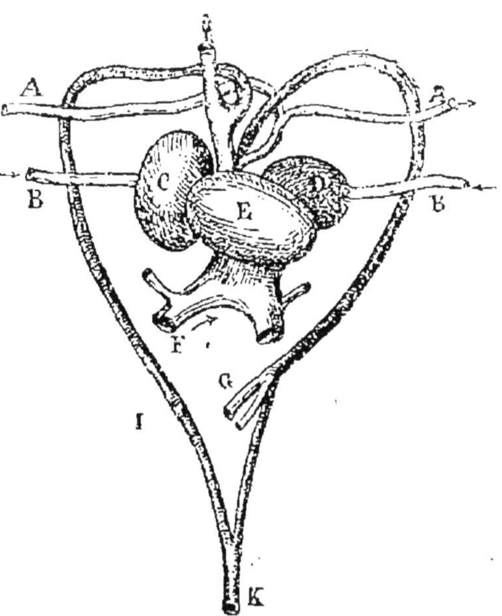

Fig. 101. — Cœur des Reptiles. — C, D, oreillettes; E, ventriclue.

Cette disposition montre nettement

que tous les organes des Reptiles autres que les Crocodiles, reçoivent du sang artériel mélangé de sang veineux.

L'appareil circulatoire des Batraciens adultes est analogue à l'appareil des Reptiles qui vient d'être décrit : l'appareil circulatoire des Batraciens à l'état jeune est analogue à celui des Poissons.

**Poissons.** — Le cœur des Poissons est simplement

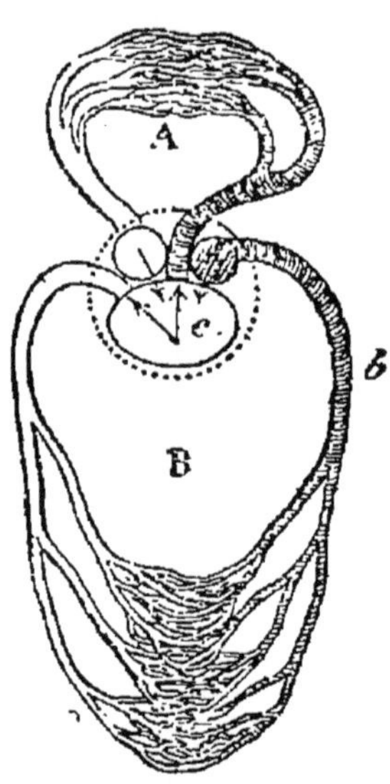


Fig. 102. — Circulation du sang chez les Reptiles (fig. théorique).

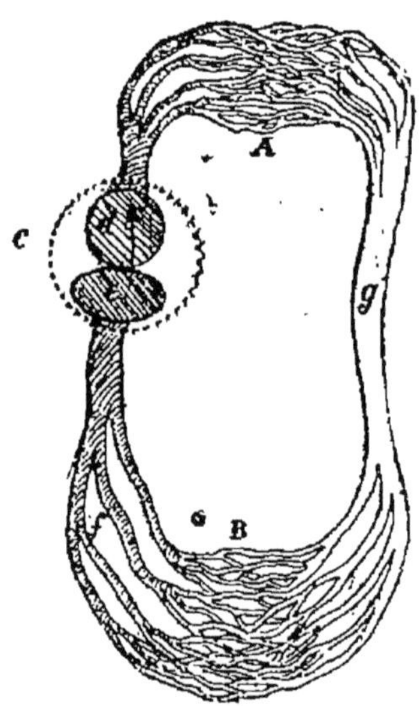


Fig. 103. — Circulation du sang chez les Poissons (fig. théorique).

formé d'une oreillette et d'un ventricule; il renferme toujours du sang veineux et correspond, par conséquent, à la moitié droite du cœur des Mammifères et des Oiseaux.

L'oreillette reçoit le sang veineux venu des organes; ses contractions poussent ce sang dans le ventricule; de là il passe dans le *bulbe aortique* qui se divise de façon à envoyer, du côté droit et du côté gauche, un certain nombre de branches, les *arcs aortiques*, qui forment des réseaux capillaires dans les *branchies*. Le sang veineux se transforme en sang artériel dans ces organes en prenant l'oxygène de l'air dissous dans l'eau; les capillaires s'unissent de façon à constituer deux branches qui, par leur confluence, forment l'*aorte;* l'aorte distribue le sang dans tous les organes.

Cette disposition de l'appareil circulatoire montre que chez les Poissons le sang veineux et le sang artériel ne se mélangent jamais; elle montre aussi que le sang, dans un circuit complet, ne traverse le cœur qu'une seul fois, le sang artériel étant distribué aux organes sans passer par le cœur (fig. 103).

**Insectes.** — L'appareil circulatoire des Insectes est d'une grande simplicité, car il est uniquement constitué par un tube longitudinal placé au-dessus du tube digestif : ce tube porte le nom de *vaisseau dorsal*.

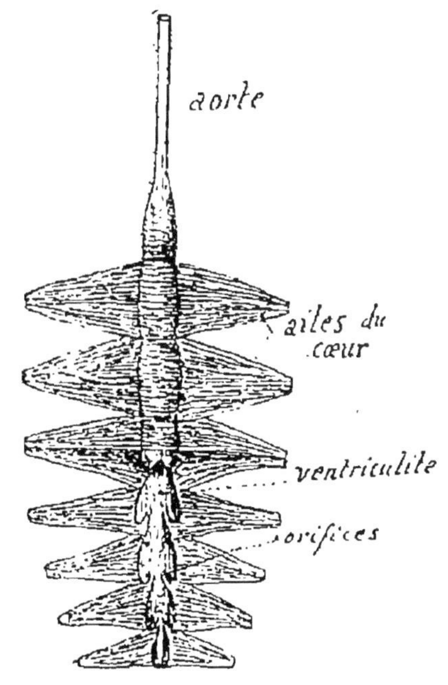

FIG. 104. — Le cœur des Insectes.

Le vaisseau dorsal est formé en grande partie par une série de petites poches communiquant entre elles par des ouvertures munies de valvules; chaque poche ou *ventricule* porte sur les côtés deux orifices par lesquels le sang peut entrer dans le vaisseau dorsal. La partie antérieure de ce dernier est un tube cylindrique *librement ouvert* en avant : on lui réserve le nom d'*aorte*, le nom de *cœur* étant donné à la partie postérieure formée par les ventricules (fig. 104).

Le sang des Insectes est incolore; au lieu d'être *renfermé* dans des canaux sanguins (artères, veines ou capillaires) comme chez les Vertébrés, il est *répandu* dans les intervalles que les organes laissent entre eux ; en d'autres termes, il baigne directement les organes. Le sang circule cependant d'une façon régulière dans ces intervalles, grâce aux mouvements de contraction et de dilatation du vaisseau dorsal.

Voici en quoi consiste la circulation du sang chez les Insectes (fig. 105).

Le vaisseau dorsal se contracte, le sang passe dans

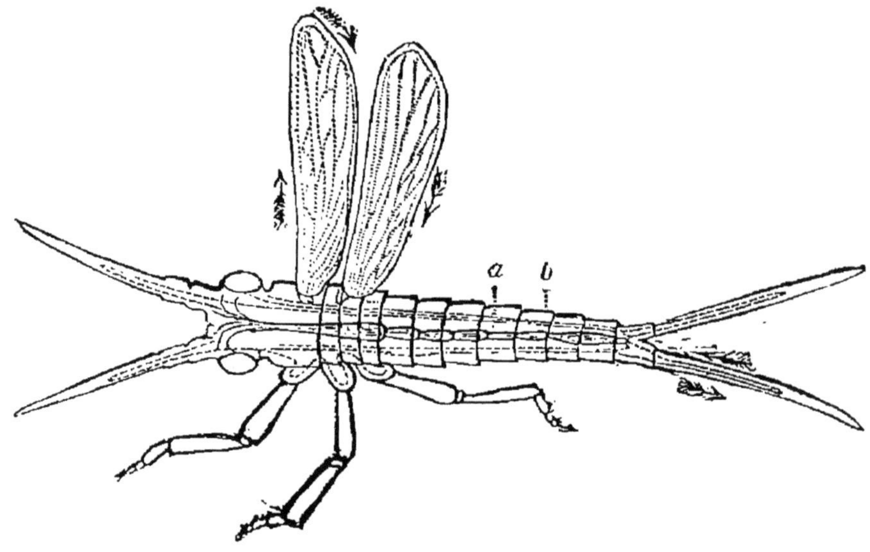


Fig. 105. — Circulation du sang chez les Insectes.

l'aorte, puis se répand dans la tête ; les valvules placées entre les ventricules et sur leurs orifices latéraux empêchent le sang de revenir en arrière ou de se répandre sur les côtés du corps. Le sang s'écoule entre les organes, se charge de chyle au voisinage du tube digestif, rentre dans les ventricules du vaisseau dorsal par leurs orifices latéraux, et grâce à la contraction des muscles spéciaux formant ce qu'on a appelé les *ailes* du cœur.

L'appareil circulatoire des Arachnides et des Myriapodes est analogue à l'appareil circulatoire des Insectes.

**Crustacés.** — L'appareil circulatoire est diversement constitué chez les animaux de la classe des Crustacés; nous l'examinerons seulement chez l'Écrevisse, la Langouste, le Homard, etc., en un mot, chez les Crustacés supérieurs.

L'appareil de la circulation du sang est beaucoup plus compliqué chez ces animaux que chez les Insectes : il est formé par une poche contractile, le *cœur*, et par des *canaux sanguins* ramifiés qui portent le sang dans les différents organes. Cependant, il n'y a pas de capillaires, et le sang, après avoir quitté les canaux sanguins, se *répand* librement entre les organes qu'il nourrit directement. Lorsqu'il est devenu impropre à la nutrition, il passe par les branchies, revient au cœur et recommence le même circuit.

**Vers.** — Un grand nombre de Vers sont totalement dépourvus d'appareil circulatoire (Tænia, etc.). Lorsque cet appareil existe, il se compose uniquement de vaisseaux longitudinaux en nombre variable; ces vaisseaux sont généralement ouverts, et la circulation est, par suite, en grande partie lacunaire.

**Mollusques.** — L'appareil circulatoire des Mollusques comprend (fig. 106) : 1° un *cœur*, ou organe d'impulsion,

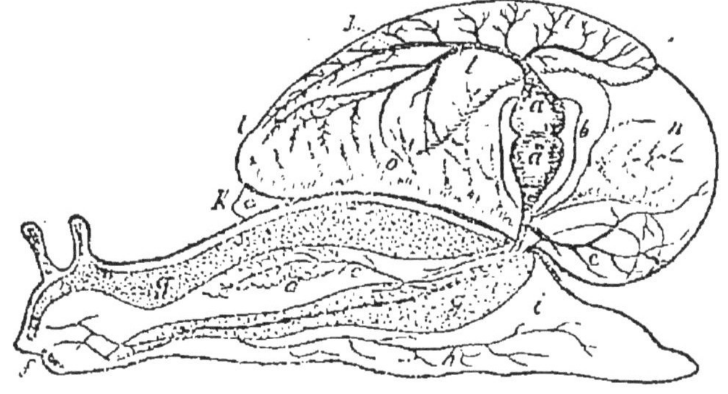

Fig. 106. — Anatomie de l'Escargot. — *f*, bouche; *oo*, poumon · *b*, cœur.

divisé en deux ou plusieurs poches, et recevant le sang qui a traversé l'appareil respiratoire (poumons ou branchies); 2° de *canaux sanguins* en rapport avec le cœur et destinés les uns à porter le sang dans tous les organes, les autres à ramener au cœur le sang ayant pris de l'oxygène dans les poumons ou les branchies.

Les canaux sanguins sont ramifiés, mais il n'y a pas de capillaires proprement dits, et la circulation du sang est en partie lacunaire.

**Echinodermes.** — L'appareil circulatoire est diversement constitué chez les Echinodermes; il atteint le plus haut degré de complication chez les Oursins, où il se compose essentiellement : 1° d'un *vaisseau annulaire*, qui entoure l'œsophage; 2° de *cinq vaisseaux radiaires*, qui partent du canal annulaire et se ramifient sous le test; 3° du *canal du sable*, qui s'ouvre d'un côté au pôle opposé à la bouche, et du côté opposé dans le vaisseau annulaire. Le canal du sable permet à l'eau de se mélanger avec le sang.

On peut considérer les Cœlentérés et les Protozoaires comme étant dépourvus d'appareil circulatoire nettement différencié.

## Appareil lymphatique de l'Homme

Le sang n'est pas le seul liquide qui circule dans l'organisme, car on trouve dans toutes les parties du corps un autre liquide, à peu près incolore, appelé *lymphe*, circulant dans des vaisseaux spéciaux connus sous le nom de *vaisseaux lymphatiques*, entremêlés de petits renflements appelés *ganglions lymphatiques*. Les *chylifères*, dont nous avons parlé plus haut, peuvent être considérés comme formant une partie des *capillaires* des vaisseaux lymphatiques.

Cet ensemble de chylifères, de vaisseaux et de ganglions lymphatiques constitue l'appareil lymphatique de l'Homme.

Etudions successivement : 1° l'appareil lymphatique; 2° la lymphe.

## Appareil lymphatique

Les chylifères naissent dans les villosités intestinales,

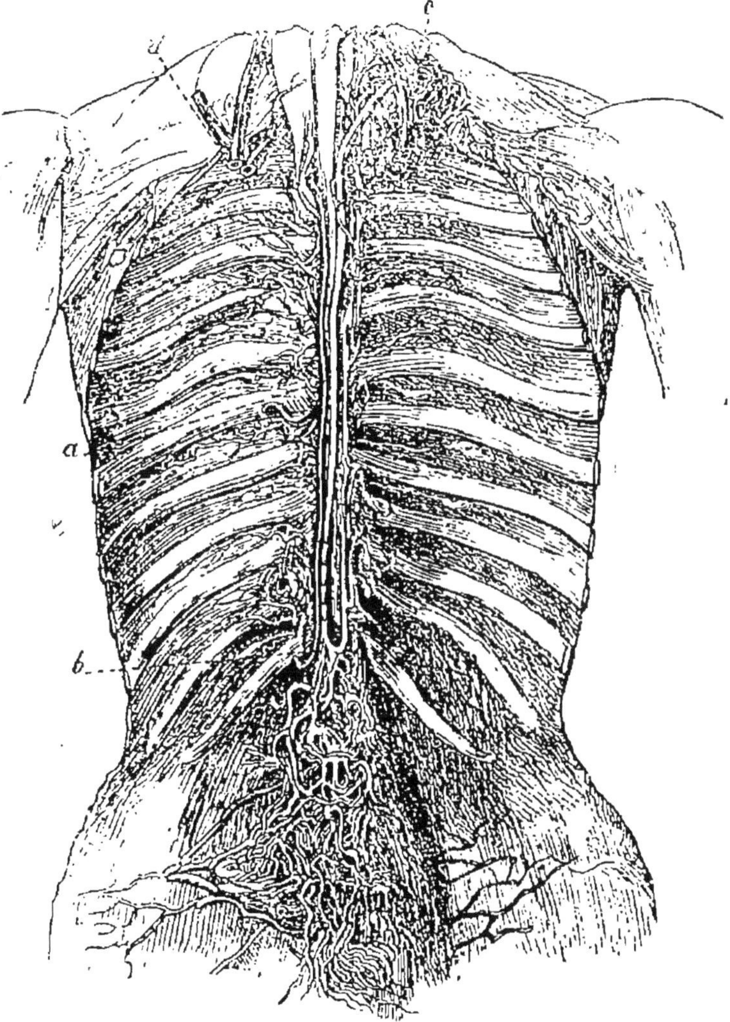


Fig. 107. — Cavité thoracique et partie supérieure de l'abdomen de l'Homme. — *a*, le canal thoracique appliqué contre la colonne vertébrale ; *b*, citerne de Pecquet ; *c*, terminaison du canal thoracique dans la veine sous-clavière gauche ; *d*, vaisseaux lymphatiques du côté gauche de la tête et du bras gauche.

s'unissent de proche en proche, traversent des ganglions lymphatiques et aboutissent dans un réservoir, la *citerne de Pecquet*, placée contre la colonne vertébrale au niveau de la 12e paire de côtes; ils renferment la lymphe mélangée de chyle.

De la citerne de Pecquet (fig. 107) part un gros tronc lymphatique, le *canal thoracique*, qui remonte le long de la colonne vertébrale pour aller s'ouvrir dans la veine sous-clavière gauche. A la citerne de Pecquet et au canal thoracique qui lui fait suite aboutissent un grand nombre de vaisseaux lymphatiques distribués en capillaires lymphatiques dans les divers organes du corps. Ces vaisseaux ont des parois minces, renflées en nœuds de distance en distance; au niveau des renflements, on trouve, à l'intérieur, des *valvules* disposées comme celles des veines, destinées à empêcher la lymphe de cheminer du centre vers la périphérie (fig. 108).

Les vaisseaux lymphatiques, comme les chylifères, traversent des ganglions lymphatiques, dans lesquels la lymphe se déverse. Les ganglions sont de dimensions variables : quelques-uns sont seulement visibles à la loupe; d'autres, plus volumineux, peuvent être parfois perçus par le toucher sous la mâchoire inférieure, à l'aisselle, au pli de l'aîne; on les considère comme étant formés par un ensemble de capillaires lymphatiques anastomosés, ramifiés et pelotonnés sur eux-mêmes.

Le canal thoracique, les vaisseaux qui sont en relation avec lui, les chylifères de l'intestin renferment presque toute la lymphe du corps de l'Homme.

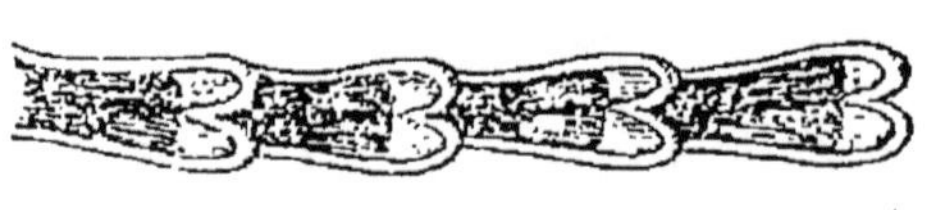

Fig. 108. — Section longitudinale d'un tronc lymphatique montrant les valvules qui s'y trouvent.

Les canaux lymphatiques de la moitié droite de la tête, du thorax et du bras droit n'ont cependant aucune relation avec le canal thoracique : ils s'unissent de façon à former un très court vaisseau, la *grande veine lymphatique*, qui s'ouvre dans la veine sous-clavière droite.

### La Lymphe

La lymphe, comme le sang, est formée : 1° d'une partie liquide, le *plasma;* 2° de *globules blancs;* elle ne diffère donc du sang que par l'absence des globules rouges.

Le plasma lymphatique contient en dissolution une fibrine analogue à celle du sang, qui produit lentement la coagulation de la lymphe.

Les globules blancs sont, de tous points, semblables aux globules blancs du sang.

---

# CHAPITRE III

## Appareil respiratoire et respiration

L'appareil respiratoire est l'ensemble des organes destinés à assurer les échanges gazeux entre le sang et l'atmosphère; ces échanges gazeux consistent essentiellement dans l'*absorption de l'oxygène* de l'air et dans le *dégagement de l'acide carbonique* produit dans l'organisme.

Chez l'Homme, l'appareil respiratoire comprend : les *poumons*, dans lesquels se font les échanges gazeux entre l'air et le sang; la *trachée-artère* et ses branches qui conduisent l'air; le *pharynx*, dans lequel s'ouvre la trachée-artère; la *bouche* et les *fosses nasales*, qui font communiquer le pharynx avec l'extérieur. Le pharynx, la bouche et les fosses nasales font partie de l'appareil digestif et des organes des sens; nous n'avons donc à étudier ici que la *trachée-*

*artère* et les *poumons*, qui constituent les organes essentiels de la respiration.

## § 1. — Appareil respiratoire

Trachée-artère. — Forme extérieure des poumons. — Structure des poumons.

**Trachée-artère.** — La trachée-artère est un conduit vertical, arrondi en avant, aplati en arrière, toujours maintenu ouvert grâce à la présence de demi-anneaux cartilagineux, parallèles les uns aux autres, au nombre de 16 à 20. Ce conduit est placé en avant de l'œsophage, et l'on peut, dans le cou, toucher ses anneaux cartilagineux.

La trachée-artère est suspendue à un os en forme de fer à cheval, appelé l'os *hyoïde*, qui est aussi en relation avec la langue.

La partie supérieure de la trachée-artère, plus large et plus dure que le reste de ce conduit, est spécialement affectée à la production de la voix; elle porte le nom de *larynx*. On sait que le larynx s'ouvre dans le pharynx par une ouverture, la *glotte*, qui est fermée, pendant la déglutition, à l'aide d'un repli cartilagineux appelé *épiglotte*.

La trachée-artère a une longueur d'environ 12 centimètres; elle se divise dans le thorax en deux branches, les *bronches*, conduits cylindriques qui se dirigent l'un vers le poumon droit, l'autre vers le poumon gauche.

Au point de vue de la structure, la trachée-artère est formée de deux tuniques : 1° une tunique *externe*, *fibreuse* et *cartilagineuse*, composée essentiellement de fibres élastiques qui renferment, en *avant*, les demi-anneaux cartilagineux dont il a été parlé; ces demi-anneaux cartilagineux sont remplacés, en *arrière*, par des muscles lisses;

2° Une tunique *interne*, de nature *muqueuse*, qui renferme de nombreuses petites glandes, appelées *glandes muqueuses*, dont le produit de sécrétion, déversé dans la trachée-artère, a pour rôle spécial de saturer d'humidité l'air sec entrant dans les poumons ; la tunique interne est tapissée par un *épithélium* pourvu de *cils vibratiles*, dont les mouvements ont pour objet principal de faire remonter jusqu'au pharynx le mucus produit par les glandes muqueuses.

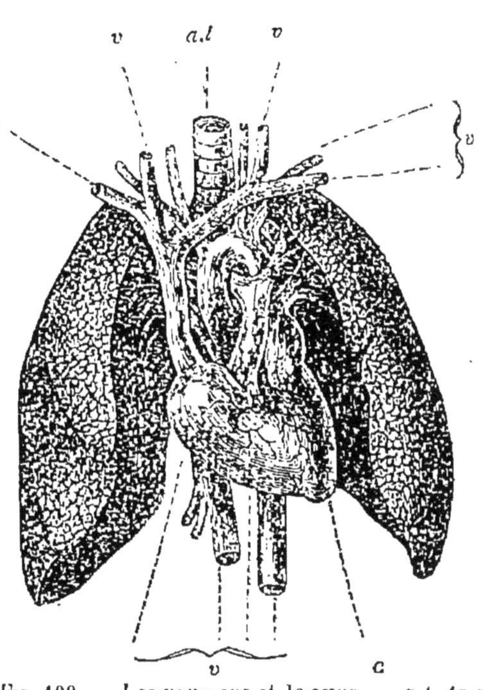


Fig. 109. — Les poumons et le cœur. — *a.t*, trachée-artère ; *c*, cœur avec ses principaux vaisseaux *v*.

**Les poumons : forme extérieure, rapports.** — Les poumons (fig. 109) sont des organes de couleur grisâtre, placés l'un à droite, l'autre à gauche du cœur. Leur forme est à peu près conique. Leur face *externe*, convexe, se moule sur la paroi du thorax ; leur face inférieure, *concave*, est en relation avec le diaphragme ; leur sommet est tourné vers le haut. Les faces des poumons tournées l'une vers l'autre du côté du cœur sont comme creusées pour former une sorte de lit à ce dernier organe (*lit du cœur*). Vers le tiers supérieur de ces faces en regard, en une région appelée *hile*, on voit principalement : 1° les *bronches*, qui pénètrent chacune dans le poumon correspondant ; 2° les *artères* et les *veines pulmonaires* ou vaisseaux de la circulation pulmonaire ; 3° les *nerfs*, destinés aux poumons et venant du sympathique et du pneumogastrique.

Le poumon droit, plus volumineux que le poumon gauche,

présente extérieurement deux sillons qui le divisent en *trois lobes;* le poumon gauche ne présente qu'un sillon et ne comprend par suite que *deux* lobes. Chacun des lobes ainsi délimités est divisé en petites parties, appelées *lobules pulmonaires*, nettement visibles à la surface externe des poumons.

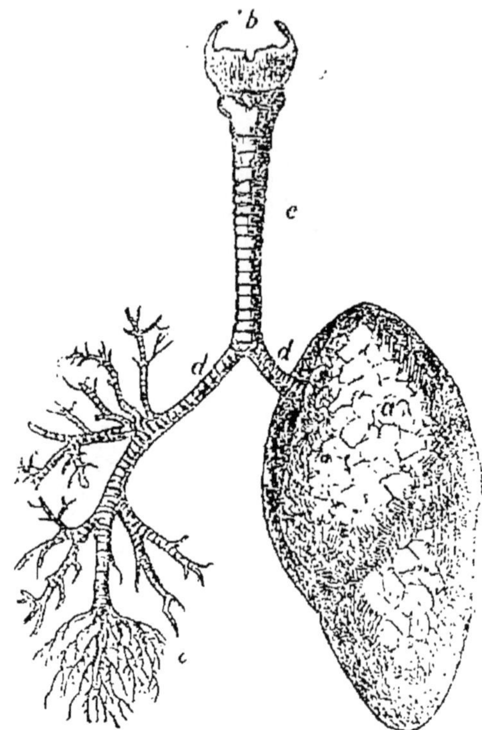


Fig. 110. — Poumons et trachée de l'Homme. — L'un des poumons (*a*) est intact; de l'autre côté on a mis à nu les ramifications des bronches. — *b*, larynx et extrémité supérieure de la trachée-artère; *c*, trachée; *d*, bronches; *e*, leurs ramifications.

**Structure des poumons.** — Les poumons sont entourés par une membrane séreuse appelée *plèvre.* Le feuillet externe de la plèvre est accolé à la paroi thoracique et au diaphragme; le feuillet interne est accolé à la surface même des poumons. Entre les deux feuillets se trouve un espace très réduit rempli d'un *liquide séreux* qui facilite les mouvements de ces organes.

Débarrassés de la plèvre, les poumons nous apparaissent comme constitués presque entièrement par un assemblage de *vaisseaux sanguins* et de *tubes* destinés au passage de l'air (fig. 110); ces vaisseaux et ces tubes sont reliés par du tissu conjonctif.

Les *vaisseaux sanguins* (fig. 111) comprennent les divisions des *artères pulmonaires*, les capillaires pulmonaires et les diverses branches veineuses qui, par leur réunion, fournissent les *veines pulmonaires* proprement dites. L'ensemble des capillaires pulmonaires représente une surface d'environ 150 mètres carrés.

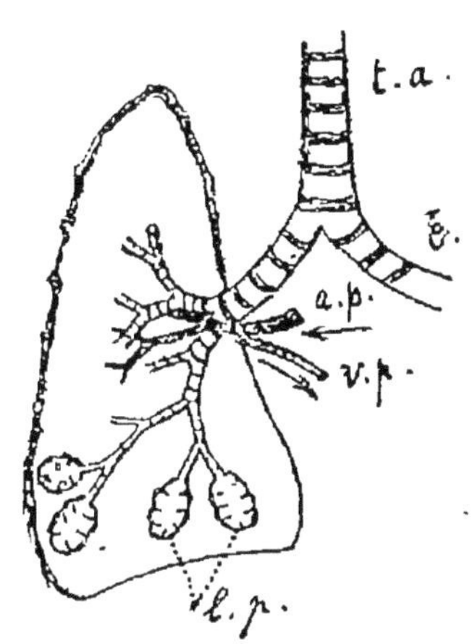


Fig. 111. — Mode de division des bronches. — *t.a*, trachée-artère ; *b*, bronche ; *a.p*, artère pulmonaire ; *v.p*, veine pulmonaire ; *l.p*, lobules pulmonaires.

Les *tubes aérifères* (fig. 111) résultent des divisions successives des bronches ; les bronches, en effet, dès leur entrée dans les poumons, se divisent un nombre considérable de fois suivant le mode dichotomique, en se simplifiant à mesure au point de vue de leur structure. Les plus fines divisions ne dépassent guère un dixième de millimètre, et leur paroi est simplement formée par un épithélium pavimenteux simple.

Les dernières ramifications des bronches se terminent chacune dans un petit sac appelé *lobule pulmonaire*, bosselé à la surface extérieure et ne dépassant guère $\frac{1}{4}$ de millimètre en largeur (fig. 112, A).

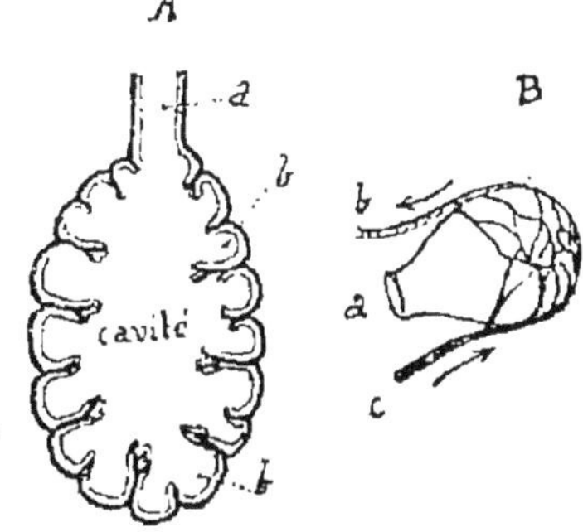


Fig. 112. — Lobule pulmonaire et vésicule pulmonaire. — A, lobule ouvert ; B, vésicule avec le réseau capillaire.

La cavité des lobules pulmonaires est incomplètement divisée en un certain nombre de petites chambres correspondant aux bosselures des lobules : ces petites chambres, qui communiquent toutes librement avec la cavité centrale du lobule, portent le nom de *vésicules pulmonaires* (fig. 112, B). C'est au travers de la paroi des vésicules pulmonaires que se font les échanges gazeux entre le sang et l'air par l'intermédiaire des capillaires sanguins. La surface totale des lobules et des vésicules pulmonaires est d'environ 200 mètres carrés.

## § 2. — Respiration

Historique de la respiration. — Phénomènes mécaniques de la respiration : inspiration, expiration. — Échanges gazeux entre le sang et l'air. — Phénomènes de combustion : chaleur animale. — Troubles de la respiration.

**Historique de la respiration.** — Les phénomènes si évidents par lesquels se manifeste la respiration de l'Homme ont frappé l'attention la plus vulgaire dès l'antiquité la plus reculée. Les mouvements alternatifs et réguliers de la poitrine ; le souffle qui s'échappe des narines et de la bouche ; l'angoisse et la mort qui surviennent lorsque ce rythme nécessaire vient à être interrompu ; le premier cri de l'enfant, le dernier soupir du mourant, tous ces phénomènes respiratoires si évidents étaient bien faits pour donner aux hommes une haute idée de l'importance de cette fonction ; et cette considération explique que la respiration ait été confondue avec la vie même, et que vivre et respirer soient devenus comme des expressions synonymes. (Claude Bernard.)

Mais jusqu'au XVII^e siècle, on n'a pu avoir aucune idée précise sur le phénomène même de la respiration, et l'on se contentait de dire que l'air introduit dans les poumons est simplement destiné soit à *rafraîchir* le sang, soit à le *brasser*.

Les progrès de la chimie devaient faire envisager tout autrement les phénomènes de la respiration.

*Mayow*, en 1674, annonça que l'air renferme un *principe igno-aérien* qui, cédé par l'air au sang, entretient la vie et produit la chaleur propre des animaux.

*Black*, en 1757, constate que l'air sorti des poumons renferme de l'*air fixe* qui donne un précipité dans l'eau de chaux.

*Priestley*, de 1775 à 1777, en calcinant du bioxyde de mercure, découvre un gaz nouveau, l'*oxygène*, et reconnaît que le sang rejette dans les poumons de l'*air phlogistiqué* (azote) et de l'*air fixe* (acide carbonique) ; il conserve pour lui l'*air déphlogistiqué* (l'oxygène) ; Priestley observe aussi qu'un animal placé dans une enceinte confinée altère l'air comme une chandelle qui y brûle. Mais il ne put exprimer aucune idée précise sur la *nature* de cette altération.

*Lavoisier*, en 1777, détermina la composition exacte de l'*air* et de l'*acide carbonique* et, le premier, assimila la respiration à une *combustion* lente de carbone et d'hydrogène, combustion qui produit l'*acide carbonique* et la vapeur d'eau rejetés par les poumons et la *chaleur animale*. Il croyait que la *combustion respiratoire* se passe dans les poumons. Mais *Lagrange* soutint que la combustion qui caractérise la respiration se fait, non dans les poumons, mais dans tous les organes, et que les poumons doivent être considérés seulement comme les organes intermédiaires entre le sang et l'air.

*Spallanzani* et *William Edwards* montrèrent par l'expérience que les idées de Lagrange sont exactes. En effet, si l'on place des Grenouilles, vidées d'air par une pression exercée sur le corps, dans une atmosphère d'hydrogène ou d'azote, ces animaux ne meurent pas et produisent cependant de l'acide carbonique.

*Paul Bert*, en 1870, fit à son tour de nombreuses expériences qui démontrèrent que les organes et les tissus séparés du corps des animaux respirent, comme dans le corps même, en absorbant de l'oxygène et en dégageant de l'acide carbonique.

Ces diverses considérations historiques montrent qu'il faut considérer dans les phénomènes respiratoires de l'Homme :

1° Les phénomènes *mécaniques* qui permettent le renouvellement incessant de l'air dans les poumons ;

2° Les *échanges gazeux* qui se font dans les poumons entre le sang et l'air ;

3° Les *phénomènes de combustion* dont les tissus et leurs éléments sont le siège.

## Phénomènes mécaniques de la respiration

**Inspiration et expiration.** — On désigne sous le nom d'*inspiration* l'entrée de l'air extérieur dans les poumons, et sous le nom d'*expiration* la sortie de l'air qui a traversé les poumons.

L'entrée et la sortie de l'air se font régulièrement, comme les mouvements du cœur, sans que la volonté intervienne d'habitude ; mais la volonté peut modérer ou accélérer l'une et l'autre, alors qu'elle est impuissante à changer les mouvements du cœur.

Si l'on essaie de se rendre compte des mouvements qui se produisent au moment de l'inspiration, on constate que les côtes sont *soulevées*, et qu'en même temps le diaphragme *s'abaisse* en repoussant, en quelque sorte, la masse de l'abdomen. De même, en observant ce qui se passe pendant l'expiration, on remarque que les côtes *sont abaissées* et le diaphragme *soulevé;* en réalité, les côtes et le diaphragme reprennent la position qu'ils avaient avant l'inspiration.

Examinons ces divers mouvements avec plus de détails.

**Mécanisme de l'inspiration.** — Indiquons tout d'abord la disposition des parties principales qui constituent la *cage thoracique*, dans laquelle sont renfermés le cœur et les poumons.

Le *squelette* de la cage thoracique (fig. 113) est formé : en arrière, par une partie de la *colonne vertébrale;* sur les côtés, par les *douze paires de côtes ;* en avant, par le *sternum*. La cage thoracique est délimitée à sa partie inférieure par le *diaphragme*, muscle en forme de voûte qui sépare, comme on l'a vu, le thorax de l'abdomen.

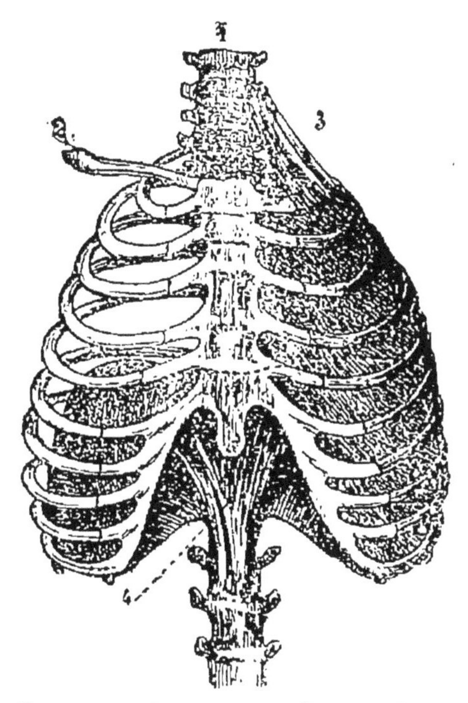

Fig. 113. — La cage thoracique. — 1 portion de la colonne vertébrale ; 2, clavicule ; 3, muscles scalènes d'un côté ; 4, diaphragme.

Les côtes sont articulées d'un côté avec la colonne vertébrale, et de l'autre côté avec le sternum (excepté les deux paires de côtes flottantes qui n'arrivent pas au sternum). Elles sont intimement unies les unes aux autres par trois plans de muscles, savoir : 1° les *muscles surcostaux*, qui sont fixés d'une part sur la colonne vertébrale, et d'autre part sur les côtes correspondantes ; 2° les muscles *intercostaux* (fig. 114) qui remplissent les espaces délimités par les côtes ; 3° les muscles *sous-costaux*, reliant les côtes les unes aux autres par leur face interne. On conçoit que, par suite de cette disposition, les côtes sont solidaires, de telle sorte que si l'une d'elles est déplacée, les autres suivent le même mouvement.

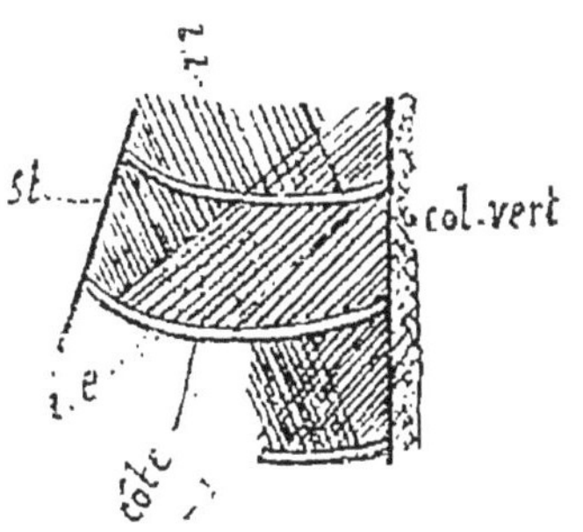

Fig. 114. — Disposition des muscles intercostaux externes i.e et internes i.i.

Or, pendant l'*inspiration*, les *deux premières paires de côtes sont soulevées* de façon à prendre une position presque horizontale; toutes les autres sont soulevées en même temps, quoique l'action du soulèvement ne s'exerce que sur les deux premières paires. Cette action est due principalement à la contraction des *muscles scalènes* (antérieurs et postérieurs), fixés d'une part aux vertèbres du cou et d'autre part aux deux premières côtes.

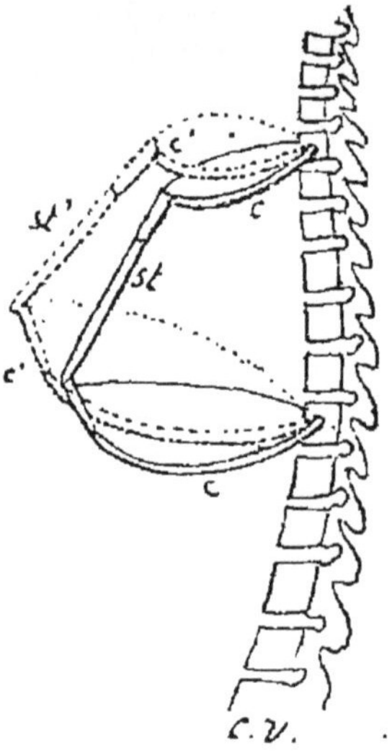

Par suite de ce mouvement d'ensemble, la convexité des côtes se porte vers le dehors, d'où l'augmentation du volume de la cage thoracique dans le *sens latéral*. Le sternum est en même temps légèrement déplacé en avant, ce qui produit une augmentation du volume de la cage thoracique dans le *sens antéro-postérieur* (fig. 115).

Fig. 115. — Changement de volume de la cage thoracique. — *c*, *c'*, côtes; *st*, *st*, sternum.

Au même moment, la *contraction du diaphragme*, qui, de voûté qu'il était, tend à devenir plan, produit une augmentation du volume de la cage thoracique dans le *sens supéro-inférieur*.

En résumé, pendant l'inspiration, le volume de la cage thoracique augmente dans tous les sens.

Les poumons, on s'en souvient, sont accolés à la paroi de la cage thoracique et au diaphragme par le feuillet externe de la plèvre : ce feuillet suit passivement les mouvements du diaphragme et de la cage thoracique, et un vide tend à se former entre lui et le feuillet interne à cause de la faible quantité du liquide qui les sépare. Mais ce vide ne peut pas se former, parce que la pression de l'air intérieur s'exerce sur les lobules pulmonaires qui se dilatent à mesure. Cette dilatation des cavités pulmonaires a pour résultat évident une *diminution de pression* de l'air qu'elles renferment ;

l'air extérieur, n'ayant pas changé de pression, entre aussitôt dans les poumons pour rétablir l'équilibre de pression

C'est là, en somme, tout le mécanisme de l'inspiration.

**Mécanisme de l'expiration.** — L'expiration, dans les conditions normales, est un phénomène purement *passif*. En effet, dès que la contraction des muscles scalènes est terminée, les côtes, le sternum et le diaphragme reprennent les positions qu'ils avaient avant l'inspiration, ce qui a pour effet d'amener la diminution du volume de la cage thoracique; les poumons reviennent sur eux-mêmes, puisqu'aucune cause ne tend plus à les dilater; le volume des cavités pulmonaires diminue, et l'air qu'elles renferment est soumis à une pression supérieure à celle de l'atmosphère. Une partie de cet air est rejetée au dehors pour rétablir l'équilibre de pression, et l'expiration est produite.

**Quantités d'air inspirées et expirées.** — On compte généralement, chez l'Homme adulte, 15 inspirations par minute; chaque inspiration fait entrer environ un $\frac{1}{2}$ litre d'air dans les poumons; d'où il suit que nous inspirons par jour environ 10.000 litres d'air.

A chaque expiration, l'Homme rejette à l'extérieur un $\frac{1}{2}$ litre d'air chargé d'acide carbonique et de vapeur d'eau.

Mais on peut considérablement modifier ces volumes d'air inspiré et d'air expiré à l'aide d'inspirations et d'expirations *forcées*. Par une inspiration forcée, on peut faire entrer dans les poumons de 3 à 3 litres et demi d'air, et par une expiration forcée, on peut en chasser à peu près le même volume, ce qui montre bien qu'il est absolument impossible de faire le vide dans les poumons, puisque ceux-ci ont une capacité qui varie de 4 à 5 litres, suivant la taille des individus.

Dans les inspirations et les expirations forcées, certains muscles entrent en jeu qui restent inactifs dans les mouvements normaux (muscle pectoral, grand droit, grand et petit oblique, etc.).

## ÉCHANGES GAZEUX ENTRE LE SANG ET L'AIR

**Différences entre l'air inspiré et l'air expiré.** — L'air inspiré est composé, en volume, de 21 0/0 d'oxygène $\left(\frac{1}{5}\text{ environ}\right)$, de 79 0/0 d'azote $\left(\frac{4}{5}\text{ environ}\right)$ et d'une très faible proportion d'acide carbonique $\left(\frac{4\text{ à }5}{10000}\right)$. L'air expiré renferme *moins* d'oxygène, à peu près la même quantité d'azote et *beaucoup plus* d'acide carbonique ; il est aussi presque *saturé de vapeur d'eau.*

La présence de la *vapeur d'eau* se reconnaît aux caractères suivants : en soufflant sur une vitre, on voit se former une buée qui provient de la condensation de la vapeur d'eau ayant rencontré une surface froide ; pendant les froids de l'hiver, la vapeur d'eau de l'air expiré se condense en un nuage blanchâtre.

Pour démontrer la présence de l'*acide carbonique,* il suffit de souffler avec un tube de verre dans une solution de chaux ou de baryte : on voit se former un précipité qui n'est autre chose qu'un carbonate insoluble (de chaux ou de baryte).

Afin de mieux fixer les idées sur les différences de composition de l'air inspiré et de l'air expiré, établissons, sur le chiffre de 10.000 litres d'air, la quantité d'oxygène retenue par la respiration et les quantités d'acide carbonique et de vapeur d'eau dégagées à l'extérieur.

10.000 litres d'air renferment à peu près 2.000 litres d'oxygène ; de ces 2.000 litres d'oxygène, 540 litres sont absorbés (environ 750 grammes). Ils sont remplacés dans l'air expiré par 400 litres d'acide carbonique (environ 850 grammes) et par 300 grammes de vapeur d'eau.

L'oxygène absorbé a-t-il été tout entier employé à former

l'acide carbonique dégagé? Non, car s'il en était ainsi, nous trouverions égalité entre ces deux volumes, et nous constatons, au contraire, que le volume de l'acide carbonique dégagé est plus petit que le volume de l'oxygène disparu. Nous pouvons déjà conclure que l'oxygène a pu servir à d'autres combustions que celles qui se manifestent par le dégagement d'acide carbonique (voir plus loin).

**Différences entre le sang artériel et le sang veineux.** — Nous avons déjà vu que le sang artériel et le sang veineux diffèrent l'un de l'autre principalement par les proportions d'oxygène et d'acide carbonique qu'ils renferment. Rappelons à ce sujet que 100 volumes de sang artériel renferment 20 d'oxygène et 34,8 d'acide carbonique, et que 100 volumes de sang veineux renferment 12 d'oxygène et 47 d'acide carbonique (Chien).

D'autre part, si l'on agite quelque temps à l'air du sang veineux, on le voit rapidement se transformer en sang artériel, en prenant de l'oxygène à l'air et en dégageant de l'acide carbonique.

Nous pouvons donc conclure de ces divers faits qu'en passant dans les poumons, le sang veineux abandonne de l'acide carbonique et de la vapeur d'eau et absorbe de l'oxygène ; il ne nous reste plus qu'à étudier le mécanisme de ces échanges gazeux entre le sang et l'air dans les poumons.

**Mécanisme des échanges gazeux.** — Les globules rouges du sang renferment une substance, l'*hémoglobine*, très avide d'oxygène; l'oxygène de l'air des poumons traverse par osmose les cellules épithéliales des vésicules pulmonaires, puis la paroi des capillaires, et se combine avec l'hémoglobine pour former le composé appelé *oxy-hémoglobine*. Le plasma du sang ne dissout qu'une très faible quantité d'oxygène.

L'acide carbonique produit dans les tissus se combine

avec les sels du plasma sanguin, surtout avec le carbonate et le phosphate de soude qu'il transforme en bicarbonate et en phospho-carbonate de soude; le plasma en dissout aussi une certaine quantité. Il est apporté aux poumons sous cette forme, c'est-à-dire à l'état de combinaison ou de dissolution; par suite de l'absorption de l'oxygène qui se fait au même moment, le bicarbonate et le phospho-carbonate de soude sont dédoublés en carbonate et en phosphate, et l'acide carbonique, ainsi devenu libre, traverse par osmose la paroi des capillaires, puis les cellules épithéliales, et se trouve par suite mélangé avec l'air de l'expiration.

### Phénomènes de combustion.

**Respiration des tissus.** — Que devient l'oxygène à partir du moment où il s'est combiné à l'hémoglobine, et d'où provient l'acide carbonique apporté aux poumons par les sels du plasma sanguin ou le plasma lui-même?

Le sang artérialisé dans les poumons revient au cœur, puis se rend dans les divers organes du corps par l'artère aorte et ses branches. Les divers organes et les tissus qui les constituent sont parcourus par les nombreux capillaires résultant de la division des artères; le sang ne se trouve, à ce moment, séparé des cellules des divers tissus que par la paroi épithéliale des capillaires sanguins. L'oxyhémoglobine se dédouble; l'oxygène rendu libre traverse cette paroi épithéliale et se trouve en contact direct avec le contenu des cellules. Alors commencent des phénomènes d'oxydation des composés du protoplasma (composés azotés et ternaires), phénomènes à peu près insaisissables et connus surtout par l'apparition de produits de combustion, tels que l'*acide carbonique* et l'*urée*.

Ces produits de combustion sont aussitôt entraînés par le sang; on a vu comment l'acide carbonique est apporté aux poumons et expulsé au dehors; on verra plus loin que des organes spéciaux, les *reins*, se chargent d'extraire du sang l'urée et autres produits d'élimination.

Pour résumer ces phénomènes de combustion, nous dirons : les poumons sont les organes des échanges gazeux entre le sang et l'air ; le sang ne consomme pas l'oxygène et ne produit pas l'acide carbonique ; ce sont les cellules qui utilisent l'oxygène apporté par le sang et qui produisent l'acide carbonique rejeté dans les poumons et l'urée excrétée par les reins : *la respiration, considérée dans ce qu'elle a de plus essentiel, est donc réellement un ensemble de phénomènes de combustion des cellules vivantes.*

Cette donnée est corroborée par un grand nombre de faits, parmi lesquels nous signalerons les suivants :

1° Les tissus séparés de l'organisme (muscles, par exemple) et placés dans un milieu oxygéné respirent directement en absorbant l'oxygène et en dégageant l'acide carbonique ;

2° Un grand nombre d'animaux sont dépourvus d'appareil respiratoire (Cœlentérés, Protozoaires) ; ces animaux respirent comme les tissus ;

3° Les plantes et leurs divers organes respirent comme les animaux.

**Chaleur animale.** — La température du corps de l'Homme et des animaux est toujours, pendant la vie, supérieure à celle du milieu ambiant ; elle est même à peu près *invariable* chez les Mammifères et chez les Oiseaux (40 à 44 degrés chez les Oiseaux, 36 à 40 degrés chez les Mammifères). La température des corps inertes est toujours la même que celle du milieu dans lequel ils sont placés.

Comme l'Homme et les animaux perdent constamment, comme les corps inertes, de la chaleur par le rayonnement et la conductibilité, il faut évidemment admettre qu'ils produisent, à mesure, de nouvelles quantités de chaleur : cette chaleur propre aux animaux est dite *chaleur animale.*

La source de la chaleur animale est tout entière dans les

oxydations qui se produisent incessamment dans toutes les parties du corps, et la chaleur animale est donc le résultat immédiat de la respiration. Tous les organes respirent et produisent une certaine quantité de chaleur; mais l'intensité de la respiration et par suite la production de chaleur varient suivant les tissus considérés : les *muscles* ont la respiration la plus active; ils produisent la plus grande quantité de la chaleur animale; après eux, viennent les *glandes* et le *système nerveux*.

**Quantité de chaleur produite par jour.** — La chaleur animale étant produite par les oxydations déterminées par l'oxygène de la respiration, on a pu évaluer approximativement la quantité de chaleur produite par jour (Homme) en supposant que l'oxygène se combine avec le carbone pour fournir de l'acide carbonique, et avec l'hydrogène pour fournir de la vapeur d'eau.

Il suffit, pour cette évaluation, de connaître la quantité de carbone contenue dans les 400 litres d'acide carbonique et la quantité d'hydrogène contenue dans les 300 grammes de vapeur d'eau dégagés dans une journée, et d'admettre ensuite que tout l'oxygène absorbé se retrouve dans l'acide carbonique et la vapeur d'eau (ce qui n'est pas absolument exact puisqu'une portion de cet oxygène est combinée avec l'urée).

On trouve ainsi environ 240 grammes de carbone et 15 grammes d'hydrogène.

Or 1 gramme de carbone dégageant 8,08 calories en se combinant avec l'oxygène pour former l'acide carbonique, 240 grammes dégagent 1939,20 calories; 1 gramme d'hydrogène dégageant 35,5 calories en se combinant avec l'oxygène, 15 grammes dégagent 532,2 calories. Le total de calories dégagées est d'environ 2.500.

La température du corps reste *stationnaire;* cela tient à ce que les 2.500 calories disparaissent, à mesure qu'elles se forment, par rayonnement et conductibilité, ou bien pour échauffer l'air inspiré ou pour aider à la transpiration par la surface de la peau, etc.

**Animaux à température constante; animaux à température variable.** — Les *Mammifères* et les *Oiseaux* sont des animaux à *température constante*, c'est-à-dire indépendante des variations de la température du milieu extérieur. La température normale de l'Homme est, en moyenne, de 37°,2; celle des Mammifères est comprise entre 36 et 40 degrés, et celle des Oiseaux s'élève jusqu'à 44° (de 40 à 44°).

La constance de la température est telle qu'on n'observe qu'une différence de 1° entre les Hommes qui habitent les régions torrides et ceux qui habitent les régions glaciales. Mais il faut remarquer que les conditions de la respiration changent suivant les milieux : dans les pays froids l'alimentation est plus grande, la respiration plus active et par conséquent la chaleur produite plus forte que dans les pays

Fig. 116. — Marmottes.

chauds, où, en revanche, la transpiration est très énergique.

Les *Reptiles*, les *Batraciens*, les *Poissons* et les *Invertébrés* sont tous des animaux à *température variable*, c'est-à-dire dépendante de celle du milieu extérieur. La température de ces êtres est assez élevée pendant l'été et assez basse pendant l'hiver, toujours à peu près égale à celle de l'air ou de l'eau dans lesquels ils vivent.

Quelques Mammifères sont en quelque sorte intermédiaires entre les animaux à température constante et les animaux à température variable : ils sont dits *animaux hibernants*. Pendant l'été, leur température est à peu près la même que celle des animaux voisins; pendant l'hiver, ils produisent seulement assez de chaleur pour maintenir leur température de 12 à 15° au-dessus de celle de l'atmosphère : à ce moment, toutes leurs fonctions se ralentissent, et ils tombent dans une sorte de sommeil qui se prolonge jusqu'au retour du printemps (Marmotte (fig. 116), Loir, Chauve-Souris, etc.).

## Troubles de la respiration

**Asphyxie.** — On désigne sous le nom général d'*asphyxie* les accidents qui surviennent — et qui peuvent avoir la mort pour conséquence — lorsque les conditions normales de la respiration sont changées.

Examinons les cas les plus fréquents d'asphyxie :

1° *Par défaut d'oxygène.* — On place un animal dans une atmosphère limitée et on enlève, à l'aide d'une solution de potasse ou de baryte, l'acide carbonique à mesure qu'il est dégagé par la respiration : l'animal respire difficilement, tombe sur le flanc et meurt enfin lorsque la provision d'oxygène est à peu près épuisée (2 0/0 d'oxygène pour les Mammifères, 3 à 4 0/0 pour les Oiseaux). La mort est due à ce que les tissus ne reçoivent plus l'oxygène qui leur est nécessaire.

2° *Par excès d'acide carbonique.* — On place, comme dans le cas précédent, un animal dans une atmosphère limitée; mais on maintient constante la pression de l'oxygène et on laisse s'accumuler l'acide carbonique. L'animal meurt au bout de quelque temps et l'on constate qu'au moment où la mort survient, la pression de 'acide carbonique atteint environ 19 centimètres de mercure. La mort est due à la pression croissante de l'acide carbonique dans l'atmosphère limitée, pression qui empêche l'acide carbonique du sang et des tissus de se dégager.

3° *Par défaut d'oxygène et excès d'acide carbonique.* — Lorsqu'un animal est placé dans une atmosphère limitée, de telle sorte que l'oxygène ne puisse se renouveler et l'acide carbonique se dégager librement, la proportion d'oxygène diminue progressivement à mesure que la proportion d'acide carbonique augmente. La mort survient, non seulement par manque d'oxygène, mais encore par suite de l'effet nocif que l'acide carbonique commence à exercer sur l'organisme à partir de la dose de 4 litres par mètre cube d'air.

4° *Par absorption de gaz toxiques.* — L'*oxyde de carbone*, un des produits de la combustion du charbon, détermine l'asphyxie lorsqu'il se mêle, même en quantités faibles, à l'air de la respiration. Ce gaz se combine avec l'hémoglobine du sang et forme avec elle un composé plus stable que l'oxyhémoglobine, ce qui empêche l'oxygène d'être ultérieurement absorbé. La mort survient, en conséquence, parce que les tissus ne peuvent plus recevoir l'oxygène qui leur est nécessaire.

Les divers autres gaz toxiques (hydrogène sulfuré, acide sulfureux, etc.) déterminent la mort soit par empoisonnement des tissus, soit par les décompositions chimiques dont leur absorption est la conséquence.

**Effets de la diminution de pression de l'air.** — Lorsque l'Homme s'élève sur les montagnes ou en ballon, la pression extérieure à laquelle il est soumis diminue peu à peu, ce qui équivaut à une raréfaction de l'oxygène de l'air. La diminution de pression se manifeste par un ensemble d'accidents connus sous le nom de *mal des montagnes* : la marche devient pénible, les jambes lourdes; la respiration s'accélère; les mouvements du cœur sont plus rapides; les oreilles bourdonnent, etc. La mort peut survenir à la suite de ces accidents, ainsi que le témoignent quelques ascensions tristement célèbres, comme l'ascension entreprise le 15 avril 1875 par Crocé-Spinelli, Sivel et G. Tissandier.

Le mal des montagnes paraissant dû uniquement à ce que l'organisme ne peut pas absorber tout l'oxygène qui lui est nécessaire, le moyen de le combattre consiste simplement à respirer de l'oxygène pur : aussi les aéronautes qui doivent s'élever à de grandes hauteurs emportent-ils des sacs remplis d'oxygène.

**Effets de l'augmentation de pression de l'air.** — Les recherches de Paul Bert sur les effets de l'augmentation de la pression de l'air ont démontré que les animaux, placés dans l'air à 20 atmosphères — ou ce qui revient au même, dans l'oxygène pur à 5 atmosphères — sont atteints de convulsions analogues à celles que produit la strychnine. Ces accidents sont dus à ce que, la quantité d'oxygène absorbée augmentant avec la pression, les oxydations internes sont si actives qu'au bout de peu de temps le protoplasma des cellules a perdu ses propriétés vitales ; on en conclut que l'oxygène à haute pression agit comme un poison, et que les êtres vivants sont adaptés à la pression où ils se trouvent dans l'air ainsi qu'aux pressions voisines.

Il ne faut pas confondre avec ces divers accidents ceux qui résultent d'une *décompression brusque* et qu'on a vus atteindre souvent des ouvriers ayant travaillé dans l'air comprimé, et qui avaient été ramenés sans transition à la pression normale. La décompression brusque a pour effet de laisser dégager les gaz (oxygène, acide carbonique) qui avaient été absorbés par le sang en grande quantité par suite de la compression : en se dégageant, ces gaz forment dans les capillaires des chapelets de bulles qui opposent une grande résistance à la circulation du sang et peuvent même l'arrêter complètement.

## § 3. — Appareil respiratoire des animaux

Animaux à respiration pulmonaire. — Animaux à respiration branchiale. — Animaux à respiration trachéenne.

Les phénomènes de combustion qui constituent le caractère le plus essentiel de la respiration peuvent se produire sans l'intermédiaire d'appareil spécialement affecté aux échanges gazeux entre l'air et le sang : la plupart des Cœlentérés et les Protozoaires, par exemple, prennent directement, pour leur respiration, l'oxygène de l'air extérieur ou de l'air dissous dans l'eau, et dégagent, directement aussi, l'acide carbonique dans le milieu ambiant. Il en est de même pour certains animaux supérieurs ; une Grenouille, privée de ses poumons, continue à respirer dans l'air : l'oxygène est absorbé et l'acide carbonique dégagé par l'intermédiaire de la peau.

A ce mode de respiration par la surface de la peau, on a donné le nom général de *respiration cutanée*.

Mais les échanges gazeux entre l'air et le sang sont bien plus rapides, et la respiration elle-même est bien plus active lorsqu'il existe un appareil spécial intermédiaire entre l'air et le sang : aussi cet appareil se rencontre-t-il chez tous les Vertébrés et chez la plupart des Invertébrés.

L'appareil respiratoire, considéré dans ce qu'il a de plus essentiel, est constitué : soit par des *poumons*, c'est-à-dire par des sacs dans lesquels le sang se trouve pour ainsi dire en contact avec l'air extérieur ; soit par des *trachées*, c'est-à-dire par des tubes ramifiés dans le corps, et dans lesquels l'air extérieur circule afin de se trouver pour ainsi dire en contact avec le sang; soit enfin par des *branchies*, c'est-à-dire par des membranes qui permettent les échanges gazeux entre le sang et l'air dissous dans l'eau.

Les animaux qui possèdent des poumons sont dits à *respiration pulmonaire* (Mammifères, Oiseaux, Reptiles, Batraciens adultes, quelques Mollusques); les animaux qui possèdent des trachées sont dits à *respiration trachéenne* (Insectes, Myriapodes, Arachnides). Dans ces deux modes de respiration — pulmonaire et trachéenne — l'*air extérieur* seul est utilisé, même quand les animaux habitent normalement l'eau, comme la Baleine, le Phoque, etc.

Les animaux qui possèdent des branchies sont dits à *respiration branchiale* (Batraciens à l'état jeune, Poissons, Crustacés, Annélides, la plupart des Mollusques). Dans ce mode de respiration, les animaux utilisent *l'air dissous dans l'eau*.

Étudions successivement les particularités les plus importantes de ces divers modes de respiration.

## Respiration pulmonaire

**Mammifères.** — Chez les Mammifères, l'appareil respiratoire est constitué à peu près comme chez l'Homme. Les Mammifères aquatiques (Amphibies, Cétacés) respirent comme les Mammifères terrestres; ils ne plongent sous l'eau qu'après avoir fait une certaine provision d'air à la surface.

**Oiseaux.** — La trachée-artère des Oiseaux présente deux larynx : le *larynx supérieur*, dépourvu de cordes vocales, et le *larynx inférieur* ou *syrinx*, véritable organe du chant. Les bronches se divisent irrégulièrement dans les poumons et se terminent pour la plupart dans des lobules pulmonaires. Mais quelques-unes d'entre elles, après avoir traversé les poumons sans se ramifier, s'ouvrent à la face externe de ces organes (fig. 117), et se dilatent de façon à constituer des sacs membraneux, appelés *sacs aériens*. Les sacs aériens sont au nombre de neuf, savoir : le *sac claviculaire*, sac impair placé entre les clavicules; les deux *sacs cervicaux*, placés à droite et à gauche du précédent, à peu près au même niveau; les quatre *sacs thoraciques* et enfin les deux *sacs abdominaux*, les plus volumineux de tous. Les sacs thoraciques sont fermés; mais les cinq autres sacs aériens se prolongent jusque dans les cavités des os, surtout dans les os des membres.

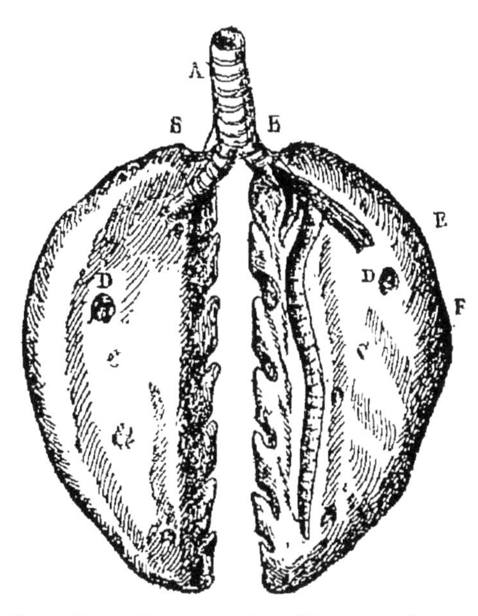

Fig. 117. — Poumons d'un Oiseau. — A, trachée-artère; B, B, bronches; D, D, orifices bronchiques.

Cette disposition toute particulière de l'appareil respiratoire est en rapport avec le mode de vie des Oiseaux, car les sacs aériens gonflés d'air diminuent le poids spécifique du corps, et ils renferment une provision d'air pour la respiration, très active pendant le vol.

**Reptiles.** — Les poumons des Reptiles sont, d'une façon générale, beaucoup plus simples que ceux des Oiseaux et des Mammifères, mais ils présentent divers états de simplification.

Ainsi, tandis que chez les *Crocodiliens*, les poumons sont divisés en cinq loges principales, subdivisées elles-mêmes en nombreuses loges, chez les *Tortues*, ils sont simplement divisés en un petit nombre de loges transversales, distribuées à droite et à gauche des bronches (fig. 118) qui s'ouvrent directement dans chaque loge, sans ramification; enfin, chez les *Lézards*, les poumons ne sont même pas divisés en loges, et, à part leurs dimensions, ils peuvent être comparés aux lobules pulmonaires de l'Homme (fig. 119).

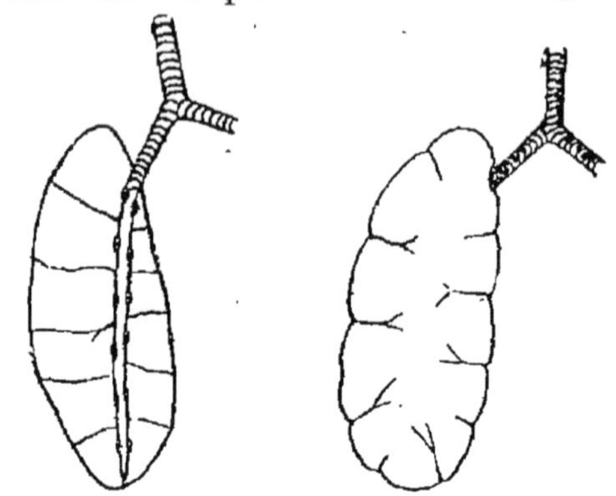

Fig. 118. — Poumon de Tortue (fig. théorique).

Fig. 119. — Poumon de Lézard (fig. théorique).

**Batraciens.** — A l'état jeune, tous les Batraciens respirent l'air dissous dans l'eau soit à l'aide de branchies *externes*, soit à l'aide de branchies *internes;* ces derniers organes peuvent être comparés aux branchies des Poissons.

A l'état adulte, la plupart des Batraciens respirent l'air extérieur à l'aide de *poumons*, analogues aux poumons des Lézards (Grenouille, Salamandre, etc.); chez quelques animaux de cette classe, les *branchies externes* persistent pendant toute la vie, d'où le nom de *pérennibranches* qui leur a été donné; à partir du moment où les poumons se sont formés, ces derniers animaux ont deux modes de respiration (respiration branchiale et respiration pulmonaire).

### Respiration branchiale

**Poissons.** — Les Poissons respirent toujours à l'aide de *branchies* l'air dissous dans l'eau.

Les *branchies* sont des lamelles de couleur rouge

placées, chez les *Poissons osseux*, dans la *chambre branchiale*, située au-dessous et un peu en arrière de la bouche. Elles sont disposées par paires, généralement au nombre de quatre paires, c'est-à-dire quatre branchies à droite et quatre branchies à gauche de la chambre branchiale; elles se trouvent placées au bord inférieur et externe d'os en forme de demi-cercles appelés *arcs branchiaux*, unis aux *os pharyngiens*. La chambre branchiale communique *d'un côté* avec la bouche, par les *fentes branchiales* qui séparent les arcs branchiaux, et *d'un autre côté* avec l'extérieur par de larges fentes appelées *ouïes*, placées à droite et à gauche de la tête. Les ouïes peuvent s'ouvrir ou se fermer à l'aide de deux plaques mobiles, les *opercules*, qui s'écartent ou se rapprochent alternativement de la tête.

Chez les Poissons à *squelette cartilagineux*, on trouve, de chaque côté de l'arrière-bouche, *plusieurs chambres branchiales* communiquant chacune au dehors par une fente spéciale.

Le *mécanisme* de la respiration est facile à comprendre : l'eau entre dans la bouche, passe dans les chambres branchiales par les fentes branchiales, baigne les branchies et est expulsée au dehors par les ouïes.

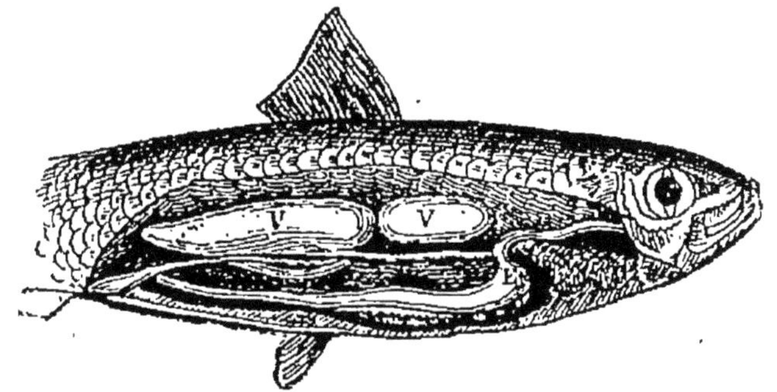


Fig. 120. — Vessie natatoire du Poisson. — V, V, vessie; E, estomac.

Les échanges gazeux sont les mêmes que chez les autres Vertébrés : le sang des capillaires branchiaux prend l'*oxy-*

*gène* de l'air dissous dans l'eau et lui rend de l'*acide carbonique.*

*Vessie natatoire.* — On désigne sous le nom de *vessie natatoire* une espèce de poche remplie d'air, placée au-dessous de la colonne vertébrale et au-dessus de l'œsophage ou de l'estomac (fig. 120), avec lesquels elle communique parfois par un canal spécial (*Perche*); d'autres fois, elle est absolument fermée (*Carpe*).

Les Poissons peuvent comprimer ou dilater, à volonté, leur vessie natatoire : quand la vessie est comprimée, leur poids spécifique *augmente* et ils descendent dans l'eau ; quand elle est dilatée, leur poids spécifique *diminue* et ils remontent, au contraire. Mais la compression et la dilatation de cet organe ne peuvent dépasser certaines limites et, par suite, les Poissons ne peuvent pas s'enfoncer ni remonter au delà d'une zone déterminée pour chacun d'eux : cela revient à dire que la vessie natatoire a pour rôle essentiel de fixer pour les divers animaux de cette classe les positions qu'il occupent dans les eaux profondes des mers.

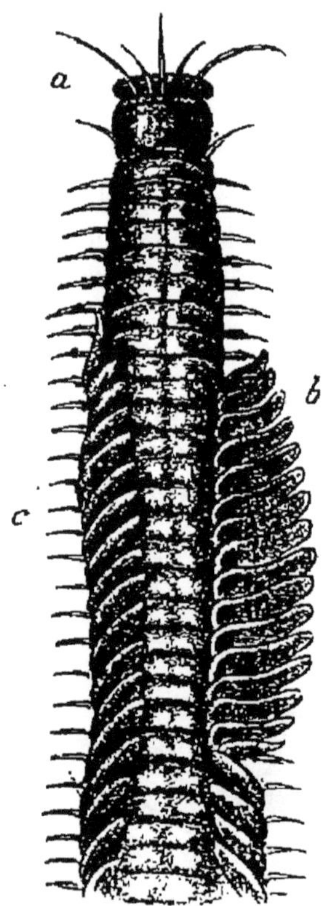

Fig. 121. — Partie antérieure du corps d'une Annélide (*Euniée*) à branchies dorsales.

Dans certains cas cependant, la vessie natatoire a ses parois recouvertes de nombreux capillaires sanguins, et elle ressemble à un poumon, dont elle remplit en partie le rôle chez certains Poissons : ces Poissons, peu nombreux, ont reçu le nom de *Dipneustes*, car ils ont deux respirations (par la vessie natatoire et par les branchies).

**Invertébrés.** — La respiration à l'aide de branchies s'observe, parmi les animaux invertébrés, chez les Crustacés, les Annelés et les Mollusques; mais les branchies de ces divers êtres ne peuvent être comparées à celles des Poissons qu'au seul point de vue de leur fonction, car leur forme, leur position et leur nature sont absolument différentes.

L'Écrevisse, parmi les Crustacés, a les branchies cachées sous la carapace et placées dans des chambres branchiales, de chaque côté du corps; ce sont de petites houppes fixées à la base des pattes. L'eau de la respiration entre par l'extrémité postérieure de la carapace et est rejetée au dehors par l'extrémité antérieure, au niveau des pattes-mâchoires, appendices placés au voisinage de la bouche.

Chez les Annelés pourvus de branchies, ces organes occupent des positions variables autour de la tête ou sur différentes parties du corps; elles sont toujours externes (fig. 211), c'est-à-dire non renfermées dans des cavités spéciales. Un grand nombre d'Annelés respirent par la surface de la peau (respiration cutanée).

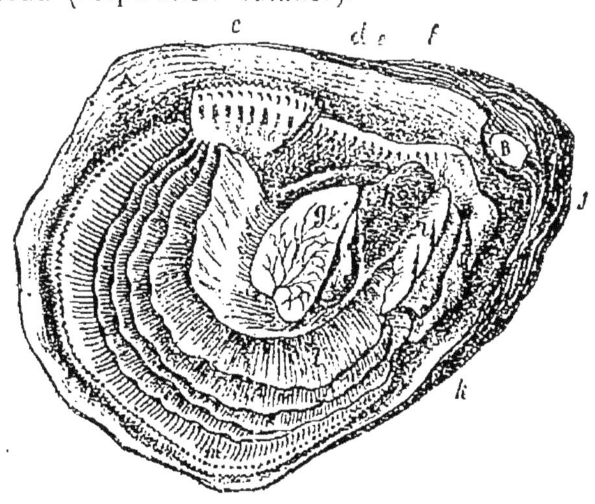


Fig. 122. — Anatomie de l'Huître. — m, m'. manteau; l, branchies; B, muscle; i, tentacules labiaux.

Les branchies des Mollusques ont aussi des positions et

des formes diverses : chez les Bivalves (Huître, Moule, etc.), elles se trouvent placées de chaque côté du corps, et elles ont la forme de *lames* allongées (fig. 122), d'où le nom de *Lamellibranches* donné à cette classe de Mollusques. Ces lames, examinées à la loupe, se montrent constituées comme un treillis ; des cils vibratiles assurent la circulation constante de l'eau servant à la respiration.

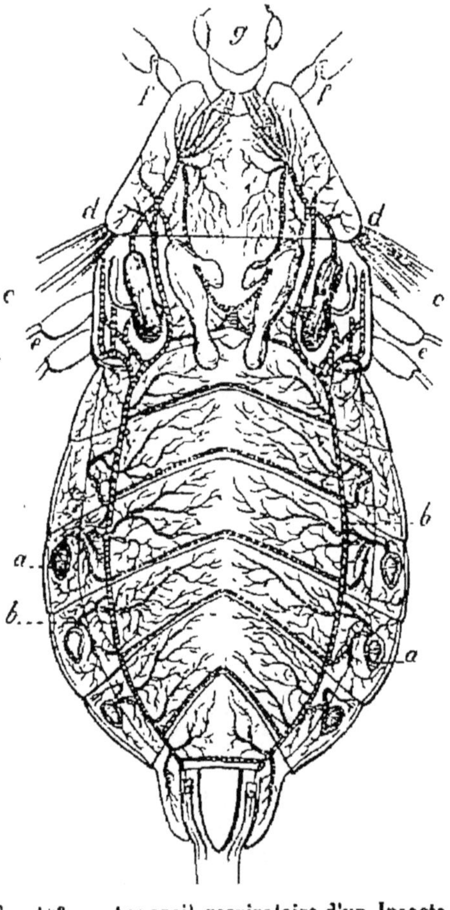

Fig. 123. — Appareil respiratoire d'un Insecte. — *a*, stigmate ; *b*, trachée.

### Respiration trachéenne.

**Insectes.** — Les Insectes respirent l'air extérieur, même lorsqu'ils vivent dans l'eau ; des dispositions spéciales assurent aux Insectes aquatiques la prise de l'air extérieur nécessaire à leur respiration.

L'appareil respiratoire de ces animaux ne ressemble nullement, ni par sa forme, ni par son fonctionnement, à l'appareil pulmonaire des Vertébrés à respiration aérienne, car il est constitué par une série de tubes, richement ramifiés dans toutes les parties du corps (fig. 123) : ces tubes sont les *trachées* qui se caractérisent essentiellement par un épaississement en spirale de leur tunique interne. Les trachées communiquent avec l'extérieur par des ouvertures en forme de boutonnières, les *stigmates*, que l'on trouve communément par paires sur les anneaux de l'abdomen et parfois sur les anneaux du thorax.

Chez les Insectes *bons voiliers*, les trachées se dilatent en certains points, de manière à former des poches qui servent de réservoirs d'air pour la respiration ; ces poches portent le nom de *vésicules trachéennes*.

Le mécanisme de la respiration est le suivant : l'air extérieur entre par les stigmates et circule dans l'intérieur des trachées surtout, grâce au mouvement successif de contraction et de dilatation de l'abdomen ; l'air chargé d'acide carbonique s'échappe au dehors par les stigmates, à la suite des mêmes mouvements.

La respiration des Insectes est active, mais la production de chaleur est faible généralement, la température de ces êtres ne dépassant guère celle du milieu ambiant.

On voit que par ce mode de respiration, l'air est directement amené dans tous les organes : cela est en rapport avec l'imperfection de la circulation du sang.

La respiration trachéenne ne s'observe que chez les Insectes, les Arachnides et les **Myriapodes**.

---

# CHAPITRE IV

## Appareil sécréteur et sécrétions

Glandes de la peau : glandes sudoripares, glandes sébacées. — Appareil urinaire : les reins, mécanisme de la sécrétion urinaire, composition de l'urine.

L'appareil sécréteur est composé d'organes appelés *glandes*, d'aspect et de dimensions variables, mais qui ont une fonction commune, celle d'extraire du sang des liquides divers, les uns *utiles* à l'organisme (salive, suc gastrique, etc.), les autres *inutiles* ou nuisibles et qui doivent être rejetés au dehors (urine, etc.).

Nous avons déjà examiné la plupart des glandes de l'organisme (glandes salivaires, glandes à pepsine, glandes de Lieberkühn, foie, pancréas) et le rôle des produits qu'elles sécrètent ; il nous reste à étudier les *glandes de la peau* et l'*appareil urinaire*.

## Glandes de la peau

Dans la peau, on trouve deux sortes de glandes : les *glandes sudoripares* et les *glandes sébacées*. Les premières produisent la *sueur* et les secondes le *sébum*.

**Glandes sudoripares.** — Les glandes sudoripares sont très nombreuses, car on estime que leur nombre total dépasse deux millions ; elles se trouvent en grande abondance dans la paume des mains, la plante des pieds, sous les aisselles, etc., en un mot dans toutes les régions du corps présentant des surfaces plissées.

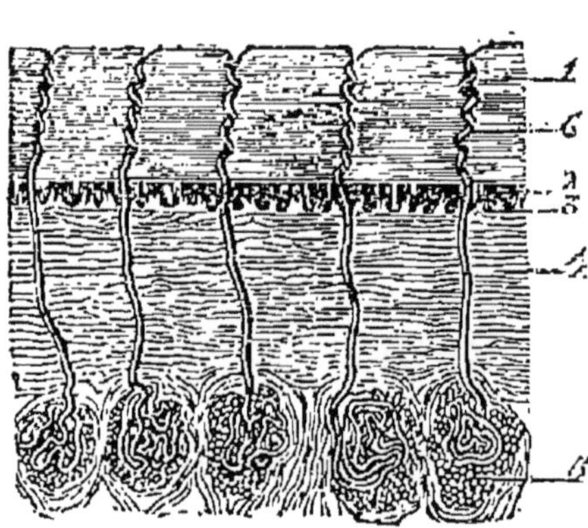

Fig. 124. — Coupe de la peau. — 1, épiderme ; 4, derme ; 5 et 6, glande sudoripare.

Chacune d'elles (fig. 124) a la forme d'un tube, de l'épaisseur d'un très fin cheveu, enroulé en un peloton (*glomérule*) dans la profondeur du *derme* et communiquant avec l'extérieur par un *canal excréteur* creusé dans l'épiderme ; ce canal excréteur s'ouvre à la surface de la peau par une ouverture très petite appelée *pore*. Autour des glomérules se voit un réseau capillaire qui apporte les matériaux sanguins aux dépens desquels la sueur est produite.

On estime que le tube déroulé d'une glande sudoripare atteint une longueur d'environ 2 millimètres, ce qui porte à une longueur de 4 kilomètres la masse totale des glandes sudoripares.

**La sueur.** — La sueur se compose essentiellement d'eau tenant en dissolution un certain nombre de principes en proportions très faibles. Parmi ces principes, nous citerons le *chlorure de sodium*, des *acides* (acide *sudorique*, *formique*, *butyrique*, etc.), des *corps gras*, de l'*urée*.

Il est difficile d'évaluer la quantité de sueur produite par l'ensemble des glandes sudoripares, car cette quantité est extrêmement variable (de 400 à 40 grammes par heure) ; les évaluations qui ont été faites à ce sujet donnent une moyenne de 1 kilog. 300 par 24 heures.

Le rôle le plus important de la sueur consiste à permettre à l'Homme de supporter des températures assez élevées en maintenant sa température propre à un degré invariable : l'eau de la sueur, en effet, s'évapore constamment et lentement, d'où une perte de chaleur, d'autant plus grande que la sueur est plus abondante. On sait qu'il existe une corrélation frappante entre l'énergie de la sudation et la tendance à l'augmentation de la température du corps (soit par l'élévation de la température extérieure, soit par un travail musculaire prolongé) : le rôle de la sueur paraît bien

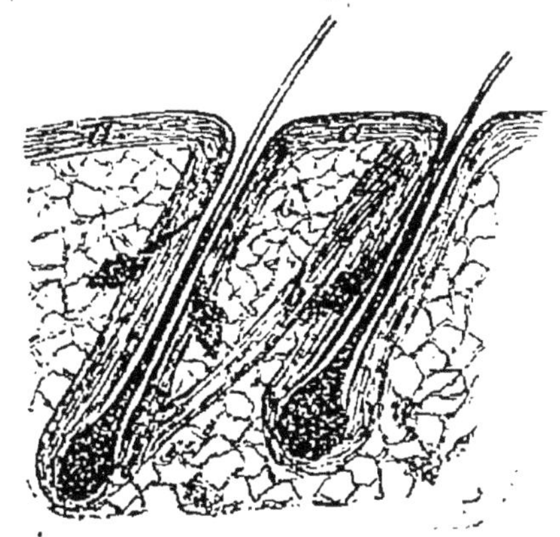

Fig. 125. — Glandes sébacées.

évident, puisque, malgré les causes qui peuvent tendre à l'élever, la température de notre corps reste invariable.

**Les glandes sébacées.** — Les glandes sébacées sont de petites *glandes en grappe* annexées aux poils (fig. 125); on en trouve aussi cependant en des régions du corps dépourvues de poils. Le liquide qu'elles sécrètent — le *sébum* — est formé d'eau pour les 2/3 et de matières grasses, de sels, etc. Les matières grasses que renferme le sébum imbibent les poils et la surface de l'épiderme : c'est là le seul rôle que remplisse ce liquide.

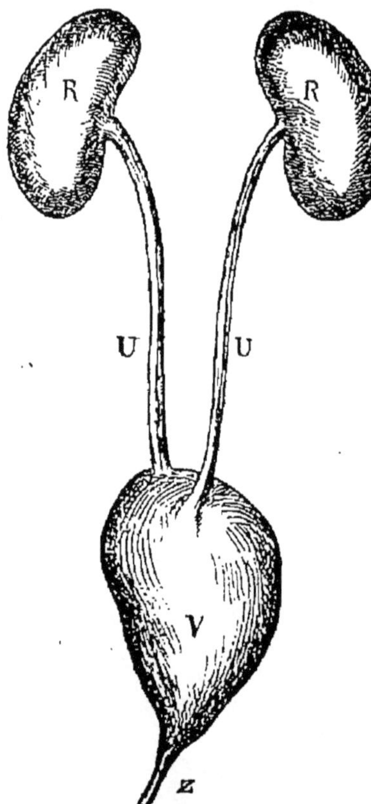

FIG. 126. — Figure d'ensemble de l'appareil urinaire. — R,R, reins ; U,U, uretères ; V, vessie ; Z, urètre.

### APPAREIL URINAIRE

L'appareil urinaire se compose : 1° des *reins ;* 2° des *uretères ;* 3° de la *vessie* (fig. 126). Les reins sécrètent l'urine que les uretères conduisent jusqu'à la vessie où elle s'accumule avant d'être expulsée au dehors ; ce sont, par conséquent, les reins qui constituent la partie essentielle de l'appareil urinaire.

**Les reins.** — Les reins sont deux glandes en forme de haricot, dont la longueur est de 10 à 15 centimètres ; ils se trouvent dans l'abdomen, accolés pour ainsi dire à la colonne vertébrale, au niveau des vertèbres lombaires ; ils tournent l'un vers l'autre leurs faces concaves. Vers le milieu de la surface concave de chaque rein — point désigné sous le nom de *hile* — se voient : 1° une *artère rénale*, qui se détache de l'aorte et se ramifie dans l'organe auquel elle apporte du sang artériel ; 2° une *veine rénale* qui aboutit à la veine cave inférieure et qui emporte le sang venu par l'artère rénale ; 3° l'*uretère*, canal ayant à peu près la largeur d'une plume d'oie, servant d'intermédiaire entre le rein et la vessie.

Si l'on coupe un rein suivant sa longueur (fig. 127), on remarque les détails suivants : 1° l'uretère se dilate dès son entrée dans le rein de façon à constituer une sorte de poche à laquelle on donne le nom de *bassinet* ; 2° le bassinet présente, à la périphérie, des enfoncements coniques appelés *calices*, ayant environ 1 centimètre de diamètre et percés de plusieurs orifices ; 3° la substance propre du rein comprend deux zones concentriques : une zone externe — *zone corticale* — ponctuée de petits grains rouges appelés *glomérules* ou *corpuscules de Malpighi* ; une zone interne — *zone médullaire* — essentiellement formée de tubes disposés en pyramides, désignées sous le nom de *pyramides de Malpighi*, dont le sommet tourné vers le bassinet, aboutit aux calices, et dont la base est tournée vers l'extérieur.

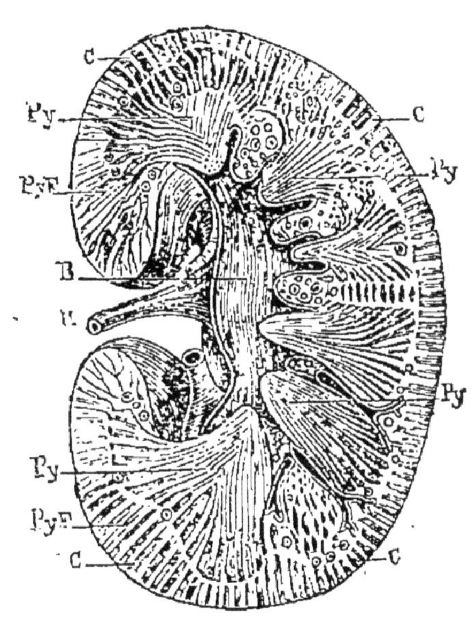


Fig. 127. — Coupe longitudinale d'un rein. — U, uretère ; B, bassinet ; Py, pyramides de Malpighi ; C, substance corticale.

Étudions avec plus de détails les tubes des pyramides de

Malpighi à partir du sommet des pyramides où ils s'ouvrent librement (fig. 128). Ce sont des tubes *urinifères;* à ce niveau, ils portent le nom de tubes de *Bellini.* Chacun d'eux se ramifie un certain nombre de fois dans la zone corticale. Les branches des tubes de Bellini sont appelées tubes de *Ferrein;* les tubes de Ferrein s'enroulent en un premier peloton dans la zone corticale, descendent et remontent ensuite dans la zone médullaire en formant une anse (*anse de Henlé*), s'enroulent en un deuxième peloton dans la zone corticale et enfin se terminent dans les corpuscules de Malpighi (fig. 129).

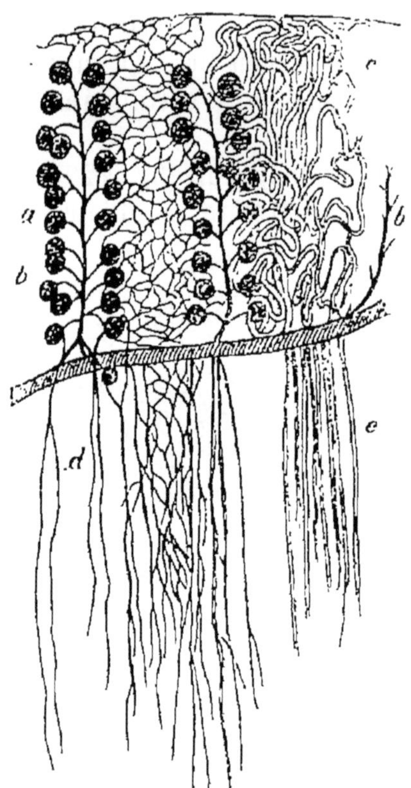

Fig. 128. — Portion de substance du rein vue au microscope. — *b*, glomérules de Malpighi; *d*, *e*, *b*, tubes urinifères.

Les corpuscules de Malpighi peuvent donc être considérés comme les culs-de-sac sécréteurs ou *acini* d'une glande composée dont les branches portent successivement les noms de tubes de Bellini et de Ferrein; autour de chacun de ces corpuscules se voit un réseau capillaire résultant de la division des dernières branches de l'artère rénale et formant l'origine des veines rénales. Contrairement à ce qui s'observe d'habitude pour les veines, les veinules issues des réseaux capillaires des corpuscules de Malpighi, au lieu de s'unir immédiatement les unes aux autres, se divisent en capillaires qui entourent les tubes de Ferrein : en d'autres termes, la veine rénale est un *système porte* puisqu'elle forme des capillaires sur son parcours.

La disposition anatomique des diverses parties du rein explique la marche de l'urine à partir des corpuscules de Malpighi : l'urine s'écoule par les tubes de Ferrein, puis par les tubes de Bellini, et tombe goutte à goutte par le sommet des pyramides dans les calices, d'où elle passe dans le bassinet, puis dans les uretères pour s'accumuler dans la vessie.

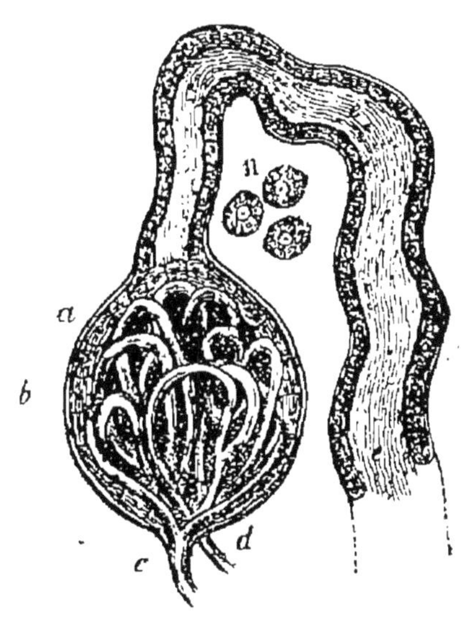


Fig. 129. — Portion d'un tube urinifère vu au microscope, avec le corpuscule de Malpighi. — Le tube est tapissé d'un tissu dont quelques cellules ont été figurées à part.

**Mécanisme de la sécrétion urinaire.** — On admet actuellement que la sécrétion urinaire comporte deux phases : 1° les corpuscules de Malpighi prennent au sang de l'eau presque pure, renfermant peut-être quelques-uns des sels minéraux de l'urine; 2° les tubes urinifères *sécrètent*, en les empruntant au sang des capillaires qui les entourent, les éléments les plus importants de l'urine, notamment l'*urée* et l'*acide urique*.

Mais il faut remarquer que si la sécrétion urinaire se fait en deux temps, tous les produits que renferme l'urine existent dans le sang; le rein ne les forme pas, il les extrait simplement : en effet, si l'on pratique la ligature des uretères pour arrêter la formation de l'urine, on observe, par des analyses précises, *que le sang qui sort des reins par les veines rénales contient exactement la même quantité d'urée que le sang qui entre dans ces organes par les artères rénales;* bientôt l'urée s'accumule dans le sang en quantités notables à la suite de cette ligature.

**Composition de l'urine.** — L'urine est composée d'eau tenant en dissolution un certain nombre de substances; la proportion d'eau varie (90 0/0 en moyenne). Parmi les substances dissoutes, nous citerons : l'*urée*, l'*acide urique* et des *sels minéraux*.

L'*urée* est une substance azotée cristallisable, dont la formule chimique est $C^2H^4Az^2O^2$ ; elle résulte de la décomposition des matières albuminoïdes du protoplasma. Un litre d'urine renferme environ 20 grammes d'urée ; comme la quantité d'urine sécrétée par jour varie entre 1.200 et 1.500 grammes, l'Homme produit normalement dans le même temps environ 30 grammes d'urée. Mais cette quantité d'urée varie elle-même chez l'Homme : elle est d'autant plus grande que le travail cérébral est plus actif et plus prolongé, car le travail cérébral a pour conséquence une décomposition des cellules nerveuses.

L'*acide urique* est, comme l'urée, un des produits de la décomposition des substances azotées de l'organisme ; sa formule chimique est $C^{10}H^4Az^4O^6$. L'Homme en produit normalement 1 gramme par jour. Il est peu soluble dans l'eau et ne se maintient en dissolution dans l'urine que grâce au *phosphate acide de soude;* une partie de l'acide urique est combinée à des bases et forme des urates, comme l'urate de soude, aussi peu soluble dans l'eau. Lorsque la quantité normale d'acide urique augmente, une partie, ne pouvant être dissoute, se dépose dans les cartilages articulaires sous forme de sphéro-cristaux : c'est là l'origine de la *goutte*.

Les *principaux sels minéraux* sont le chlorure de sodium, le phosphate et le sulfate de soude, quelques sels de chaux, etc.

Dans certains cas pathologiques, les urines renferment en proportions notables du glucose (*diabète*) ou de l'albumine (*albuminurie*).

# CHAPITRE V

## Phénomènes généraux de nutrition

Assimilation, désassimilation. — Mise en réserve. — Glycogène, fonction glycogénique du foie. — Graisse.

En considérant à un point de vue général les organes que nous avons étudiés jusqu'ici, on voit que les uns ont pour fonction d'apporter aux cellules les *aliments* et l'*oxygène* dont elles ont besoin (organes de la digestion, de la circulation et de la respiration), et que les autres ont pour fonction d'emporter, pour les rejeter au dehors, les déchets formés dans les cellules par suite de la vie du protoplasma (organes de la respiration et de la sécrétion).

Ces diverses fonctions sont en quelque sorte d'ordre secondaire, et elles résultent de l'organisation compliquée de l'Homme; la nutrition, considérée dans ce qu'elle a de plus intime et de plus essentiel, consiste, en effet, simplement dans les échanges qui se font entre les cellules et le milieu dans lequel elles sont placées, échanges qui ont pour effet le renouvellement incessant du contenu cellulaire.

En quoi consistent ces échanges? Que devient l'aliment apporté aux cellules, que se passe-t-il entre le moment où les cellules absorbent l'oxygène et le moment où elles dégagent l'acide carbonique et les autres déchets?... Telles sont quelques-unes des questions auxquelles il faudrait répondre pour avoir une idée nette de la nutrition.

La plupart des phénomènes de la nutrition des cellules échappent à l'observation directe, et ils ne sont guère connus que par leurs résultats : les cellules *assimilent* l'aliment, le mettent parfois en *réserve* pour l'utiliser plus tard, et elles croissent et se multiplient à mesure; mais en même temps leurs propres substances sont *désassimilées*, ce qui nécessite de nouvelles assimilations ou de nouvelles mises en réserve, et ainsi de suite. Telle est, en quelques mots, la théorie de la nutrition dont nous devons faire connaître les points les plus importants.

**Assimilation.** — L'assimilation peut consister simplement dans l'incorporation des substances assimilables apportées par le sang : l'eau, les sels, les glucoses se trouvent, en effet, dans les cellules, au même état que dans le sang ; mais, à part ces exceptions, l'assimilation doit être considérée comme un ensemble de phénomènes de synthèse qui ont pour objet de transformer les substances assimilables telles que les peptones en substances albuminoïdes ayant la composition et les propriétés du protoplasma. « Soit, par exemple, pour fixer les idées, l'assimilation d'une substance albuminoïde par une fibre musculaire. Dans un premier stade — stade de fixation — la fibre musculaire s'empare de l'albumine qui lui est offerte par le sang et la lymphe à l'état d'albumine du sérum ; mais à cet état, l'albumine ne peut entrer dans la constitution de la fibre, il faut qu'elle soit transformée — stade de transformation : elle devient alors de la myosine. Mais elle a encore une étape à franchir pour devenir partie intégrante de la fibre musculaire, c'est le stade d'intégration ou de *vivification ;* elle n'était jusqu'ici que substance organique, elle devient organisée, *vivante*, elle devient substance contractile. » (Beaunis, *Physiologie.*)

Ces divers stades sont peu connus, très complexes sans nul doute ; le dernier surtout — transformation d'une substance *organique* en substance *vivante* — a jusqu'ici échappé totalement à l'observation directe.

Le résultat général de l'assimilation est de réparer les pertes produites par la désassimilation et d'augmenter la masse des cellules : la croissance en est une conséquence directe.

**Désassimilation.** — La désassimilation se produit dans les cellules en même temps que l'assimilation : l'une l'emporte sur l'autre ou bien elles s'équilibrent suivant les cas.

La désassimilation est caractérisée essentiellement par des phénomènes d'analyse, de destruction organique, c'est-à-dire par des phénomènes inverses de ceux qui caractérisent l'assimilation. Considérée dans ce qu'elle a de plus général, elle consiste dans un ensemble d'oxydations qui ont pour agent l'oxygène absorbé et qui s'exercent sur le contenu des cellules. Les oxydations du protoplasma produisent soit de l'urée et de l'acide urique, soit du glucose ; le glucose, la graisse donnent par oxydation de l'acide carbonique et de la vapeur d'eau. Mais entre le moment où l'oxygène disparaît et le moment où les produits de combustion apparaissent, quelles sont les transformations successives que subissent les diverses substances oxydées ? Ces transformations ne sont pas mieux connues que les transformations inverses de l'assimilation, mais elles ont un résultat direct : la *production de chaleur* et, par suite, de l'*énergie* nécessaire au fonctionnement des éléments anatomiques (travail musculaire, conduction nerveuse, etc.).

Les produits de désassimilation, les déchets, pour la plupart inutiles ou nuisibles, doivent être rejetés au dehors à mesure qu'ils se forment ; les reins, les poumons, le foie, etc., sont précisément chargés de cette fonction générale.

**Mise en réserve.** — Les substances assimilées sont incessamment désassimilées, remplacées à mesure par de nouveaux produits d'assimilation qui sont aussitôt désassimilés et ainsi de suite. Dans certains cas cependant l'assimilation est plus grande que la désassimilation : les substances non désassimilées s'accumulent dans les cellules, sont *mises en résvrve* pour être utilisées plus tard, si l'inverse se produit.

Les principales substances mises en réserve sont le *glycogène* et la *graisse*.

**Glycogène ; fonction glycogénique du foie.** — La formation et la mise en réserve du glycogène dans le foie, sa transformation en glucose par une diastase analogue à la ptyaline sont quelques-unes des découvertes importantes dues à Claude Bernard.

Claude Bernard s'était proposé de chercher les transformations des matières sucrées dans l'organisme, le lieu de leur destruction ; il trouva le lieu de leur formation.

Pour suivre les transformations des matières sucrées, dit-il, je pris des chiens, qui, étant omnivores, se prêtent plus facilement à un régime déterminé. Je les divisai en deux catégories : les uns recevaient de la viande cuite seule ; les autres, la même viande additionnée de sucre ou de pain. Il n'y avait donc pas d'autre différence entre eux que celle-ci : les uns étaient soumis à un régime dans lequel il y avait des matières sucrées, les autres à un régime qui n'en comportait pas.

J'ouvris l'un des chiens soumis au régime avec addition de sucre : je trouvai du sucre dans l'intestin, j'en trouvai dans le sang. Ce résultat était prévu, puisque l'animal avait mangé du sucre.

Je fis la même épreuve sur un chien soumis au régime exclusif de la viande cuite, et je ne fus pas médiocrement étonné de rencontrer chez lui, comme chez le premier, du sucre en abondance dans le sang, quoique je n'en pusse déceler aucune trace dans l'intestin. Je répétai l'expérience de toutes les manières ; toujours le résultat se présenta le même.

Alors je résolus de rechercher le sucre dans les diverses parties du système sanguin.

Au sortir de l'intestin, je ne trouvai pas de sucre dans le sang de la *veine porte*. Au contraire, dans la *veine sus-hépatique* et la veine cave inférieure, le sucre apparaissait d'une façon manifeste. Le sang s'est donc chargé de sucre en traversant le foie ; d'où les conclusions suivantes :

1° Le glucose existe normalement dans le sang ;

2° La présence du glucose est *indépendante* de l'alimentation animale ou végétale ;

3° Le glucose se forme dans l'organisme ; le siège de cette production est dans le foie (fonction *glycogénique* du foie).

Ce dernier point étant mis hors de doute, il s'agissait de trouver le comment de cette formation.

L'expérience du *foie lavé*, dans lequel je voyais reparaître la substance sucrée, un certain temps après avoir enlevé toute celle qu'il contenait déjà, m'apprit que la substance génératrice du glucose n'était pas un élément du sang, mais une matière incorporée aux cellules hépatiques. Cette substance est appelée *glycogène ;* extraite du foie, elle a l'aspect d'une poudre blanchâtre ; au point de vue chimique elle rappelle l'*amidon*, dont elle a à peu près la formule ; la salive et le suc pancréatique, ainsi que les acides étendus, transforment le glycogène (comme l'amidon) en dextrine d'abord, puis, par hydratation, en glucose.

Le rôle du glycogène est de se transformer en glucose sous l'action d'une diastase développée dans les cellules hépatiques ; le glucose est entraîné à mesure par la veine sus-hépatique et, par suite, est distribué dans tous les organes.

Le sang de la *veine porte* renferme des quantités variables de glucose, puisque ces quantités dépendent de la nature de l'alimentation ; le sang de la *veine sus-hépatique* renferme une quantité constante de glucose, à l'état normal. Par conséquent, le foie *met en réserve* l'excédent de glycogène formé aux dépens de l'aliment et *régularise* la distribution du glucose dans le sang.

En résumé, la fonction glycogénique du foie comprend :

1° La *formation* du glycogène aux dépens des aliments, de quelque nature qu'ils soient (à l'exception des aliments gras) ;

2° La *transformation* du glycogène en glucose, sous l'action d'une diastase ;

3° La *mise en réserve* du glycogène non transformé immédiatement ;

4° La *régularisation* de la distribution du glucose dans le sang.

**Graisse.** — La graisse se dépose surtout dans les cellules du tissu conjonctif qui prend alors le nom spécial *de tissu adipeux :* c'est le tissu adipeux proprement dit qui forme une couche épaisse sous la peau chez les personnes obèses et chez les animaux. Au début, la graisse se présente sous forme de gouttelettes incluses dans les cellules ; plus tard, par suite de la fusion de ces gouttelettes graisseuses, le protoplasma est rejeté vers la membrane et forme comme une enveloppe autour de la goutte de graisse qui remplit presque entièrement la cellule.

Quelle est l'origine de la graisse?

On a cru pendant longtemps que les matières grasses, qui se trouvent en plus ou moins grande abondance chez tous les êtres vivants, ne se forment que chez les végétaux et qu'elles passent, toutes formées, chez les animaux herbivores et de ceux-ci chez les animaux carnivores.

Mais de nombreuses expériences, faites principalement à la fin de la première moitié de ce siècle, ont démontré : 1° que les animaux s'engraissent si on les soumet au régime du sucre, par exemple, totalement dépourvu de graisse; 2° que le poids de la graisse d'un animal est toujours supérieur au poids de la graisse fournie par les aliments.

Il faut, par conséquent, conclure que la graisse, comme le glycogène, se forme dans l'organisme, principalement aux dépens des aliments gras, féculents et albuminoïdes.

La graisse est une *matière de réserve* que l'organisme consomme lorsque l'alimentation est insuffisante (maladies) ou arrêtée (animaux *hibernants*) ; dans ces cas, l'organisme utilise surtout les graisses, comme il utilise le glycogène, pour les combustions organiques susceptibles de produire la chaleur nécessaire à l'exercice de la vie : le glycogène et la graisse sont donc essentiellement des substances *thermo-*

*gènes*. On croit aussi que ces substances, en se combinant avec les principes azotés des cellules, peuvent produire des albuminoïdes protoplasmiques et réparer en partie les pertes de l'organisme.

Chez certains animaux, enfin, la graisse, par suite de sa faible conductibilité pour la chaleur, contribue à maintenir le corps à une température constante (Baleine, etc.).

---

# TROISIÈME PARTIE

## ORGANES ET FONCTIONS DE RELATION DE L'HOMME ET DES ANIMAUX

L'Homme est mis en relation constante avec le milieu extérieur à l'aide d'organes qui portent le nom général d'*organes de relation.*

Les principaux organes de relations sont :

1° Les *os*, dont l'ensemble constitue le squelette, organes *passifs* des mouvements;

2° Les *muscles*, organes *actifs* des mouvements;

3° Le *système nerveux*, affecté à la sensibilité générale;

4° Les *organes des sens*, organes de la sensibilité spéciale.

Étudions ces divers organes et les fonctions qu'ils remplissent.

# CHAPITRE PREMIER

## Os et muscles

### § 1. — Le squelette de l'Homme

Forme et structure des os. — Développement et structure des os. — Les principaux os du squelette : os de la tête, du tronc et des membres. — Articulations.

**Forme des os.** — En considérant les os au point de vue de leurs dimensions, on les divise en trois catégories ; les *os longs*; 2° les *os plats;* 3° les *os courts.*

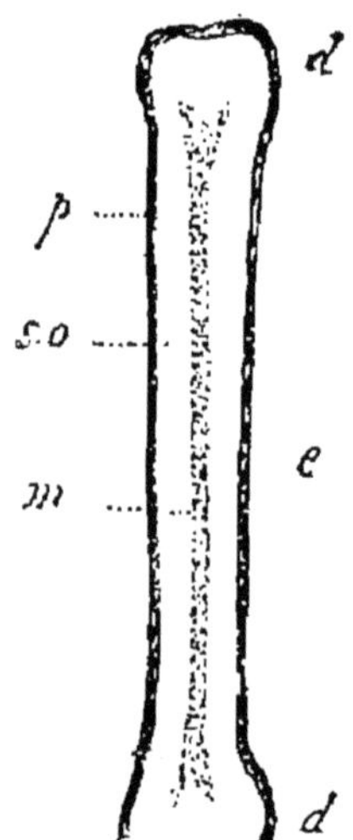


Fig. 130. — Coupe longitudinale d'un os long (fig. théorique). — *p*, périoste; *s.o*, substance osseuse; *m*, moelle; *e*, épiphyse; *d,d*, diaphyses.

I. — Les os longs sont ceux dans lesquels la longueur l'emporte sur les autres dimensions; tels les os des membres. Chacun d'eux présente à considérer une partie moyenne allongée, cylindrique ou prismatique, appelée *diaphyse*, et deux extrémités plus ou moins renflées, appelées *épiphyses.*

En sciant un os long suivant sa longueur (fig. 130) ou transversalement, on y observe les trois parties suivantes, en allant de l'extérieur vers le centre : 1° une membrane protectrice, le *périoste;* 2° une substance dure, de couleur blanche, le *corps* de l'os ; 3° une cavité centrale remplie par un tissu mou, la *moelle.* La moelle correspond seulement à la diaphyse; elle s'arrête en effet au niveau des épiphyses, dont le centre est occupé par un tissu d'aspect *spongieux.*

II. — Les os *plats* ou *larges* sont ceux dans lesquels la longueur et la largeur prédominent sur l'épaisseur : tels les os du crâne, les omoplates. Ils sont dépourvus de moelle ; leur centre est formé par une *substance spongieuse*.

III. — Les os courts sont ceux dans lesquels les trois dimensions sont sensiblement les mêmes : tels les os du poignet, du cou-de-pied. Ils sont constitués à peu près comme les précédents.

Quelle que soit leur forme, les os présentent fréquemment des saillies d'aspect très varié : ces saillies, appelées *apophyses*, sont les surfaces sur lesquelles les muscles prennent leur insertion ; ils présentent aussi des parties rentrantes, notamment au niveau des articulations (*cavités*, *fosses*, etc.).

**Structure des os.** — Les os sont constitués par le *tissu osseux*, à l'exception de la moelle, qui est une *substance grasse*, et du périoste, qui est un *tissu conjonctif fibro-élastique*.

Le tissu osseux (p. 33) est formé par une *substance intercellulaire* dure, chimiquement composée de sels calcaires et d'osséine, et par des *cellules* qui sont logées dans de petites cavités irrégulières — les ostéoplastes — communiquant entre elles par un grand nombre de canaux microscopiques, ramifiés — les canalicules osseux.

Les cellules osseuses sont distribuées en couches concentriques autour de petits canaux, appelés *canaux de Havers*. Les canaux de Havers communiquent les uns avec les autres par de nombreuses branches transversales ; ils renferment des canaux sanguins (artères, veines) et des filets nerveux.

Les cartilages, qui entrent aussi dans la constitution du squelette, ont, ainsi qu'on l'a vu, une structure à peu près analogue à celle du tissu osseux.

**Développement et croissance des os.** — Le squelette est tout entier *cartilagineux* après la naissance, et il n'est entièrement *osseux* que lorsque la croissance de l'enfant est terminée; par conséquent, le tissu cartilagineux fait place au tissu osseux : c'est ce qu'on appelle l'*ossification*.

L'ossification ne consiste pas dans la *transformation* du tissu cartilagineux en tissu osseux, mais dans le *remplacement* du premier — résorbé à mesure — par le second. Ce remplacement ne se fait pas simultanément dans toutes les parties, mais seulement en certains points appelés *points d'ossification*, à partir desquels la matière osseuse s'étend progressivement dans toutes les directions. Ainsi, dans les os longs, il y a trois points d'ossification, l'un au milieu du corps ou diaphyse, les deux autres aux extrémités ou épiphyses : l'ossification gagne peu à peu de la diaphyse vers les épiphyses, mais jusqu'à la fin de la croissance une zone cartilagineuse sépare la diaphyse des épiphyses, ce qui permet l'accroissement en longueur des os.

Pour mesurer l'accroissement en longueur des os, on plante, suivant le procédé indiqué par Flourens, deux clous d'argent sur un os, on mesure la distance qui les sépare au début de l'expérience et quelque temps après : on constate ainsi que l'accroissement longitudinal est localisé au voisinage de la réunion des épiphyses et de la diaphyse.

Une fois définitivement ossifiés, les os ne croissent plus en longueur, mais leur substance se renouvelle incessamment de l'extérieur vers le centre, *grâce au périoste*. Les premières expériences relatives à ce rôle de régénération des os rempli par le périoste sont dues à Duhamel; voici en quoi elles consistent. On nourrit quelque temps des moutons avec de la garance : les os sont colorés en rouge à la périphérie. On supprime la garance, la couche rouge précédemment formée est rejetée vers le centre et entre elle et le périoste se voient des couches à couleur normale. En alternant le régime de la garance avec le régime normal, on trouve sur les os des couches alternativement rouges et blanches.

Si, à l'exemple de Duhamel et de Flourens, on introduit

sous le périoste d'un os un fil de platine, on constate que le fil s'enfonce peu à peu dans la substance osseuse et finit par être rejeté dans la moelle.

Dans les opérations chirurgicales, les os ou parties d'os enlevés se renouvellent si l'on a respecté le périoste.

Inversement, les os ne se reforment pas lorsque le périoste est enlevé.

## Principaux os du squelette

Étudions successivement les os de la *tête*, du *tronc* et des *membres* chez l'Homme (fig. 131).

**Os de la tête.** — Dans le squelette de la tête on distingue deux parties : 1° le *crâne;* 2° la *face.*

I. — Le crâne est une sorte de boîte osseuse, à face inférieure *plane* et à face supérieure *bombée.*

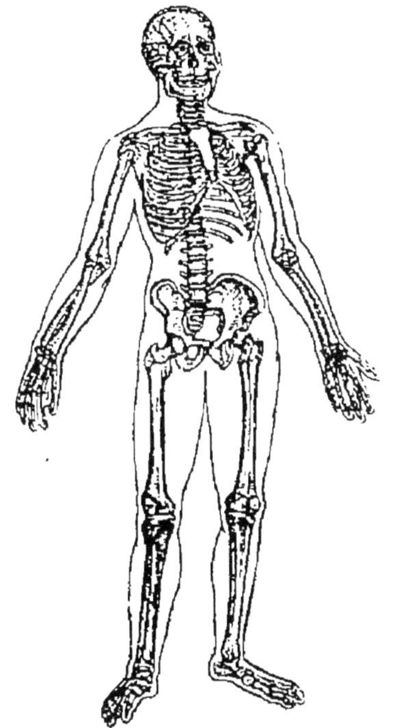

Fig. 131. — Squelette de l'Homme.

La *face supérieure* est formée de quatre os : le *frontal*, en avant ; les deux *pariétaux*, unis l'un à l'autre sur le milieu de cette face; l'*occipital*, en arrière. Ce dernier est percé d'un trou, le *trou occipital*, par lequel passe la *moelle épinière ;* à droite et à gauche du trou occipital se voient deux protubérances arrondies sur lesquelles vient s'adapter la première vertèbre de la colonne vertébrale. Ces protubérances portent le nom de *condyles occipitaux.*

La *face inférieure* du crâne (fig. 132) est formée par deux os : l'*ethmoïde*; en avant, articulé avec le frontal; le

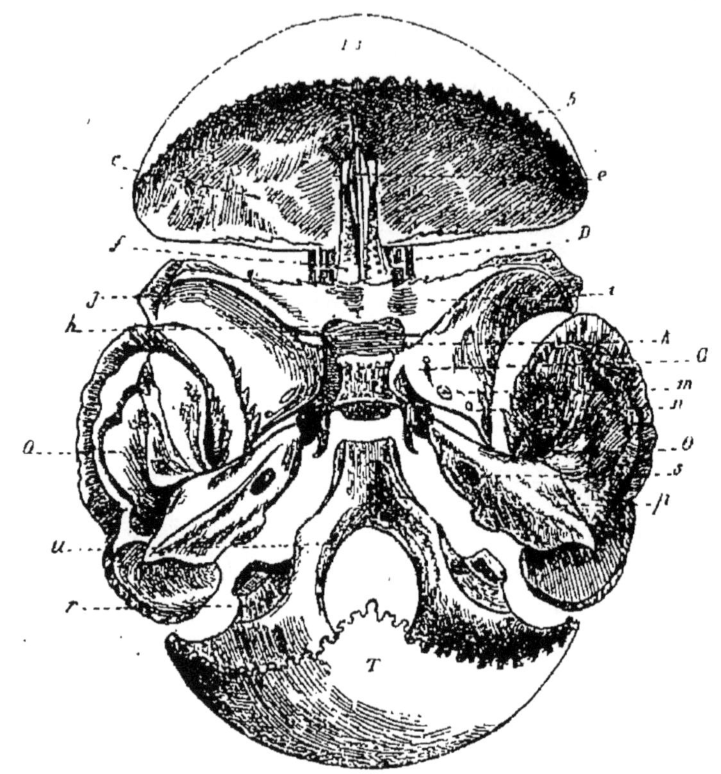

Fig. 132. — Os de la base du crâne. (Ces os sont séparés les uns des autres et vus par leur face intérieure). — *abc*, frontal; *e*, lame perpendiculaire de l'ethmoïde; D, partie de l'ethmoïde; *f*, lame criblée de l'ethmoïde; *i*, *j*, ailes du sphénoïde; *k*, selle turcique; O,O, temporaux avec le rocher *p*; T, occipital avec le trou occipital qui livre passage à la moelle épinière.

*sphénoïde*, en arrière, articulé avec l'ethmoïde, l'occipital et quelques os de la face. Les *parties latérales* du crâne, correspondant aux tempes, sont formées par deux os, les *temporaux*, placés l'un à droite, l'autre à gauche, articulés avec le frontal, les pariétaux, l'occipital; la partie inférieure des temporaux, partie désignée sous le nom de *rocher*, est épaisse et creusée de cavités irrégulières dans lesquelles se logent l'oreille moyenne et l'oreille interne; en avant les temporaux présentent une saillie, l'*arcade zygomatique* apophyse qui unit ces os aux os des pommettes.

L'ethmoïde et le sphénoïde, qui, ainsi qu'on l'a vu, forment la base du crâne et séparent le crâne de la face, ne sont pas visibles à l'extérieur ; l'un et l'autre doivent être étudiés avec plus de détails.

L'*ethmoïde* présente en avant une lame qui fait saillie dans l'intérieur du crâne et désignée sous le nom d'*apophyse crista-galli;* à droite et à gauche de cette apophyse, l'ethmoïde est percé de petits orifices par lesquels passent les nerfs olfactifs; cette portion porte le nom de *lame criblée.* Vu en avant et par sa face inférieure, l'ethmoïde présente une sorte de cloison, la *lame perpendiculaire,* qui fait partie de la *cloison* qui sépare le nez en deux moitiés. A droite et à gauche de la lame perpendiculaire se voient deux masses latérales creusées de cavités nombreuses et présentant chacune du côté de la lame perpendiculaire deux saillies, placées l'une au-dessus de l'autre, et connues sous le nom de *cornets supérieurs* et *cornets moyens* du nez.

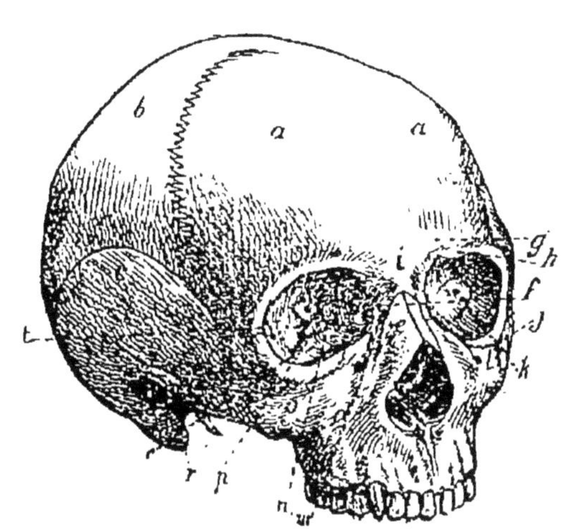

FIG. 132 *bis.* — Tête de l'Homme (sans maxillaire inférieur). — *aa*, frontal ; *b*, pariétal ; *c*, temporal.

Le *sphénoïde* est un os de forme très irrégulière, dans lequel on peut distinguer les parties suivantes : 1° le *corps* ou partie centrale, creusé d'une fossette appelée *selle turcique*, dans laquelle se loge une partie du cerveau (le *corps pituitaire*) ; 2° les *ailes* ou prolongements latéraux ; 3° les *apophyses ptérygoïdes* ou prolongements inférieurs.

En résumé, le crâne est formé de huit os : quatre os *pairs* (pariétaux et temporaux); quatre os *impairs* (frontal, en avant; occipital, en arrière; ethmoïde et sphénoïde, à la base, allant du frontal à l'occipital). Presque tous ces os sont des *os plats*.

II. — Dans la face, on trouve quatorze os, dont treize sont soudés ensemble pour constituer la *mâchoire supérieure*; le quatorzième, libre, forme la *mâchoire inférieure*.

La *mâchoire inférieure* (fig. 89) a la forme d'un fer à cheval, redressé verticalement en arrière; cette partie redressée — les *branches montantes* — se termine en haut et en avant par les *apophyses coronoïdes*, en haut et en arrière, par les *condyles* qui se logent chacun dans une petite cavité des temporaux.

Les os de la *mâchoire supérieure* sont : les *deux maxillaires supérieurs*, soudés en avant de façon à former en apparence un seul os ; les deux *malaires* ou os des pommettes des joues articulés avec les arcades zygomatiques des temporaux ; les os du nez, savoir : les deux *lacrymaux* ou *unguis;* les *deux os propres du nez;* le *vomer*, os impair, formant la partie antérieure de la *cloison* du nez ; les *deux cornets inférieurs*, placés au-dessous des cornets supérieurs et moyens formés par l'ethmoïde. Enfin, les *deux palatins* forment le squelette du palais (avec une partie des maxillaires supérieurs).

La plupart des os de la face sont des *os courts*.

Certains os de la tête sont creusés de grandes cavités appelées *sinus:* le frontal présente en avant deux sinus frontaux ; le maxillaire supérieur en présente deux autres, les *sinus du maxillaire*.

Rappelons que le maxillaire inférieur est le seul os mobile de la tête ; tous les autres os sont intimement liés les uns aux autres, et c'est leur ensemble qui tourne autour de la colonne vertébrale.

**Os du tronc.** — Dans le squelette du tronc, on distingue : 1° la *colonne vertébrale*, en arrière; 2° les *côtés*, sur les côtés; 3° le *sternum*, en avant.

I. — La *colonne vertébrale* est formée par une série d'os courts (fig. 133) — les *vertèbres* — empilés les uns sur les autres.

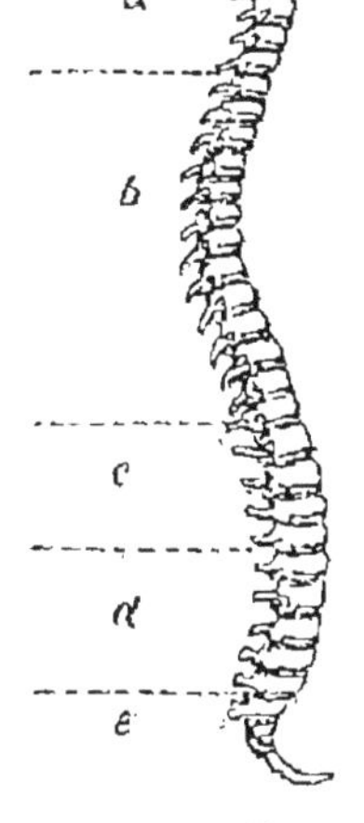

FIG. 133. — Colonne vertébrale. — *a*, *b*, *c*, *d*, *e*, portions de la colonne vertébrale.

Une vertèbre typique présente à considérer deux parties (fig. 134) : 1° le *corps* de la vertèbre, masse non creuse placée en avant dans la position naturelle de la colonne vertébrale ; 2° l'*anneau* de la vertèbre (*anneau vertébral*), placé en arrière, creusé d'un trou par lequel passe la moelle épinière ; les anneaux vertébraux placés les uns au-dessus des autres forment une sorte de canal, le *canal neural*, dans lequel la moelle épinière est logée. L'anneau vertébral porte en arrière un prolongement osseux et sur les côtés deux prolongements analogues ; ces prolongements portent le nom d'*apophyses* (apophyse *épineuse* et apophyses *transverses*). Les apophyses postérieures for-

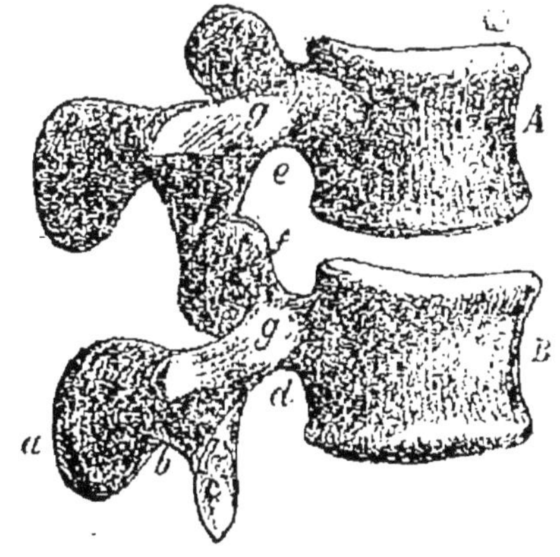

FIG. 134 *bis*. — Deux vertèbres lombaires vues de profil. — *a*, apophyse épineuse ; *c*, apophyse articulaire inférieure ; *d*, échancrure concourant à former le trou de conjugaison *ef* ; *f*, apophyse articulaire supérieure ; *g*, *g*, apophyses transverses ; A, B, corps vertébraux.

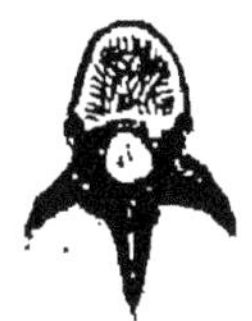
FIG. 134. — Vertèbre isolée avec corps vertébral, anneau vertébral et apophyses

ment sous la peau une arête saillante appelée *épine dorsale*. Sur les apophyses latérales de la région du dos viennent s'articuler les 12 paires de côtes.

On distingue cinq régions dans la colonne vertébrale : 1° la région du cou ou *région cervicale;* 2° la *région dorsale;* 3° la *région lombaire;* 4° la *région sacrée;* 5° la *région coccygienne.*

La *région cervicale* comprend *sept* vertèbres : la première vertèbre cervicale porte le nom d'*atlas;* la seconde, le nom d'*axis;* les suivantes sont la 3°, la 4°..... vertèbre cervicale. L'*atlas* est dépourvu d'apophyse épineuse; le corps est extrêmement réduit; cette vertèbre présente deux facettes articulaires ovales et concaves articulées avec les condyles de l'occipital. Le *corps de l'axis* présente un prolongement vertical, l'*apophyse odontoïde,* qui passe dans l'anneau de l'atlas.

La *région dorsale* comprend *douze* vertèbres; sur les apophyses latérales de chacune d'elles vient s'articuler une paire de côtes.

La *région lombaire* comprend *cinq* vertèbres très développées, ne portant pas de côtes.

La *région sacrée* comprend *cinq* vertèbres soudées ensemble de façon à constituer un seul os, le *sacrum,* qui ferme le bassin en arrière.

La *région coccygienne* comprend *quatre* vertèbres soudées comme les précédentes de façon à former un seul os petit, triangulaire, appelé *coccys.*

II. — Les *côtes* sont des os plats, recourbés en arc de cercle, au nombre de 12 paires, savoir : 1° sept paires de *vraies côtes*, articulées avec les vertèbres correspondantes, et unies en avant, à l'aide d'un cartilage, avec le sternum; 2° trois paires de *fausses côtes*, articulées en arrière avec les vertèbres correspondantes et unies au sternum par un cartilage commun; 3° deux paires de *côtes flottantes,* absolument libres en avant.

III. — Le *sternum* est un os plat, impair, placé sur le

milieu et à la partie supérieure de la poitrine; il s'articule, en haut, avec les clavicules; son extrémité inférieure est terminée par une pointe cartilagineuse appelée *appendice xyphoïde.*

Les vertèbres dorsales, les côtes et les sternum forment le squelette de la *cage thoracique.*

**Os des membres.** — Les membres sont au nombre de deux paires : 1° les *membres supérieurs;* 2° les *membres inférieurs.*

I. — Dans le squelette d'un membre supérieur, on distingue quatre parties, savoir : 1° l'*épaule;* 2° le *bras;* 3° l'*avant-bras;* 4° la *main.*

L'*épaule* est formée de deux os : l'*omoplate*, en arrière; la *clavicule*, en avant. L'*omoplate* est un os plat, triangulaire, à sommet dirigé vers le bas; on observe sur l'omoplate : 1° la *cavité glénoïde* servant à l'articulation de l'os du bras; 2° une crête saillante sur la face postérieure, l'*acromion;* 3° une apophyse recourbée en crochet, l'*apophyse coracoïde.* La *clavicule* a la forme d'une S italique très ouverte ; elle s'articule d'une part avec l'acromion, d'autre part avec la partie supérieure du sternum. Dans le *bras*, on trouve un seul os, l'*humérus*, os long terminé par deux épiphyses renflées; la partie supérieure s'engage dans la cavité glénoïde; la partie inférieure a sensiblement la forme d'une poulie (*trochlée de l'humérus*) et présente sur sa face postérieure une cavité, dite *cavité olécrânienne.*

Dans l'*avant-bras* se trouvent deux os : 1° le *cubitus*, os long, placé vers l'intérieur lorsque la paume de la main est tournée vers le haut ; 2° le *radius*, os long placé vers l'extérieur dans la même position de la main. Le radius porte la main ; il tourne autour du cubitus par son extrémité supérieure et se place en croix avec ce dernier lorsque la paume de la main est tournée ver le bas. Le cubitus présente du côté de l'humérus une apophyse, l'*apophyse olécrâne*, qui forme le coude et qui, dans les mouvement d'extension du bras, se loge dans la cavité olécrânienne.

La *main* comprend trois parties (fig. 135) : 1° le poignet ou *carpe;* la paume de la main ou *métacarpe;* 3° les *doigts.*

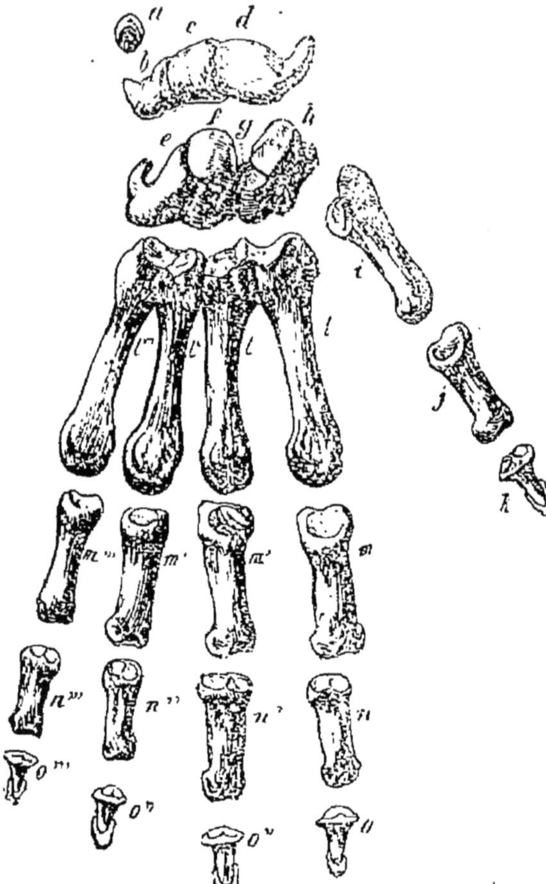

Fig. 135. — Os de la main. — *a*, pisiforme; *b*, pyramidal; *c*, semi-lunaire; *d*, scaphoïde; *e*, os crochu; *f*, grand os; *g*, trapézoïde; *h*, trapèze; *i*, *l*, *l'*, etc., os métacarpiens; *j*, *m*, *m'*,..,*k*, *n*, *n'*..., *o*, *o'*..., phalanges.

Le *carpe* présente *huit* petits os serrés les uns contre les autres et disposés en deux rangées. Dans le *métacarpe* se trouvent *cinq* os allongés — les os *métacarpiens*— correspondant chacun à un doigt. Les doigts, au nombre de cinq, sont formés chacun de trois petits os, les *phalanges;* le pouce seul est formé de deux phalanges.

II. — Les *membres inférieurs* ont un squelette à peu près analogue à celui des membres supérieurs. Chacun d'eux, en effet, comprend quatre parties, savoir : 1° le *bassin*, correspondant à l'épaule ; 2° la *cuisse*, correspondant au bras ; 3° la *jambe*, correspondant à l'avant-bras; 4° la *main*, correspondant au pied.

Le *bassin* est formé de deux larges os soudés entre eux sur la ligne médiane et, en arrière, avec le sacrum : ces deux larges os portent le nom d'*os iliaques*. Chaque os iliaque est formé par trois os soudés en un seul : l'*ilium*, partie supérieure large, concave intérieurement; l'*ischion*, branche descendante; le *pubis*, branche horizontale antérieure; ce sont les pubis qui s'articulent entre eux (*symphyse pubienne*) en avant et sur la ligne médiane. Les os iliaques présentent chacun, du côté externe, une large dépression hémisphérique, la *cavité cotyloïde*, destinée à l'articulation de l'os de la cuisse.

Dans la cuisse, on trouve un seul os, le *fémur*, le plus long de tous les os du corps de l'Homme; la partie supérieure ou tête du fémur se loge dans la cavité cotyloïde et présente deux apophyses, le grand et le petit *trochanter;* l'extrémité inférieure du fémur présente deux condyles pour l'articulation du genou.

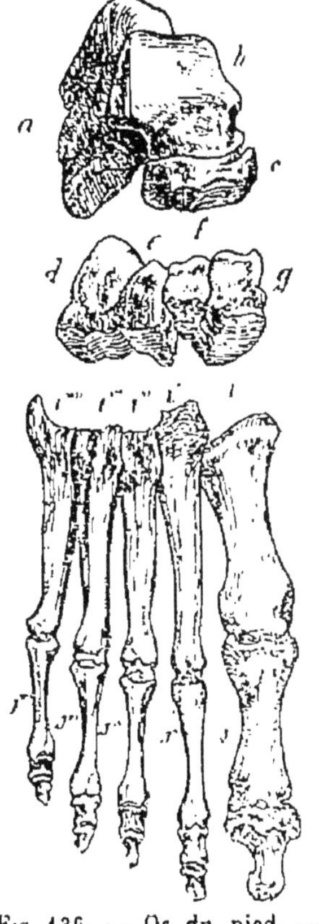

Fig. 136. — Os du pied. — *a*, calcanéum; *b*, astragale; *c*, scaphoïde; *d*, *e*, *f*, os cunéiformes; *g*, cuboïde; *l*, *l'*, *l''*... métatarsiens, *j*, *j'*, *j''*... phalanges.

Dans la *jambe*, se trouvent deux os : 1° le *tibia*, ayant la forme d'un prisme triangulaire avec une arête antérieure saillante; 2° le *péroné*, plus grêle que le tibia, situé en dehors de ce dernier. Les deux os de la jambe ne tournent pas l'un autour de l'autre comme les os correspondants de l'avant-bras. Entre la cuisse et la jambe, on trouve un os, la *rotule* ou os du genou, qui apparaît vers l'âge de trois ans et qui n'a pas d'analogue dans les membres supérieurs.

Le pied se divise en trois parties (fig. 136) : 1° le cou-de-pied ou *tarse*; 2° la plante du pied ou *métatarse;* 3° les doigts ou *orteils*. Dans le tarse, on trouve sept os, disposés sur trois rangées, parmi lesquels nous citerons l'*astragale*, articulé avec le tibia, et le *calcanéum* qui forme la saillie du talon. Dans le métatarse, on trouve cinq os, les os *métatarsiens*. Les orteils sont formés chacun de trois phalanges, à l'exception du pouce qui n'en a que deux.

Ainsi qu'on peut le remarquer facilement, il y a de grandes analogies entre le squelette des membres supérieurs et le squelette des membres inférieurs; il y a aussi des différences, qui viennent surtout de ce que les membres inférieurs sont seuls affectés à la locomotion.

**Articulations.** — On désigne sous le nom d'*articulations* les modes d'union des os les uns avec les autres. Les articulations sont de deux sortes : 1° les articulations *immobiles;* 2° les articulations *mobiles*.

I. — Dans les articulations *immobiles*, les os sont soudés avec leurs voisins et par conséquent absolument immobiles; le frontal, l'occipital et les pariétaux *s'engrènent* par leurs surfaces en contact; les temporaux, les os de la mâchoire supérieure, etc., sont solidement *juxtaposés* par leurs bords. Quelquefois, une masse ligamenteuse s'interpose en coussinet entre les os articulés; dans ce cas exceptionnel, les os jouissent d'une certaine mobilité (pubis : *symphyse pubienne*).

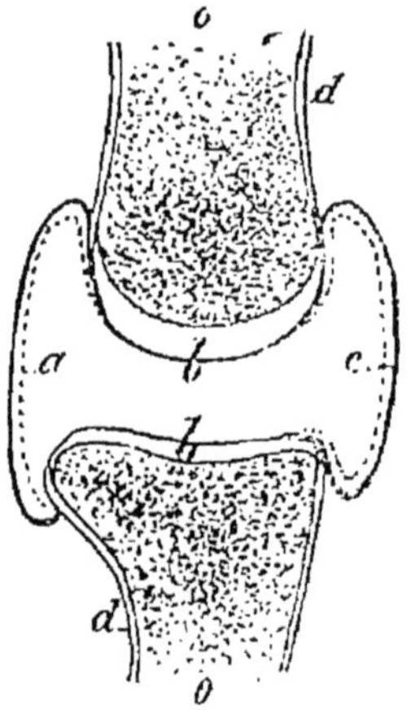

FIG. 137. — Mode théorique d'articulation mobile. — *o*, *o*, les deux os; *b*, *b*, cartilages : *d*, périoste; *c*, *a*, membrane synoviale.

II. — Dans les articulations *mobiles* (fig. 137), les os peuvent se déplacer les uns par rapport aux autres et prendre, par suite, diverses positions. Ces articulations sont plus nombreuses que les précédentes (os des membres, par exemple); elles sont aussi bien différentes, car les os articulés suivant ce mode ne se touchent pas directement ; entre leurs extrémités couvertes d'un *tissu cartilagineux* ayant pour fonction d'amortir les chocs, se trouve un sac formé de deux feuillets (*synoviale*, membrane séreuse) et rempli d'un liquide appelé *synovie*. La synovie facilite les glissements des os voisins pendant les mouvements qu'ils exécutent et empêche les frottements. Les articulations mobiles comprennent encore d'autres parties, telles qu'une *membrane très résistante*, fibro-cartilagineuse, qui empêche les os de dévier de leurs positions naturelles et des *ligaments* qui, en attachant les os les uns aux autres, remplissent un rôle analogue.

## § 2. — Le squelette des animaux

Modifications du squelette des Mammifères ongulés et des Mammifères aquatiques. — Particularités du squelette des Oiseaux, des Reptiles, des Batraciens et des Poissons.

Les Vertébrés étant les seuls animaux pourvus d'un squelette, nous n'avons à étudier que les particularités les plus importantes du squelette des Mammifères, des Oiseaux, des Reptiles, des Batraciens et des Poissons.

**Mammifères ongulés.** — D'une façon générale, le squelette des Mammifères est à peu près analogue à celui de l'Homme, à l'exception du *squelette des membres* (fig. 138) qui présente des variations intéressantes dans le groupe des Mammifères à sabots (Mammifères *ongulés*).

Les Mammifères ongulés se divisent : 1° en ongulés à *doigts impairs;* 2° en ongulés à *doigts pairs*.

I. — Les trois types d'ongulés à doigts impairs sont : 1° l'*Éléphant*, pourvu de *cinq* doigts ; 2° le *Rhinocéros*, pourvu de *trois* doigts ; 3° le *Cheval*, pourvu d'*un* seul doigt. La géologie démontre que les animaux pourvus d'*un* ou de *trois* doigts dérivent d'ancêtres pourvus de *cinq* doigts et ayant vécu au commencement de l'époque tertiaire

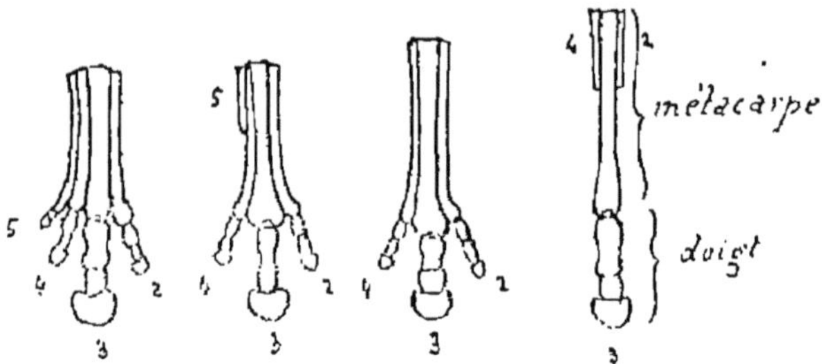


Fig. 138. — Diminution progressive du nombre des doigts.

(*Eohippus*, de l'éocène inférieur) ; le *pouce* et le *métatarsien* correspondant disparaissent d'abord (*Orohippus*, de l'éocène supérieur) ; le cinquième doigt disparaît, le métatarsien correspondant est réduit à un stylet et l'on n'observe plus que *trois* doigts développés (*Miohippus*, du miocène supérieur) ; des trois doigts qui restent, celui du milieu (3e doigt) touche seul le sol, les doigts latéraux (2e et 4e) sont petits (*Hipparion*, du pliocène) ; enfin les doigts latéraux s'atrophient à leur tour et le pied n'a plus qu'un doigt et un métatarsien (*Cheval actuel*).

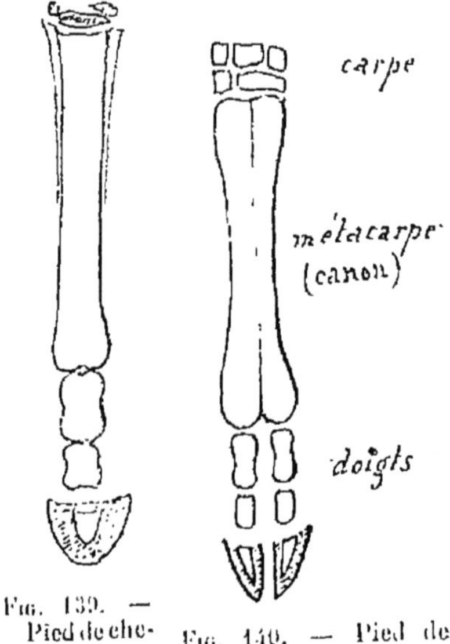


Fig. 139. — Pied de cheval (squelette).

Fig. 140. — Pied de bœuf (squelette).

En effet, le Cheval est pourvu à chaque membre d'un seul doigt terminé par un sabot (fig. 139) ; ce doigt est long, formé de trois phalanges et articulé avec un os unique, le *canon*, qu'on appelle vulgairement la jambe et qui est, en réalité, le *troisième métatarsien* ; le canon est articulé avec le tarse, que l'on prend habituellement pour le genou.

Le Rhinocéros est pourvu à chaque membre de trois doigts égaux et l'Eléphant de cinq doigts de même longueur, reposant tous également sur le sol.

II. — Les trois types d'ongulés à doigts pairs sont : 1° l'*Hippopotame*, ayant *quatre* doigts égaux à chaque membre; 2° le *Porc*, ayant aussi *quatre* doigts, dont deux médians reposant sur le sol et deux latéraux, plus petits, ne touchant pas à terre. Le pouce et le métatarsien correspondant ont disparu chez ces animaux; 3° le *Bœuf*, pourvu seulement de *deux* doigts; le pouce, le 2e et le 5e doigts manquent totalement. Les deux doigts de chaque membre sont articulés avec un os long, fourchu vers le bas et présentant sur toute sa longueur, en arrière et en avant, un sillon médian. Cet os porte le nom de *canon :* on le considère vulgairement comme correspondant à la jambe (fig. 140), alors qu'en réalité il correspond au métatarse, car il résulte de la soudure du 3e et du 4e métatarsiens.

Le canon du Bœuf n'est pas analogue, par conséquent, au canon du Cheval puisque, chez ce dernier, il est formé par le 3e métatarsien.

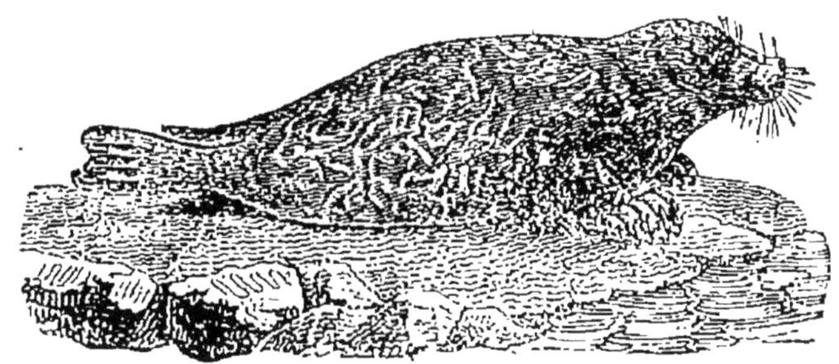

Fig. 141. — Le Phoque.

**Mammifères aquatiques.** — Deux groupes de Mammifères vivent habituellement dans l'eau : 1° les Amphibies (*Phoque*); 2° les Cétacés (*Baleine*).

Les membres des *Amphibies* (fig. 141) sont au nombre de deux paires; ils sont courts; les pattes aplaties en forme de palettes, frappent l'eau comme des rames; les doigts sont au nombre de cinq, terminés chacun par une forte griffe. Les membres postérieurs, placés parallèlement à la queue, jouent principalement dans l'eau le rôle de gouvernail.

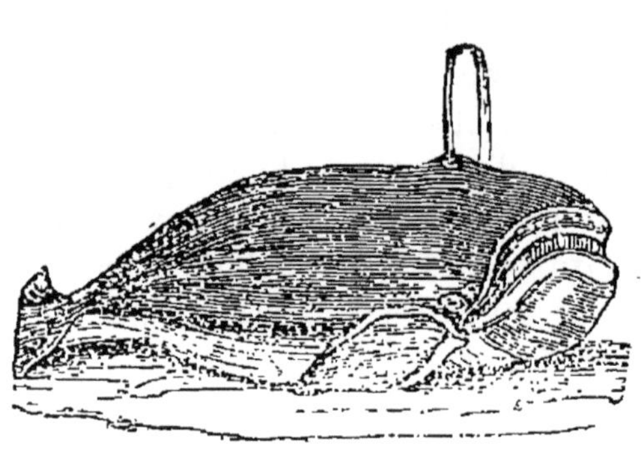

Fig. 142. — La Baleine.

Chez les *Cétacés* (fig. 142), les membres antérieurs sont courts et terminés par des pattes transformées en larges nageoires; les membres postérieurs sont représentés uniquement par deux petits os cachés sous la peau et correspondant au bassin.

**Oiseaux.** — Le squelette des Oiseaux présente quelques particularités importantes, pour la plupart en rapport avec le mode de vie de ces êtres (fig. 143).

1° *Tête.* — Les os du crâne se soudent de bonne heure et intimement de façon à n'en constituer qu'un seul, en apparence. La *mâchoire* ou *mandibule inférieure* s'articule avec le crâne par l'intermédiaire d'un os spécial, l'*os carré*, qui fait défaut chez les Mammifères.

2° *Tronc.* — Le tronc comprend, comme chez les Mammifères : la colonne vertébrale, les côtes et le sternum.

Les vertèbres cervicales, plus nombreuses que chez les Mammifères, sont très mobiles les unes sur les autres; il n'en est pas de même des suivantes qui sont presque toutes fortement soudées ensemble.

Les côtes sont solidement fixées aux vertèbres correspondants et au sternum; elles sont dépourvues de cartilages; elles se trouvent, en outre, reliées les unes aux autres par l'intermédiaire de petits os longitudinaux connus sous le nom d'*apophyses uncinées*.

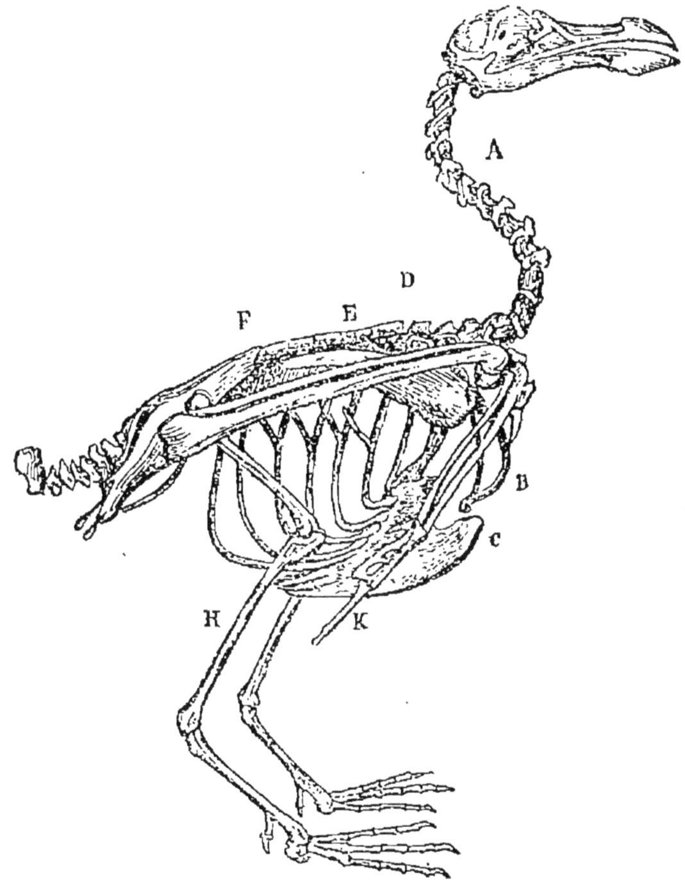


Fig. 143. — Squelette d'oiseau. — A, vertebres du cou; D, E, F, vertèbres dorsales, lombaires, etc.; B, clavicules; C, bréchet; K, main; H, jambe.

Le sternum présente sur son milieu une arête saillante, longitudinale, le *bréchet*, qui sert à l'insertion des muscles du vol; aussi le bréchet est-il d'autant plus développé que les Oiseaux sont meilleurs voiliers; il est presque nul chez les Oiseaux qui ne volent pas (Autruche).

3° *Membres.* — Dans les membres on trouve les mêmes parties des membres des Mammifères.

Les *épaules* sont formées de 6 os, 3 de chaque côté, savoir : deux *omoplates*, étroites et allongées; deux *clavicules* réunies par l'une des extrémités en un seul os, connu sous le nom de fourchette; deux *os coracoïdes*, allant de l'omoplate au sternum. — Le bras renferme l'*humérus*, l'avant-bras, le *cubitus* et le *radius;* la main est formée de deux carpiens, de deux métacarpiens allongés et de trois doigts atrophiés. Le bras, l'avant-bras et la main forment l'aile; les plumes du vol sont portées sur l'avant-bras et sur la main.

Le *bassin* est largement ouvert en avant; dans la cuisse on trouve le *fémur;* dans la jambe, le *tibia*, long et fort, et le *péroné*, sous forme de stylet long et mince; le pied se compose du *tarse* (soudure du tarse et du métatarse) et des *doigts* au nombre de quatre, trois en avant et un en arrière, en général, deux en avant et deux en arrière chez les Oiseaux grimpeurs (Perroquet).

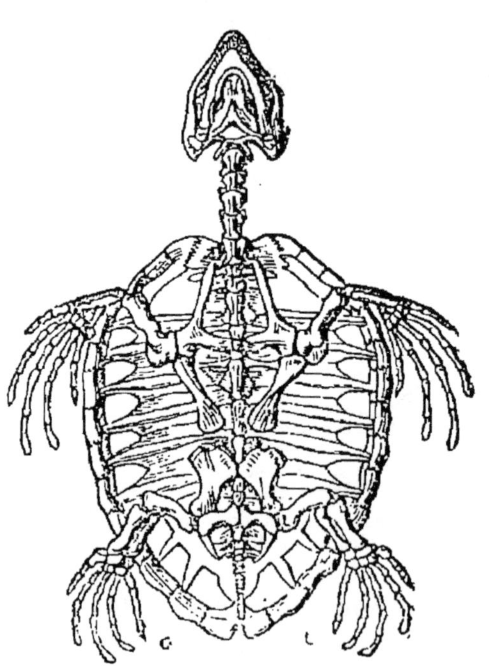


Fig. 144. — Squelette de Tortue.

Rappelons que la plupart des os longs du squelette des Oiseaux sont creusés de cavités communiquant avec les sacs aériens.

**Reptiles, Batraciens.** — D'une façon générale, le squelette des Reptiles et des Batraciens est constitué à peu près comme celui des Oiseaux, à l'exception des membres antérieurs qui sont conformés pour la marche ou pour la natation; le sternum est dépourvu de bréchet.

Les particularités les plus intéressantes du squelette de ces deux classes de Vertébrés se rencontrent chez les Tortues et chez les Serpents.

Les *Tortues* (fig. 144) ont le corps protégé par une enveloppe solide, bombée à la partie dorsale (*carapace*), un peu aplatie à la partie ventrale (*plastron*); cette enveloppe est ouverte en avant et en arrière pour laisser passer la tête, les membres et la queue.

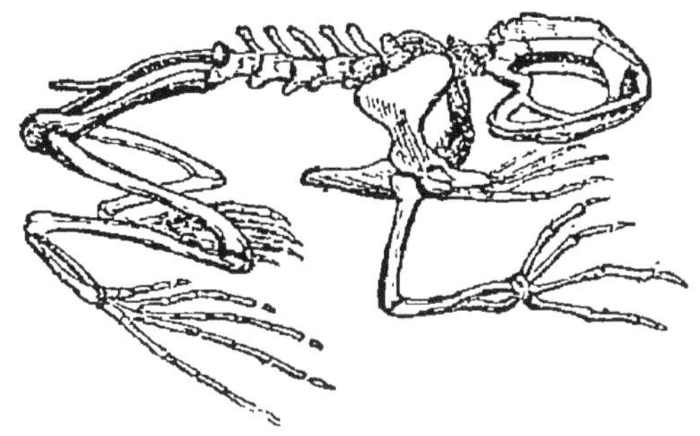

Fig. 145. — Squelette de Grenouille.

La carapace et le plastron sont formés par de grandes plaques *écailleuses*, produit de l'*épiderme*, et de plaques *osseuses*, produit du derme; les *vertèbres* et les *côtes* sont soudées aux plaques osseuses de la carapace.

Les *Serpents* ou *Ophidiens* n'ont pas de membres, d'une façon générale; mais chez le *Boa*, les membres postérieurs sont représentés chacun par un petit os et chez l'*Orvet*, les rudiments des membres sont cachés sous la peau.

La Grenouille est totalement dépourvue de côtes (fig. 145).

**Poissons.** — La *tête* des Poissons est formée d'un grand nombre d'os qu'il est assez facile de séparer les uns des autres. Les *vertèbres* sont *biconcaves* et très nombreuses. Les *membres* portent le nom de ***nageoires***.

Les nageoires sont constituées par des replis de la peau, soutenus à l'aide de rayons osseux ou cartilagineux.

On distingue : 1° les nageoires *paires* qui correspondent

aux membres des autres Vertébrés et qui sont disposées deux par deux sur les côtés du corps ; 2° les nageoires *impaires*, placées isolément sur la ligne médiane du dos, de la queue et du ventre (fig. 146).

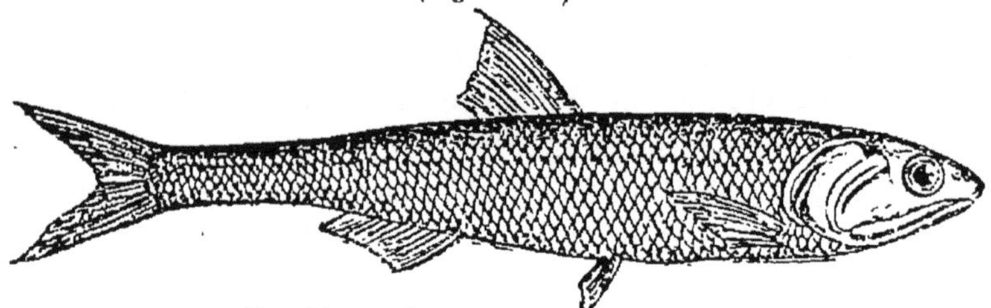

Fig. 146. — Les nageoires des Poissons.

I. — **Les nageoires paires sont au nombre** de quatre, savoir : les nageoires *pectorales* fixées derrière la tête et correspondant aux membres antérieurs des autres Vertébrés ; les nageoires *abdominales*, correspondant aux membres postérieurs, mais occupant des positions variables : près de la queue (*Carpe*), à côté et même un peu en avant des nageoires pectorales (*Perche*) ; elles manquent parfois (*Anguille*).

II. — Les nageoires impaires se distinguent en nageoires *dorsales* (au nombre d'une ou de plusieurs), en nageoire *caudale*, formant la queue, et en nageoire *anale*, placée un peu en avant de la queue, sous le ventre.

Au point de vue de la nature du squelette, on divise les Poissons en deux groupes : les *Poissons osseux*, dont le squelette est formé d'os (Carpe, Brochet, etc.) ; les *Poissons cartilagineux*, dont le squelette est formé de cartilages (Requin, Raie, etc.).

## § 3. — Les Muscles

Forme et structure des muscles. — Propriétés des muscles : élasticité, contractilité, pouvoir électro-moteur. — Contraction musculaire. — Principaux muscles.

**Forme des muscles.** — Les muscles (fig. 147) sont des organes charnus, de couleur rouge, qui s'attachent généralement aux os ; ils constituent la plus grande partie de la chair. Chacun d'eux est entouré par une membrane d'enveloppe, de nature conjonctive, désignée sous le nom d'*aponévrose*. Les uns sont *plats*, comme les muscles de la poitrine, du dos ; la plupart des muscles ont la forme de fuseaux fixés sur les os à l'aide de cordons élastiques appelés *tendons*.

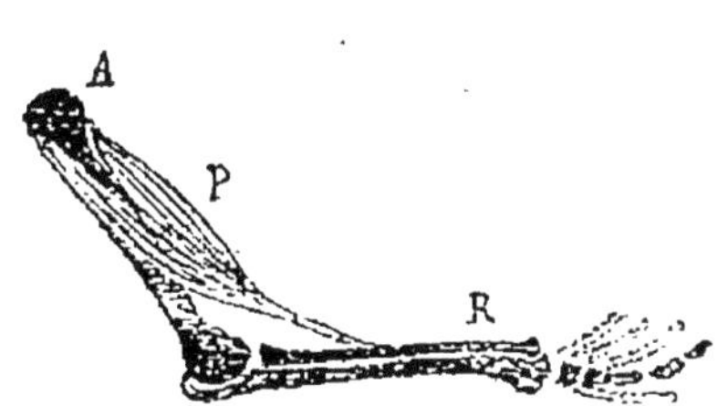


FIG. 147. — Relations entre les os et les muscles. — A, R, os ; P, muscle.

Des artères, des veines et des nerfs parcourent tous les muscles.

**Structure.** — Les muscles sont divisés intérieurement par des lamelles de tissu conjonctif en parties plus petites qui se séparent les unes des autres par la cuisson prolongée : ces parties portent le nom général de fibres et, ainsi qu'on l'a vu, il y a lieu de distinguer les *fibres striées* et les *fibres lisses*.

Rappelons que les *fibres striées* ont la forme de cylindres (*faisceaux primitifs*) et qu'elles présentent à considérer : 1° une membrane d'enveloppe (sarcolemme) ; 2° un contenu dans lequel on observe, à l'aide du microscope, des striations longitudinales et des striations transversales, avec des noyaux assez nombreux, en général. Ces fibres se décomposent en éléments plus petits, les *fibrilles musculaires*, formées de disques alternativement épais et minces empilés les uns sur les autres ; les stries longitudinales délimitent les fibrilles ; les stries transversales délimitent les disques.

Rappelons aussi que les *fibres lisses* sont fusiformes et qu'elles ne présentent pas de double striation.

On peut donc dire que les muscles sont des faisceaux de fibres, *striées* dans les muscles striés, *lisses* dans les muscles lisses.

**Propriétés des muscles.** — Les deux propriétés fondamentales des muscles sont l'*élasticité* et la *contractilité*.

L'*élasticité* est la propriété que possèdent certains corps dits *élastiques* de se déformer sous l'influence d'une force extérieure et de reprendre leur forme primitive lorsque cette force cesse son action. Pour mesurer l'élasticité, on isole un muscle et, après l'avoir fixé par une de ses extrémités, on attache à l'autre extrémité une tige munie d'une règle graduée et d'un plateau ; une lunette permet de mesurer le déplacement des divisions de la règle. L'appareil étant ainsi disposé, on place un poids déterminé sur le plateau et le muscle s'allonge ; on enlève le poids et le muscle reprend sa dimension primitive. En ajoutant successivement des poids doubles, triples, etc., on constate que l'allongement n'est pas proportionnel aux poids et qu'il diminue un peu à chaque charge nouvelle.

La *contractilité* est une propriété spéciale aux muscles : elle consiste dans le pouvoir que possèdent ces organes de se raccourcir sous l'influence d'une excitation, normalement transmise par les nerfs moteurs et venue des centres nerveux (moelle épinière ou encéphale). On peut aussi mettre cette propriété en jeu à l'aide d'excitants *artificiels* que l'on fait agir, soit sur les nerfs, soit directement sur les muscles. L'excitant qui fournit les meilleurs résultats est l'*électricité dynamique ;* un courant d'induction fait contracter un muscle absolument comme si le muscle était directement excité par un nerf. Mais la contractilité est une propriété *vitale ;* elle ne se manifeste que pendant la nutrition et la vie du muscle ; après la mort, les muscles passent à l'état de *rigidité cadavérique*, due à la coagulation, sous l'influence de l'acide lactique, de la substance propre des muscles, la *myosine*. L'acide lactique est un des produits de la combustion des muscles ; il se produit pendant la vie et il détermine la fatigue que l'on ressent après un travail musculaire prolongé ; mais il est entraîné au fur et à mesure par le sang veineux, comme tous les produits de la désassimilation.

Les muscles vivants possèdent une troisième propriété dite *électro-motrice.* Pour mettre cette propriété en évidence, on isole un muscle, on le sectionne transversalement en son milieu, puis, l'on met en communication la surface sectionnée et la surface extérieure à l'aide d'un circuit sur le trajet duquel se trouve disposé un galvanomètre. L'aiguille du galvanomètre est déviée et montre par la direction qu'elle prend l'existence d'un courant qui *chemine de la surface sectionnée à la surface intacte.*

**Contraction musculaire.** — La mise en jeu de l'élasticité et de la contractilité fait passer les muscles de l'état de repos à l'état d'activité, c'est-à-dire de *contraction.* A l'aide d'appareils enregistreurs connus sous le nom de *myographes,* on a pu analyser la contraction musculaire et montrer qu'elle est le résultat d'une série de *secousses fusionnées,* au nombre d'une trentaine par seconde; une secousse musculaire est la contraction qui se produit sous l'effet d'une excitation brusque, sans durée notable, telles qu'un choc ou une excitation électrique; cette contraction dure de 1/10 à 1/6 de seconde.

Sans entrer dans le détail des expériences faites à ce sujet, nous admettrons simplement que les muscles qui entrent en contraction reçoivent, par l'intermédiaire des nerfs, une trentaine d'excitations par seconde.

Tout muscle qui se contracte se *raccourcit* et, en n'envisageant que ce résultat de la mise en jeu de l'élasticité et de la contractilité, l'on peut dire que les muscles ont le pouvoir remarquable de se raccourcir, en général, sous l'influence de la volonté, puis de reprendre leurs dimensions primitives lorsque la volonté a cessé d'agir. Si l'on observe ce qui se passe lorsque l'avant-bras est attiré vers le bras, on voit, en plaçant la main sur le bras, que le *biceps,* — l'un des muscles du bras, — se renfle et devient dur : le biceps s'est contracté, c'est-à-dire raccourci, et ce raccourcissement a eu pour effet de déplacer les os de l'avant-bras autour de l'articulation mobile qui se trouve entre l'avant-bras et le bras.

Par conséquent, les muscles sont les organes *actifs* des mouvements, tandis que les os n'en sont que les organes *passifs*.

Mais tous les muscles n'ont pas pour fonction de déplacer les os et un certain nombre d'entre eux sont totalement indépendants de la volonté : ainsi le cœur est une poche musculaire et la volonté est impuissante à modifier les mouvements qu'il exécute ; dans les diverses parties du tube digestif on trouve des muscles qui, par leur contraction, ont pour fonction de faire passer les aliments de l'œsophage dans l'estomac, puis dans l'intestin, sans aucune intervention possible de la volonté.

Les muscles du tube digestif et les muscles du cœur ont un caractère commun avec tous les muscles : c'est leur pouvoir de contraction ; et l'on peut résumer ces données en disant que la fonction générale des muscles est de *produire des mouvements.*

## Principaux muscles du corps

Le nombre des muscles est très considérable ; nous nous bornerons à indiquer les principaux d'entre eux dans les trois régions du corps de l'Homme (tête, tronc, membres).

**Principaux muscles de la tête.** — Les muscles de la tête peuvent être divisés en deux groupes, savoir : 1° les muscles de la *mastication ;* 2° les muscles de l'*expression.*

Les premiers s'attachent sur des os et ont pour fonction de mouvoir la mâchoire inférieure. Les seconds s'attachent d'une part à des os et de l'autre à la peau (muscles *peauciers*) sur laquelle ils déterminent des plis par leur contraction ; ce sont des muscles de l'*expression.*

Parmi les muscles *masticateurs*, nous signalerons : 1° les *ptérygoïdiens* au nombre de quatre, deux de chaque côté; le *masséter*, allant de l'angle de la mâchoire inférieure à l'os malaire; le *temporal*, allant de l'apophyse coronoïde du maxillaire inférieur au temporal; ces divers muscles *élèvent* la mâchoire, les premiers la déplacent latéralement et d'avant en arrière; 2° le *digastrique*, présentant deux renflements ou *ventres* sur son parcours, qui va du temporal à l'os hyoïde et de là à la partie antérieure et interne du maxillaire inférieur; ce muscle, aidé de quelques autres, *abaisse* la mâchoire.

Parmi les muscles *peauciers*, nous signalerons : le muscle *frontal* qui par sa contraction produit des plissements sur la peau du front (*attention*, *étonnement*); le muscle *orbiculaire* des paupières, qui entoure circulairement l'orifice des paupières (*mépris*, *réflexion*); le muscle *sourcilier*, caché sous la peau du sourcil qu'il plisse au-dessus du nez (*douleur*); le muscle *élévateur oblique externe de la commissure des lèvres*, qui relève les coins de la bouche obliquement, en haut et en dehors (*rire, gaieté*), etc. (Pour plus de détails à ce sujet, voir : *Anatomie artistique* de Mathias Duval).

**Principaux muscles du tronc.** — Sur la *face antérieure* du tronc on peut signaler : le *grand pectoral*, formant de chaque côté la saillie de la poitrine, inséré sur la clavicule, le sternum et l'humérus : il tire le bras en avant et en dedans; le *grand droit de l'abdomen*, formant la partie antérieure de l'abdomen; les deux grands droits sont séparés par la *ligne blanche*; le *grand oblique* de l'abdomen, situé au côté externe du précédent. Ces deux muscles jouent un rôle important dans l'*expiration forcée*.

Sur la *face postérieure* du tronc, nous signalerons : le *trapèze*, grand muscle allant de l'occipital aux deux dernières vertèbres cervicales et aux douze vertèbres dorsales et fixé d'autre part sur les épaules; par sa contraction, il efface l'épaule en tirant en arrière les omoplates; le *grand dorsal*, occupant les parties latérale et postérieure du tronc, du bassin jusqu'au dessous de l'épaule où il est fixé à l'humérus; il tire le bras en arrière, vers le dos.

**Principaux muscles des membres supérieurs.** — Les principaux muscles des membres supérieurs sont : le *deltoïde*, formant la saillie charnue de l'épaule, allant de l'épaule à l'humérus; ce muscle élève le bras; le *biceps brachial*, occupant la face antérieure du bras, est fixé inférieurement au radius et supérieurement par *deux tendons* à *l'apophyse coracoïde* (omoplate) et à la cavité glénoïde (articulation du bras sur l'épaule); il fléchit l'avant-bras sur le bras; le *triceps brachial* formant la musculature de la face postérieure du bras, va de l'omoplate et de l'humérus au cubitus (apophyse olécrânienne); il étend l'avant-bras; le *rond pronateur* fixé d'un côté au cubitus et à l'humérus et de l'autre au radius; il fait tourner le radius, de façon à placer la paume de la main vers le bas (*pronation*); le *supinateur*, qui produit le mouvement inverse (*supination*, paume de la main vers le haut), etc.

**Principaux muscles des membres inférieurs.** — Parmi les muscles des membres inférieurs, nous indiquerons : le *fessier*, allant de l'iliaque au fémur en arrière, muscle de la *station verticale*; le *biceps crural*, occupant la partie postérieure de la cuisse, *fléchit* la jambe sur la cuisse; le *triceps crural*, placé sur la partie antérieure de la cuisse; *étend* la jambe sur la cuisse; les muscles *jumeaux* ou *gastrocnémiens*, formant essentiellement la saillie du mollet et fixés au calcanéum par un long tendon (*tendon d'Achille*), élèvent le talon, etc.

## § 4. — La Locomotion

Action des muscles sur les os; leviers du squelette. — Marche. — Course. — Saut.

La locomotion consiste dans les déplacements variés du corps; les organes de la locomotion, chez l'Homme et chez les animaux supérieurs, sont les *membres;* dans les membres, il faut considérer les *os* qui jouent un rôle *passif* et les *muscles* qui jouent un rôle *actif* dans tout mouvement.

**Action des muscles sur les os ; leviers.** — Les os peuvent être assimilés à des *leviers*, c'est-à-dire à des barres inflexibles qui se meuvent autour d'un point fixe appelé *point d'appui.*

Dans un levier quelconque, on distingue, en outre du *point d'appui* : 1° la *puissance*, c'est-à-dire la force qui met le levier en mouvement; 2° la *résistance*, ou force qui s'oppose au déplacement; 3° le *bras de levier de la puissance* ou distance qui sépare le point d'appui du point où la puissance est appliquée; 4° le *bras de levier de la résistance*, ou distance entre le point d'appui et le point où est appliquée la résistance.

On sait que les leviers sont en équilibre lorsque le produit de la puissance par son bras de levier égale le produit de la résistance par son bras de levier, c'est-à-dire lorsque

$$P \times PA = R \times RA \text{ ou } P = R\,\frac{PA}{RA}.$$

Il existe, en mécanique, trois sortes de leviers :

1° Les leviers du *premier genre* (fig. 148), dans lesquels le point d'appui est situé entre la puissance et la résistance (balance);

2° Les leviers du *deuxième genre* (fig. 149), dans lesquels la résistance est appliquée entre le point d'appui et la puissance (brouette);

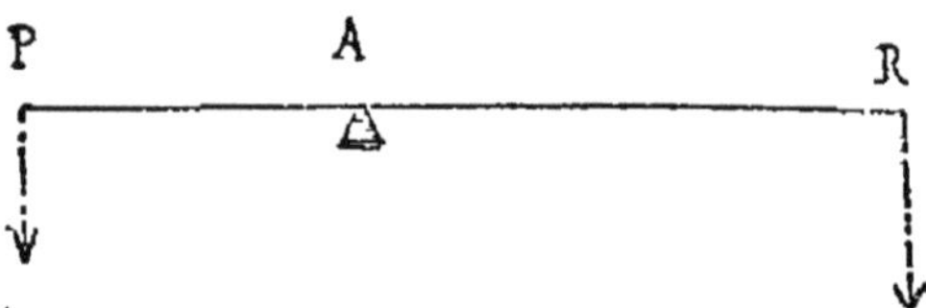


Fig. 148. — Levier du premier genre.

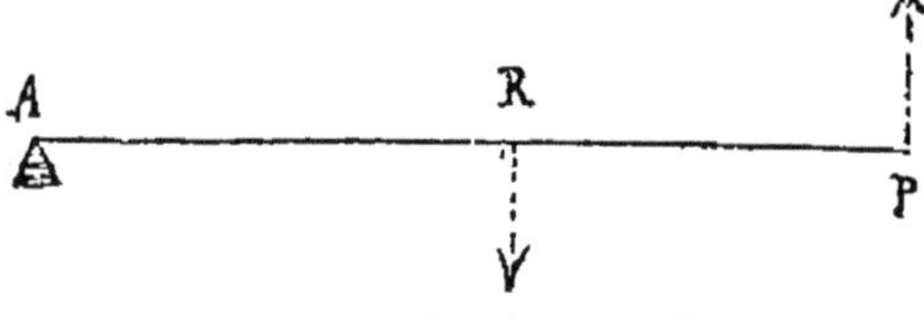


Fig. 149. — Levier du second genre.

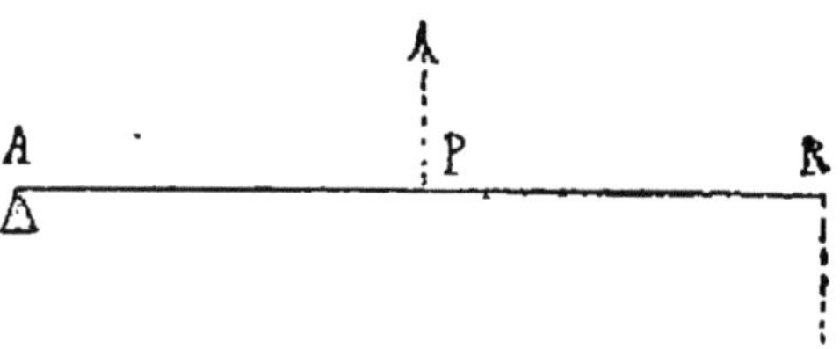


Fig. 150. — Levier du troisième genre.

3° Les leviers du *troisième genre* (fig. 150), dans lesquels la puissance est appliquée entre le point d'appui et la résistance.

Si l'on se reporte à la formule $P = R \frac{PA}{RA}$ et que l'on cherche à évaluer la puissance P nécessaire pour faire équilibre à une résistance R, on verra que cette puissance est plus faible avec

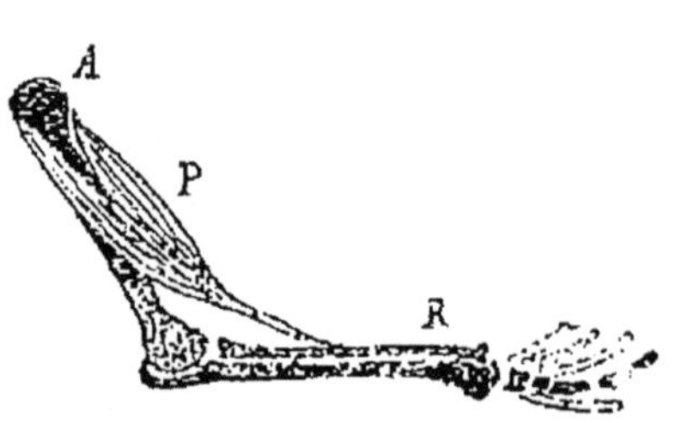


Fig. 151. — Avant-bras et bras, levier du troisième genre. — A, appui; P, puissance (biceps); R, résistance (avant-bras et main).

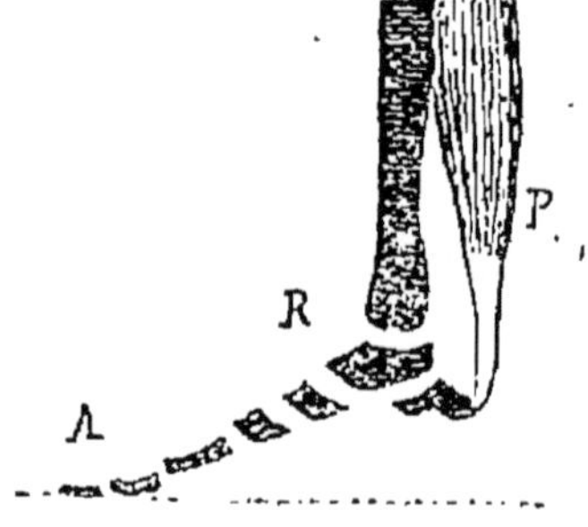


Fig. 152. — Jambe et pied, levier du second genre.

un levier du 2e genre et plus grande avec un levier du 3e genre; en revanche, le déplacement de la résistance est plus grand avec un levier du 3e genre qu'avec un levier du second. En d'autres termes, ce que l'on peut gagner en vitesse (3e genre) est perdu en force et réciproquement (2e genre) : les leviers du second genre sont favorables à la force et ceux du troisième genre sont favorables à la vitesse. La plupart des leviers de l'organisme appartiennent au troisième genre.

Ainsi, dans la flexion de l'avant-bras sur le bras (fig. 151), le levier est formé par les os de l'avant-bras, la résistance est le poids de l'avant-bras et de la main, le point d'appui est placé à l'articulation du coude et la puissance est formée principalement par le *biceps brachial*.

Il en est de même de la flexion de la jambe sur la cuisse, etc.

**Marche.** — L'Homme a la station verticale : la tête est maintenue en équilibre sur la colonne vertébrale par les muscles du cou et tout le poids du corps est transmis par cette colonne au bassin puis au fémur ; le muscle grand fessier maintient le fémur parallèle à l'axe du corps ; les muscles extenseurs de la jambe empêchent les genoux de fléchir et le poids du corps est ainsi transmis au sol par l'intermédiaire du pied.

Si on soulève l'un des membres inférieurs, le poids du corps passe par l'autre membre ; en portant le premier en avant, le corps se penche légèrement du même côté, son poids se déplace en même temps et ainsi de suite : c'est là le mécanisme général de la *marche*, qui est caractérisée en ce que le corps ne quitte jamais complètement le sol, sur lequel il appuie alternativement par les deux membres.

**Course ; saut.** — Il n'en est pas de même dans la *course*, car le corps quitte le sol à chaque pas pendant un très court instant appelé *temps de suspension*. Enfin, dans le *saut*, le corps quitte le sol pour un moment plus long et s'élève dans l'air pour retomber à une distance plus considérable. Pour sauter, l'Homme rapproche les deux talons, fléchit les diverses articulations des membres, penche légèrement le corps en avant, presse sur le sol et redresse brusquement, comme un ressort, la jambe sur la cuisse.

Afin que le corps soit lancé avec force, il faut que le ressort formé par les membres ait une certaine longueur : aussi, l'on voit les membres postérieurs des animaux qui sautent se dévelop-

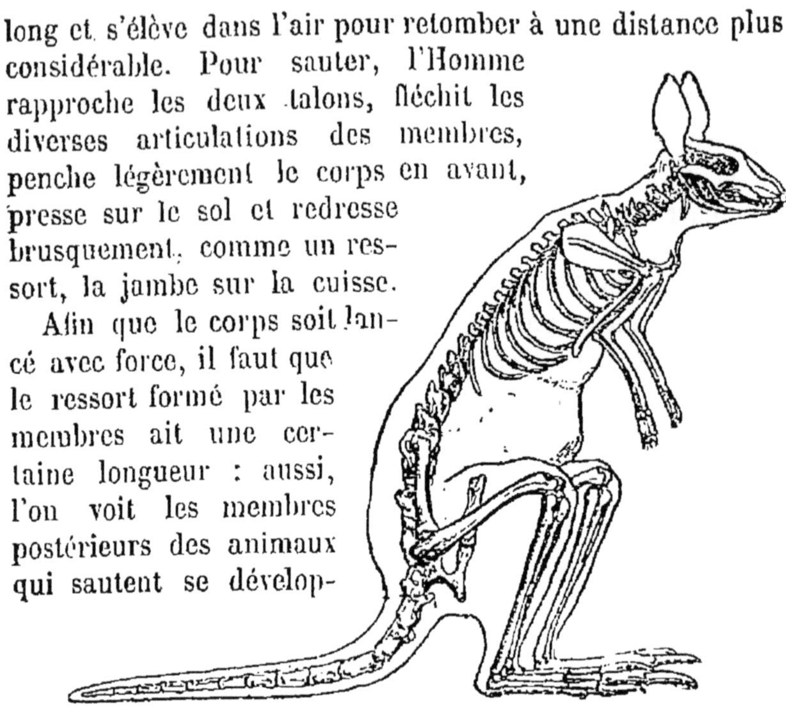

Fig. 153. — Squelette d'animal sauteur (Kanguroo).

per considérablement, tandis que les membres antérieurs deviennent petits et légers (fig. 153).

---

# CHAPITRE II

## Système nerveux de l'homme et des animaux

Le système nerveux se compose de deux sortes d'organes : 1° Les *centres nerveux ;* 2° les *nerfs*. Les centres nerveux sont formés de cellules nerveuses et de fibres nerveuses ; dans les nerfs, on trouve uniquement des fibres nerveuses (Voir : *Tissu nerveux*).

Considérés au point de vue de leur fonction générale, les *nerfs* sont simplement des *conducteurs* qui transmettent aux centres nerveux les impressions venues des divers organes du corps (nerfs centripètes) et aux organes les incitations élaborées par les centres nerveux (nerfs centrifuges), tandis que les *centres nerveux* ont seuls le pouvoir de *percevoir* les impressions périphériques transmises par les nerfs et d'*élaborer* les sensations, les incitations motrices, glandulaires, les actes psychiques, etc.

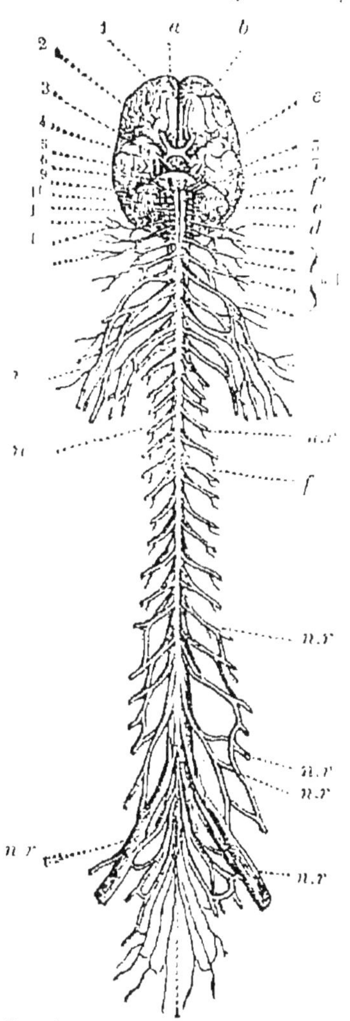

Fig. 154. — Axe cérébro-spinal. — Nerfs. — *a*, *b*, *c*, *d*, hémisphères cérébraux ; *f'*, bulbe ; *f*, moelle épinière ; 1 à 12, nerfs crâniens ; *n.r*, nerfs rachidiens.

Le système nerveux de l'Homme comprend :

1° *L'axe cérébro-spinal* (fig. 154), ensemble de centres nerveux logés en partie dans le canal neural de la colonne vertébrale et en partie dans le crâne ; les centres nerveux, logés dans le crâne, forment une masse volumineuse appelée *encéphale ;* le canal neural de la colonne vertébrale loge un long cordon nerveux, la *moelle épinière*, qui n'est que la continuation de l'encéphale ;

2° Les *ganglions nerveux*, renflements de petit volume, placés sur le trajet de certains nerfs. Les principaux ganglions nerveux forment, avec les nerfs qui les mettent en relation et qui en émanent, le *système du grand sympathique ;*

3° Les *nerfs*, cordons blanchâtres, cylindriques, qui sont en relation, les uns avec l'encéphale *(nerfs crâniens)*, les autres, avec la moelle épinière *(nerfs rachidiens) ;* d'autres, enfin, sont les nerfs du système sympathique.

Ces derniers se ramifient principalement dans le cœur, les poumons, le tube digestif... en un mot, dans les *organes de la vie organique ;* aussi, donne-t-on souvent le nom de *système de la vie organique* à l'ensemble formé par eux et par les ganglions avec lesquels ils sont en relation, c'est-à-dire au système grand sympathique.

Les nerfs crâniens et les nerfs rachidiens se ramifient principalement dans les organes des sens, dans les muscles... en un mot, dans les *organes de la vie animale ;* d'où le nom de *système de la vie animale* à l'ensemble formé par eux et par les centres nerveux avec lesquels ils communiquent (moelle épinière, encéphale).

Ainsi qu'on le verra plus loin, le système nerveux de la vie organique est intimement relié au système de la vie animale et non indépendant de ce dernier comme on l'a cru autrefois.

Étudions successivement :

1° La moelle épinière et les nerfs rachidiens ;

2° L'encéphale et les nerfs crâniens ;

3° Le système du grand sympathique.

## § 1. — Moelle épinière et nerfs rachidiens

Conformation et structure de la moelle épinière. — Nerfs rachidiens. — Fonctions de la moelle épinière : pouvoir conducteur, pouvoir réflexe. — Fonctions des nerfs rachidiens. — Fonctions du ganglion spinal.

**Conformation de la moelle épinière.** — La moelle épinière est, ainsi que nous l'avons vu, un long cordon nerveux logé dans le canal neural de la colonne vertébrale ;

elle s'étend depuis le trou de l'occipital, à partir duquel elle se continue dans l'encéphale par le bulbe, jusqu'au niveau de la deuxième vertèbre lombaire, où elle se termine par un paquet de nerfs. Elle présente deux renflements : le *renflement brachial*, dans la région où naissent les nerfs des membres supérieurs ; le *renflement crural*, dans la région où naissent les nerfs des membres inférieurs.

La moelle épinière, comme l'encéphale, est entourée de trois membranes qui portent le nom de *méninges :* la membrane externe, appelée *dure-mère*, est fibreuse, résistante ; la membrane moyenne, appelée *arachnoïde,* appartient à la catégorie des membranes séreuses ; son feuillet externe, accolé à la dure-mère, est uni au feuillet interne par des brides membraneuses; son feuillet interne est séparé de la membrane interne ou *pie-mère* par un espace très petit occupé par le *liquide céphalo-rachidien.*

Lorsque la moelle épinière est débarrassée des méninges, on voit qu'elle présente deux profonds sillons longitudinaux, le *sillon antérieur* et le *sillon postérieur*, qui la divisent en deux moitiés symétriques. Chaque moitié présente, en outre, deux sillons longitudinaux, peu profonds, le *sillon latéral antérieur* et le *sillon latéral postérieur*.

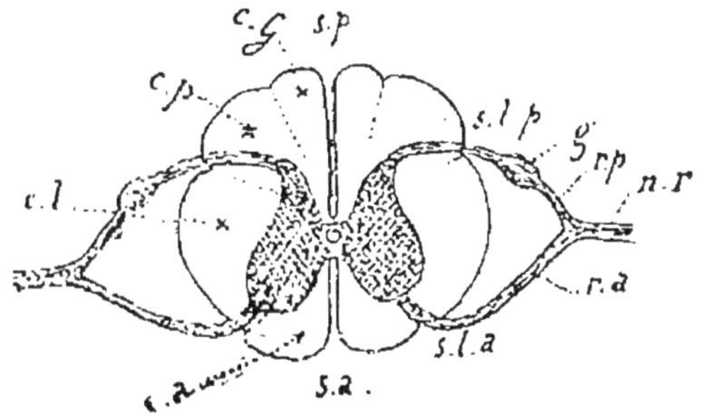

Fig. 155. — Coupe transversale de la moelle épinière. — *s.a*, sillon antérieur ; *s.p*, sillon postérieur ; *s.l.a*, sillon latéral antérieur ; *s.l.p*, sillon latéral postérieur ; *c.a*, cordon antérieur ; *c.l*, cordon latéral ; *c.p*, cordon postérieur ; *c. G*, cordon de Goll ; *r.a*, racine antérieure ; *r.p*, racine postérieure avec le ganglion spinal *g ; n.r*, nerf rachidien.

**Structure de la moelle épinière.** — En examinant une coupe transversale de la moelle épinière, on observe deux parties (fig. 155) : 1° Une région centrale, colorée en gris, formée surtout de cellules nerveuses ; 2° une région périphérique, de couleur blanche, formée uniquement de fibres nerveuses. La région centrale porte le nom de *substance grise*, et la région périphérique, le nom de *substance blanche*. Tout à fait au centre de la moelle épinière, se voit la coupe d'un canal très étroit, le *canal médullaire*.

La *substance grise*, entourée de tous côtés par la substance blanche, affecte à peu près la disposition d'une X, dont les deux branches sont unies par un petit pont de substance grise (*commissure grise*). Les extrémités de ces deux branches portent les noms de *cornes antérieures* et de *cornes postérieures*. Les cornes postérieures sont amincies et placées en regard des sillons latéraux postérieurs ; les cornes antérieures sont larges et placées en face des sillons latéraux antérieurs.

La *substance blanche*, extérieure par rapport à la substance grise, se compose de fibres nerveuses qui affectent des dispositions variées (fibres longitudinales, transversales, obliques) ; la substance blanche d'une des moitiés communique avec celle de l'autre moitié par un petit pont de substance blanche (*commissure blanche*). On distingue, dans la substance blanche de la moelle épinière, trois groupes principaux ou *cordons*, savoir : 1° Les *cordons antérieurs*, délimités par le sillon antérieur et le sillon latéral antérieur ; 2° les *cordons latéraux*, compris entre les sillons latéraux antérieurs et postérieurs ; 3° les *cordons postérieurs*, compris entre les sillons latéraux postérieurs et le sillon postérieur.

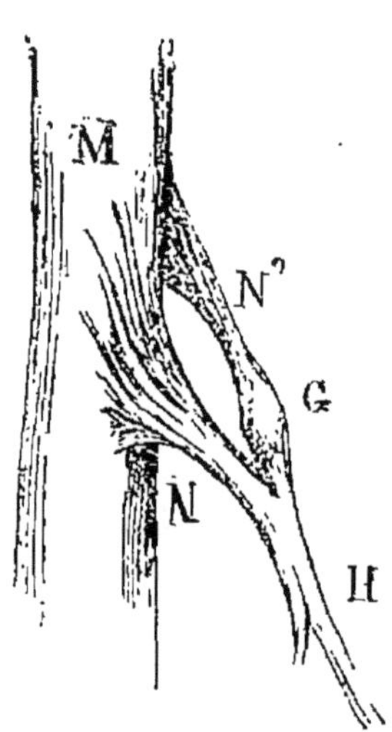

Fig. 156. — Mode d'origine des nerfs rachidiens. — M, moelle ; N, racine antérieure ; N', racine postérieure ; G, ganglion spinal ; H, nerf rachidien.

**Nerfs rachidiens.** — Les nerfs rachidiens sont au nombre de 31 paires ; disposés symétriquement à droite et à gauche de la moelle épinière, ils se ramifient dans toutes les parties du tronc et des membres. Ils émergent du canal neural par les *trous de conjugaison*, c'est-à-dire par les intervalles restés libres entre les anneaux vertébraux consécutifs.

En les examinant dans le court trajet compris entre les trous de conjugaison et la moelle épinière, on voit que chacun d'eux se divise en deux branches (fig. 156) qui entrent dans la moelle l'une par le sillon latéral antérieur, en face des cornes antérieures de la substance grise, l'autre par le sillon latéral postérieur, en face des cornes postérieures. Ces deux branches portent le nom de *racines* des nerfs rachidiens ; la *racine postérieure* diffère de la *racine antérieure* non seulement par sa position, mais aussi parce qu'elle présente au voisinage du trou de conjugaison un renflement ganglionnaire appelé *ganglion spinal*.

## Fonctions de la moelle épinière et des nerfs rachidiens

**Fonctions de la moelle épinière.** — La moelle épinière remplit deux fonctions distinctes : 1° elle transmet à l'encéphale les impressions sensitives que lui apportent les nerfs rachidiens par leurs racines postérieures et elle transmet aux organes périphériques, par l'intermédiaire des mêmes nerfs (racines antérieures) les incitations venues de l'encéphale : c'est ce qu'on appelle la *fonction* ou le *pouvoir de conduction* de la moelle épinière ; 2° elle transforme les impressions sensitives en incitations motrices, la sensibilité en mouvement, comme tous les autres centres nerveux : c'est ce qu'on appelle la *fonction de réflexion* ou le *pouvoir réflexe* de la moelle épinière.

Étudions successivement ces deux fonctions.

**Pouvoir conducteur de la moelle épinière.** — Pour étudier le pouvoir conducteur de la moelle épinière, on sectionne tour à tour ses diverses parties et l'on observe les changements qui se produisent à la suite de ces sections.

Voici les principaux résultats des observations de ce genre.

1° L'animal en expérience éprouve de la douleur lorsqu'on sectionne les *cordons postérieurs ;* la douleur augmente si l'on excite les cordons postérieurs après les avoir isolés sur une certaine étendue. Toutes les autres parties de la moelle épinière étant restées intactes, il faut admettre que *les cordons postérieurs sont les conducteurs des impressions sensitives ou centripètes.*

2° La section des *cordons antérieurs* et *latéraux* de la moelle épinière détermine la *paralysie* des organes situés au-dessous de la section ; l'excitation de ces mêmes cordons produite par une compression violente est suivie de mouvements dans ces mêmes organes : il faut donc admettre que les *cordons antérieurs et latéraux sont les conducteurs des incitations motrices ou centrifuges.*

3° La section de la *substance grise* a pour résultat d'abolir la *sensibilité* dans tous les organes situés au-dessous de la section : *la substance grise est le conducteur des impressions sensitives.* Cette expérience est difficile à réaliser d'une façon précise, car la substance grise est entourée de toutes parts par la substance blanche et elle a une forme très irrégulière ; mais la conclusion que nous avons donnée paraît exacte, parce qu'à la suite de la section de tous les cordons de la moelle épinière, la sensibilité persiste dans les organes, quoique réduite par la section des cordons postérieurs.

**Pouvoir réflexe de la moelle épinière.** — Le pouvoir réflexe est une propriété commune à tous les centres nerveux ; il consiste dans la faculté que possèdent les cellules nerveuses de produire des *actes réflexes,* c'est-à-dire de *réfléchir* sur les fibres nerveuses centrifuges et avec une nouvelle modalité les impressions qui leur ont été portées par les fibres nerveuses centripètes.

Afin de déterminer d'une façon précise la nature des actes réflexes, prenons l'exemple d'une excitation quelconque portée sur la surface de la peau : l'excitation est transmise par les filets nerveux centripètes à un centre nerveux qui la réfléchit par les filets nerveux centrifuges sur un organe périphérique, un muscle ou une glande. Le résultat est la transformation de la sensibilité en un mouvement ou une sécrétion ; cette transformation est opérée par les cellules nerveuses, les fibres nerveuses jouant seulement le rôle de conducteurs.

On distingue deux groupes d'actes réflexes : 1° les *actes réflexes conscients ;* 2° les *actes réflexes inconscients ;* les premiers sont produits dans l'encéphale, tandis que la plupart des réflexes inconscients ont pour centre nerveux la moelle épinière.

Pour étudier les actes réflexes qui ont leur siège dans la moelle épinière, il faut, avant tout, supprimer chez l'animal en expérience tous les actes réflexes conscients, c'est-à-dire les mouvements voulus ou spontanés. Pour cela, on décapite l'animal s'il s'agit d'un animal à sang froid (Grenouille, Triton), ou bien on sectionne la moelle épinière au niveau de l'occipital (Oiseaux, Mammifères). Comme dans ce dernier cas la respiration se trouve suspendue, on pratique la *respiration artificielle* afin de maintenir les conditions générales de la vie.

Les animaux étant ainsi préparés, il est facile de constater, en portant une excitation sur une partie quelconque de leur corps, qu'ils réagissent automatiquement en quelque sorte par la production de mouvements dans les parties excitées : ainsi, si l'on pince la patte d'une Grenouille décapitée, cette patte est aussitôt retirée ; les deux pattes correspondantes, puis les quatre paires de pattes exécutent des mouvements si l'excitation se prolonge ou devient plus violente, etc.

Comme exemple de réflexes produits normalement par la moelle épinière, on peut citer la *locomotion*, qui se fait inconsciemment, excepté dans les cas où la marche doit être réglée soit pour l'accélérer, soit pour la ralentir.

**Fonctions des nerfs rachidiens.** — Les nerfs rachidiens sont des nerfs *mixtes*, c'est-à-dire qu'ils conduisent à la fois les impressions *sensitives* et les incitations *motrices;* en effet, si l'on excite un nerf rachidien intact, il se produit simultanément une sensation de douleur et un mouvement.

Les recherches faites en 1852 par Magendie, en France, et par Charles Bell, en Angleterre, ont démontré, pour la première fois, que le pouvoir de conduction double des nerfs rachidiens est dû à ce qu'ils sont formés de fibres centripètes venues des racines postérieures et de fibres centrifuges venues des racines postérieures.

Si, en effet, l'on met à nu la moelle épinière de façon à découvrir les racines des nerfs rachidiens, on constate qu'une excitation portée sur la racine postérieure détermine chez l'animal en expérience des cris, une sensation de douleur, tandis qu'en excitant la racine antérieure, l'animal ne manifeste aucune douleur, mais exécute des mouvements dans les organes correspondants. L'excitation portée sur la racine postérieure se traduit aussi par des mouvements d'ensemble parce que cette excitation étant transmise à la moelle épinière, des réflexes se produisent inévitablement.

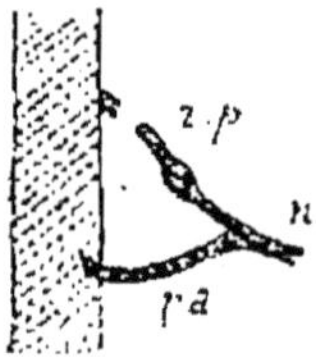

Fig. 157. — Section d'une racine postérieure *r.p.*

Les expériences suivantes donnent plus de précision à cette observation générale qui montre que les *racines postérieures sont sensitives* et les *racines antérieures, motrices.*

1° Sectionnons une racine postérieure entre le ganglion et la moelle (fig. 157) et excitons tour à tour le bout périphérique et le bout central de cette racine. A la suite de l'excitation portée sur le bout périphérique, on n'observe ni mouvement, ni sensibilité; l'animal manifeste, au contraire, une vive douleur dès qu'on excite le bout central; des mouvements se produisent aussitôt parce que l'excitation est transmise à la moelle épinière qui la réfléchit dans les organes périphériques, par l'intermédiaire des racines antérieures.

2° Sectionnons (fig. 158) une racine antérieure — la racine postérieure demeurant intacte — et excitons tour à tour le bout central et le bout périphérique. L'excitation du bout central reste sans effet, tandis que l'excitation du bout périphérique détermine aussitôt des mouvements dans les organes qui reçoivent les filets nerveux correspondants.

3° Sectionnons un nerf rachidien à son origine (fig. 159): l'excitation du bout central provoque une douleur et l'excitation du bout périphérique, des mouvements. Le nerf rachidien est composé de filets nerveux venant les uns des racines postérieures (sensitives), les autres des racines antérieures (motrices), et les résultats de l'excitation de ses deux bouts pouvaient être prévus *à priori*.

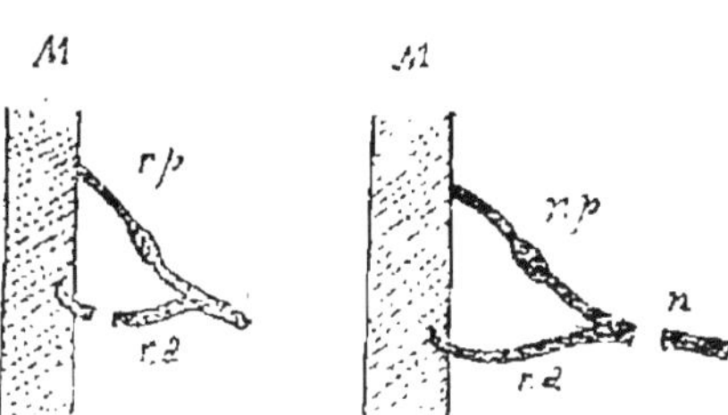


Fig. 158. — Section d'une racine antérieure *r.a.*

Fig. 159. — Section d'un nerf rachidien *n*.

**Rôle du ganglion spinal.** — Les fonctions du ganglion spinal — porté sur les racines postérieures, ainsi qu'on l'a vu — sont ignorées; on sait seulement que ce ganglion joue vis-à-vis de la racine postérieure un rôle *trophique* (τροφή, nourriture, aliment).

Si l'on sectionne une racine postérieure *entre la moelle et le ganglion*, le bout périphérique attenant au ganglion demeure intact et le bout adhérent à la moelle se désorganise; si l'on opère la section à l'origine du nerf mixte —

après la réunion des deux racines — les deux racines restent intactes, mais le nerf se désorganise.

La moelle épinière joue un rôle trophique vis-à-vis de la racine antérieure, ainsi qu'on peut la vérifier à la suite de sections analogues : le bout de cette racine attenant à la moelle reste intact, pendant que le bout périphérique se désorganise.

## § 2. — Encéphale et nerfs craniens

Principaux centres nerveux de l'encéphale. — Bulbe. — Cervelet. — Protubérance annulaire. — Tubercules quadrijumeaux. — Couches optiques et corps striés. — Hémisphères cérébraux. — Nerfs crâniens.

**Principaux centres nerveux de l'encéphale.** — L'encéphale est l'ensemble des centres nerveux renfermés dans le crâne ; il est entouré des *méninges crâniennes*, qui ne sont autre chose que le prolongement des méninges de la moelle épinière.

Pour comprendre les relations des principaux centres nerveux intra-crâniens, il convient d'examiner l'encéphale : 1° par sa face postérieure et supérieure ; 2° par sa face antérieure ; 3° sur une section longitudinale.

1° En examinant l'encéphale par sa face postérieure (fig. 160), on remarque que la moelle épinière est continuée, à partir du trou occipital, par un cordon en tronc de cône, élargi de la base au sommet : ce cordon porte le nom de *bulbe* ou *moelle allongée*. En arrière et au-dessus du bulbe on voit une masse nerveuse, le *cervelet*, qui comprend trois parties, savoir : une partie médiane, le *vermis*, qui présente de nombreux plis transversaux rappelant l'aspect d'un ver (d'où son nom) ; deux parties latérales, les *lobes du cervelet*, plus développés que le vermis, présentant de nombreux sillons séparés par des saillies irrégulières

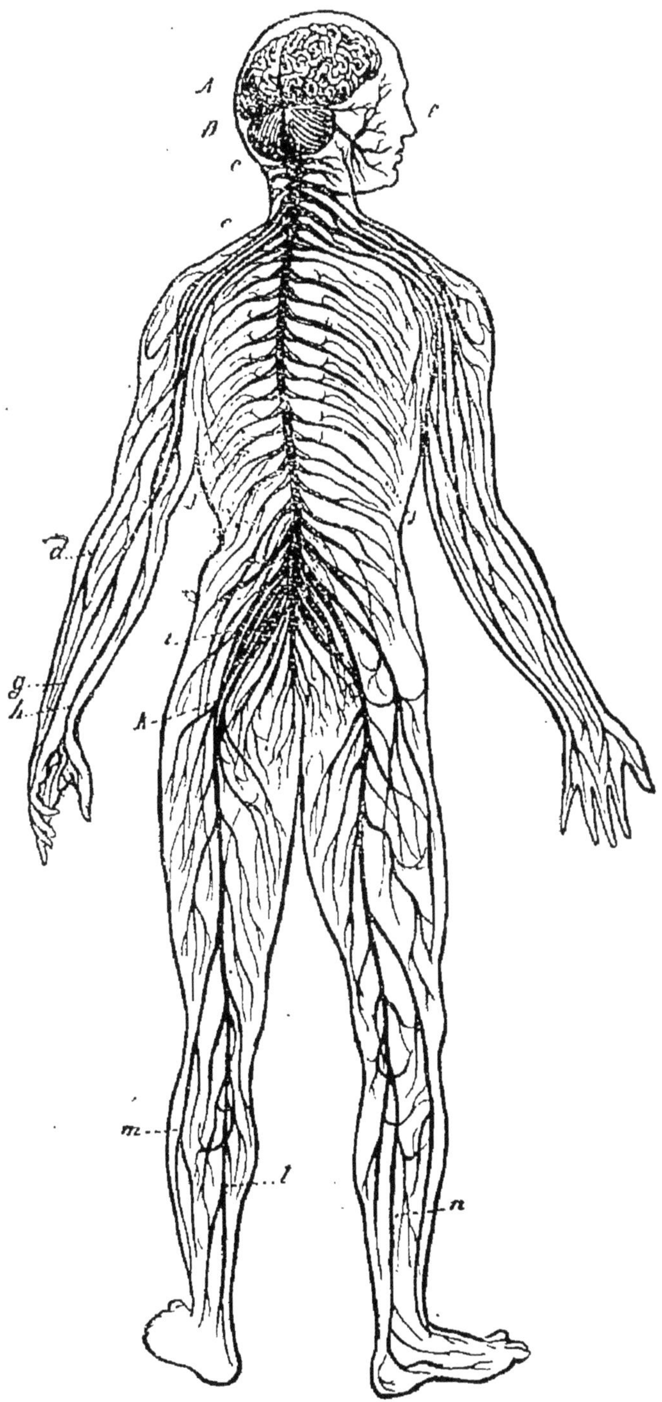

Fig. 160. — Ensemble du système nerveux.

connues sous le nom de *circonvolutions cérébelleuses.* Entre le cervelet et le bulbe, se trouve une cavité appelée *quatrième ventricule;* le plancher du quatrième ventricule est formé par le bulbe (face postérieure) et la voûte est constituée par le vermis du cervelet (face antérieure). Au-dessus du cervelet, et séparée de ce dernier par un repli de la dure-mère crânienne appelé *tente du cervelet,* se trouve le *cerveau,* la masse nerveuse de beaucoup la plus développée de l'encéphale.

Le cerveau est formé de deux parties appelées *hémisphères cérébraux,* séparées l'une de l'autre par un sillon longitudinal profond dans lequel la dure-mère envoie un prolongement désigné sous le nom de *faux du cerveau.* A la surface des hémisphères cérébraux, on voit un grand nombre de sillons irréguliers et de replis appelés *circonvolutions cérébrales.* Le cerveau recouvre complètement plusieurs centres nerveux, dont nous verrons plus loin la position exacte et les relations.

Le poids total de l'encéphale étant en moyenne de 1,300 grammes, le poids du cerveau et des centres qu'il recouvre est d'environ 1,200 grammes.

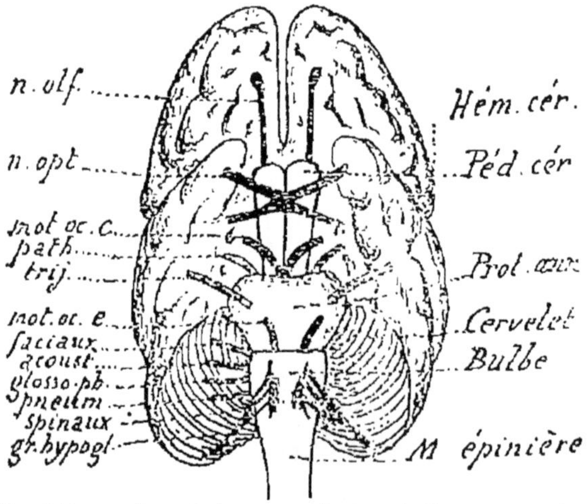

2° En examinant l'encéphale par sa face antérieure (fig. 161), on voit la face antérieure du bulbe qui est cachée en partie par une plaque transversale de substance

FIG. 161. — Encéphale vu par la face inférieure montrant les principaux centres nerveux et les nerfs crâniens.

blanche, la *protubérance annulaire* ou *pont de Varole*, qui, passant en avant du bulbe, relie les deux lobes du cervelet. Du bord supérieur de la protubérance annulaire on voit sortir deux colonnes blanches, les *pédoncules cérébraux*, qui s'écartent l'un de l'autre et pénètrent dans le cerveau, où nous les retrouverons plus tard. Vers le même niveau, se trouvent plusieurs *nerfs crâniens*, parmi lesquels nous citerons : les *nerfs optiques* qui s'entrecroisent, et les *nerfs olfactifs* qui se terminent par deux renflements appelés *lobes olfactifs*. Tout ce qui reste de la surface antérieure

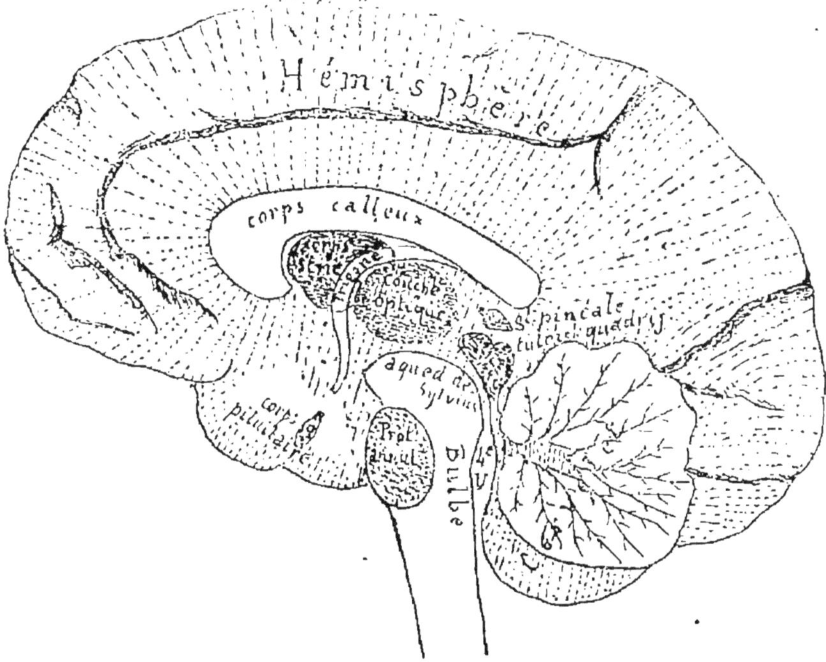


Fig. 162. — Coupe longitudinale théorique de l'encéphale.

et inférieure de l'encéphale est occupé par les deux hémisphères cérébraux.

3° Examinons enfin une coupe longitudinale médiane de l'encéphale (fig. 162). Une coupe de ce genre passe par le sillon qui sépare les deux hémisphères cérébraux, par le milieu du vermis et divise par conséquent l'encéphale en deux moitiés égales et symétriques.

On retrouve dans chaque moitié les parties que nous avons déjà nommées (bulbe, cervelet, protubérance annulaire, hémisphères). Le quatrième ventricule se prolonge vers le haut par un canal appelé *aqueduc de Sylvius* (fig. 163), au-dessus duquel se voient quatre petites masses nerveuses arrondies, deux à droite, deux à gauche, connues sous le nom de *tubercules quadrijumeaux*, sur lesquels s'appuie un petit organe impair, la *glande pinéale*. Un peu au-dessus des tubercules quadrijumeaux, on observe deux autres masses nerveuses arrondies, plus volumineuses, les *couches optiques*, séparées l'une de l'autre par une très petite cavité, le *troisième ventricule*, qui communique avec le quatrième ventricule par l'aqueduc de Sylvius. Un peu plus en avant encore, on trouve deux autres masses nerveuses piriformes, les *corps striés*, dont les extrémités amincies reposent sur les couches optiques. Les pédoncules cérébraux, dont il a déjà été question, se terminent en divergeant dans les couches optiques et dans les corps striés.

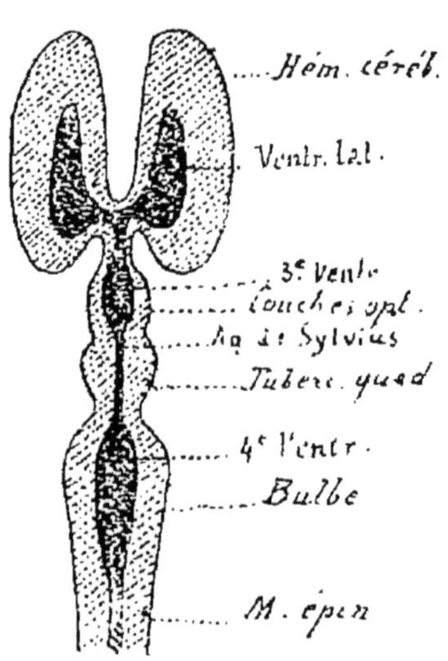


Fig. 163. — Représentation théorique des ventricules de l'encéphale.

Les deux hémisphères cérébraux sont unis l'un à l'autre par deux larges plaques nerveuses de substance blanche, savoir : 1° le *corps calleux*, situé au-dessus et en avant des corps striés ; 2° le *trigone cérébral* ou *voûte à trois piliers*, dont la partie médiane contourne le bord antérieur des couches optiques. Entre le corps calleux et la voûte à trois piliers est tendue une mince cloison verticale, la *cloison transparente*.

Les hémisphères cérébraux sont creusés chacun d'une étroite cavité ; les deux cavités des hémisphères sont les *ventricules latéraux* (fig. 163) qui communiquent chacun avec le troisième ventricule par un trou, le *trou de Monro.*

*Résumé.* — Pour résumer ces diverses notions, nous énumérerons simplement les centres nerveux de l'encéphale en nous reportant aux figures précédentes. Les principaux de ces centres nerveux sont : le *bulbe*, le *cervelet*, la *protubérance annulaire*, les *tubercules quadrijumeaux*, les *couches optiques*, les *corps striés* et les *hémisphères cérébraux.*

Reprenons leur étude avec plus de détails.

**Bulbe.** — Le bulbe présente à considérer les mêmes parties que la moelle épinière, c'est-à-dire une substance grise centrale et une substance blanche, périphérique, divisée en cordons.

La substance grise donne naissance aux sept dernières paires de nerfs crâniens (voir plus loin).

Les cordons de la moelle épinière se continuent dans le bulbe, mais en se modifiant considérablement dans leurs rapports respectifs. Voici leurs modifications les plus importantes.

Les *cordons antérieurs*, dès leur entrée dans le bulbe, se rapprochent l'un de l'autre et *s'entre-croisent*, celui de gauche passant à droite, et celui de droite à gauche. Ils se terminent supérieurement par les *pyramides antérieures* du bulbe qui se continuent dans les *pédoncules cérébraux.*

Une partie des *cordons latéraux* s'entre-croise aussi, comme les cordons antérieurs, et forme la portion superficielle des *pyramides* du bulbe. Une autre partie de ces mêmes cordons continue sa marche dans le bulbe et forme les *cordons latéraux* du bulbe (sans entre-croisement).

Dans les *cordons postérieurs*, on distingue deux parties : 1° les *cordons de Goll*, attenants au sillon postérieur de la moelle épinière; 2° les *cordons postérieurs proprement dits*, situés entre les cordons de Goll et les cordons latéraux. Les *cordons postérieurs proprement dits* s'entre-croisent, celui de gauche passant à droite et réciproquement, et se terminent dans les *pyramides* du bulbe, dont ils constituent la partie profonde. Les *cordons de Goll* s'écartent l'un de l'autre, et délimitent le quatrième ventricule, en arrière. Les premiers se terminent supérieurement par deux renflements, les *corps restiformes*, d'où partent les pédoncules inférieurs du cervelet (*pédoncules cérébelleux inférieurs*).

Le fait le plus saillant présenté dans la marche des cordons du bulbe est l'*entre-croisement de la plupart d'entre eux;* il faut remarquer aussi que ces cordons font communiquer le bulbe — et par conséquent la moelle épinière — avec tous les centres nerveux placés au-dessus (cervelet, couches optiques, corps striés, etc.).

**Cervelet.** — Ainsi que nous l'avons vu, le cervelet comprend trois parties principales : le *vermis* et les deux *lobes cérébelleux*. Il communique avec le bulbe et la moelle par les *pédoncules cérébelleux inférieurs;* avec la protubérance annulaire, par les *pédoncules cérébelleux moyens*, et avec les autres parties de l'encéphale par les *pédoncules cérébelleux supérieurs*, qui, après s'être détachés des lobes du cervelet, passent sous les tubercules quadrijumeaux, *s'entre-croisent*, et vont se terminer dans les couches optiques et les corps striés.

Le cervelet est, comme tous les centres nerveux, formé de deux substances, la substance grise et la substance blanche; mais, contrairement à ce que nous avons observé jusqu'ici, la substance grise est extérieure, périphérique, et la substance blanche intérieure, centrale, entourée de tous côtés par la première. La substance blanche envoie des faisceaux dans les lobes du cervelet; ces faisceaux se subdivisent sur leur trajet et dessinent ainsi une sorte d'arborescence, connue sous le nom d'*arbre de vie*, dont les branches sont entourées par la substance grise.

**Protubérance annulaire.** — La protubérance annulaire ou *pont de Varole* est un centre nerveux, car elle renferme de petits amas de substance grise, par conséquent de cellules nerveuses. Elle communique directement avec le cervelet par les pédoncules cérébelleux moyens qui se détachent de ses extrémités, et avec les centres supérieurs de l'encéphale par les pédoncules cérébraux.

**Tubercules quadrijumeaux.** — Les quatre petites masses nerveuses qui constituent les tubercules quadrijumeaux sont formées d'une masse centrale grise entourée par une enveloppe de substance blanche. Les nerfs optiques prennent en partie naissance dans ces tubercules.

**Couches optiques et corps striés.** — Dans les couches optiques on distingue quatre centres gris, entourés par la substance blanche qui établit des communications avec la moelle par les pédoncules cérébraux, avec le cervelet par les pédoncules cérébelleux, avec le cerveau par des fibres qui en sont détachées.

Les corps striés présentent deux amas de substance grise séparés l'un de l'autre par un amas de fibres qui les relient avec les pédoncules cérébraux et avec les hémisphères cérébraux.

**Hémisphères cérébraux.** — Les hémisphères cérébraux sont constitués, comme le cervelet, d'une couche externe, superficielle, de substance grise, et d'une couche interne, épaisse, de substance blanche.

La substance grise a une épaisseur moyenne de 2 à 3 millimètres; les circonvolutions que nous avons signalées à la surface des hémisphères augmentent considérablement l'étendue de cette substance.

Les *circonvolutions cérébrales* paraissent, au premier abord, disposées sans ordre ; un examen approfondi permet de reconnaître qu'elles affectent quelques dispositions principales qui se rattachent, par groupes, aux lobes en lesquels chaque hémisphère peut être subdivisé (fig. 164).

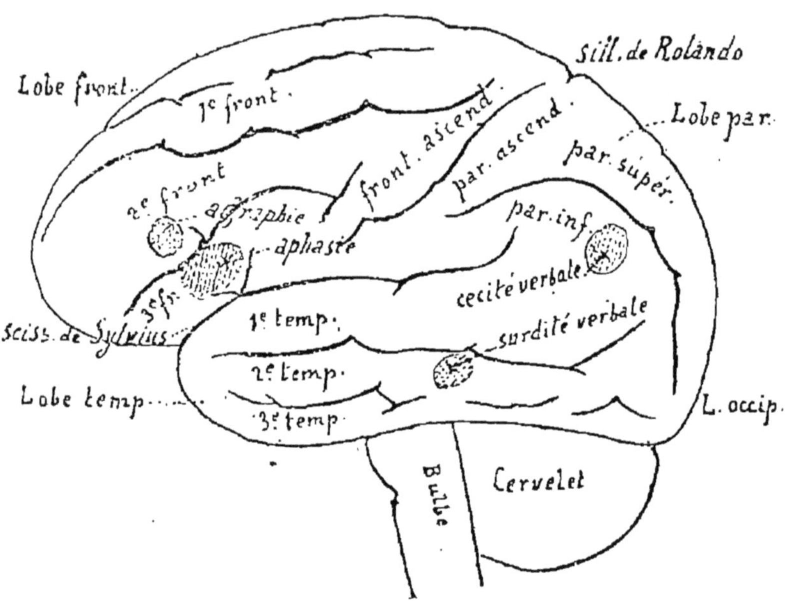


Fig. 164. — Dispositions principales des plis et des circonvolutions cérébrales.

Chaque hémisphère comprend, en effet, quatre lobes principaux : le *lobe frontal*, délimité en haut par un sillon (*sillon de Rolando*), en bas par une échancrure (*scissure de Sylvius*) ; le *lobe temporal*, saillant à la face inférieure du cerveau ; le *lobe pariétal* et le *lobe occipital.*

Dans le lobe frontal, on distingue *trois circonvolutions frontales*, à peu près parallèles, connues sous les noms de 1^re^, 2^e^, 3^e^ frontales, et une *circonvolution frontale ascendante*, oblique et postérieure par rapport aux précédentes.

Le lobe temporal présente trois circonvolutions principales (1^re^, 2^e^ et 3^e^ temporales).

Le lobe pariétal a trois circonvolutions principales : la

circonvolution pariétale ascendante, la circonvolution pariétale supérieure et la circonvolution pariétale inférieure; on en trouve aussi trois principales dans le lobe-occipital.

## Nerfs crâniens

Les nerfs crâniens sont au nombre de 12 paires; ils naissent dans la substance grise des centres nerveux de l'encéphale en des points plus ou moins bien déterminés, appelés *noyaux d'origine*.

Les 12 paires de nerfs crâniens (fig. 165) sont, en allant de haut en bas ou d'avant en arrière :

1° Les *nerfs olfactifs*, dont les noyaux d'origine sont mal déterminés; ils se terminent par les *bulbes olfactifs* placés sur la lame criblée de l'ethmoïde, d'où se détachent de nombreux filets nerveux qui se ramifient dans la muqueuse nasale. Ce sont des nerfs de *sensibilité spéciale* (voir *Organes des sens*);

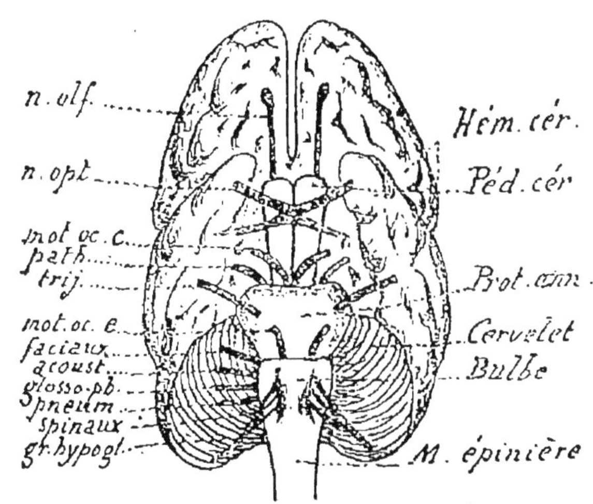


Fig. 165. — Encéphale vu par la face inférieure pour montrer les douze paires de nerfs crâniens.

2° Les *nerfs optiques*, qui prennent leur origine dans les tubercules quadrijumeaux et dans les couches optiques; ils s'entre-croisent à leur sortie de l'encéphale et se rendent aux yeux. Ce sont aussi des nerfs de *sensibilité spéciale*,

3° Les *nerfs moteurs oculaires communs*, qui se distribuent à tous les muscles des yeux, à l'exception du grand oblique et du droit externe;

4° Les *nerfs pathétiques*, qui innervent les muscles grands obliques des yeux; ils sont *moteurs* comme les précédents;

5° Les *nerfs trijumeaux*, qui naissent sur les côtés de la protubérance; ils sont ainsi appelés parce que chacun d'eux se divise en trois branches; ils renferment des filets *moteurs* et des filets *sensitifs;*

6° Les *nerfs moteurs oculaires externes*, qui innervent le muscle droit externe des yeux;

7° Les *nerfs faciaux* ou *nerfs de la physionomie*, qui innervent les muscles de la face; quelques-unes de leurs branches se rendent aux glandes salivaires;

8° Les *nerfs acoustiques*, nerfs de *sensibilité spéciale*, qui prennent leur origine sur le plancher du quatrième ventricule et se rendent dans l'oreille interne;

9° Les *nerfs glosso-pharyngiens*, nerfs de *sensibilité spéciale*, qui se ramifient dans la partie postérieure de la langue;

10° Les *nerfs pneumogastriques*, nerfs moteurs et sensitifs, qui innervent le cœur, les poumons, l'estomac; on les appelle aussi *trisplanchniques*, parce qu'ils se rendent aux trois organes que nous venons de citer; la dénomination de *nerfs vagues* qui leur est souvent donnée, est tirée des sensations générales, vagues, auxquelles donne lieu leur excitation;

11° Les *nerfs spinaux*, dont une branche est accolée au pneumogastrique correspondant, tandis que l'autre branche va se ramifier dans les muscles du larynx;

12° Les *nerfs hypoglosses* ou *nerfs moteurs* de la langue.

## § 3. — Fonctions de l'encéphale

Fonctions du bulbe, du cervelet, de la protubérance annulaire, des tubercules quadrijumeaux, des couches optiques et des corps striés. — Fonctions des hémisphères cérébraux ; perception, volonté. — Localisations cérébrales.

**Fonctions du bulbe.** — Le bulbe, comme la moelle épinière, est à la fois un organe conducteur et un centre réflexe.

*Pouvoir conducteur.* — Les *incitations motrices*, venues du bulbe et des centres supérieurs de l'encéphale, sont transmises par les cordons antérieurs et latéraux bulbaires, puis dans les cordons correspondants de la moelle épinière, et enfin dans les organes périphériques. Mais par suite de l'entre-croisement des cordons dans le bulbe, les incitations motrices parties de l'une des moitiés de l'encéphale se traduisent par des mouvements des muscles du côté opposé du corps : la paralysie du bras gauche, par exemple, est due à des lésions de la moitié droite de l'encéphale et réciproquement.

Les *impressions sensitives* venues de la périphérie cheminent principalement dans la substance grise du bulbe.

*Pouvoir réflexe.* — Par les actes réflexes dont il est le siège, le bulbe règle le fonctionnement des organes principaux de la nutrition (organes de la respiration, de la circulation, des sécrétions).

Une section du bulbe ou une simple lésion dans cet organe, au point d'origine des nerfs pneumogastriques, arrête immédiatement les *phénomènes mécaniques* de la respiration, et détermine la mort subite des animaux à sang chaud. Le niveau du bulbe où cette lésion doit être pratiquée pour obtenir ce résultat a été désigné par *Flourens* sous le nom de *nœud vital;* ce nom n'indique nullement, comme on pourrait être tenté de le croire, l'existence d'un principe de la vie, car ainsi qu'on l'a vu, la vie est la manifestation d'une activité spéciale du protoplasma ; il indique simplement la place où les impressions sensitives produites par l'air dans les poumons et transmises par les nerfs pneumogastriques sont reçues, transformées, puis réfléchies dans la moelle et de là aux nerfs qui commandent les muscles de l'inspiration et de l'expiration. Après des lésions de ce genre, la vie peut, au reste, être maintenue quelque temps par la respiration artificielle.

L'excitation du bulbe produit l'*arrêt du cœur en diastole;* l'excitation des nerfs pneumogastriques produit le même effet : il est donc probable qu'une partie du bulbe est le centre de coordination des mouvements du cœur.

Claude Bernard a démontré que lorsque l'on pique le plancher du quatrième ventricule au niveau de l'origine des nerfs pneumogastriques, on produit le *diabète artificiel*, temporaire, c'est-à-dire l'augmentation de la quantité de sucre dans le sang, par suite d'une activité plus grande des cellules hépatiques ; une *piqûre* faite un peu plus haut détermine l'*albuminurie*, c'est-à-dire la présence de l'albumine dans le sang ; si la piqûre est faite un peu plus bas, y a *exagération de la sécrétion urinaire*, c'est-à-dire *polyurie*, etc. Il faut donc conclure que le bulbe renferme des *centres sécrétoires*, lesquels, au reste, n'ont pas été déterminés d'une façon bien précise.

**Fonctions du cervelet.** — Le cervelet paraît avoir principalement pour rôle de *coordonner les mouvements ;* lorsqu'on enlève le cervelet tout entier à un Oiseau ou à un Mammifère, l'animal se comporte comme s'il était ivre et ne peut se maintenir en équilibre ; des troubles du même genre, mais moins accentués, se manifestent lorsqu'on enlève simplement de petites tranches du cervelet. Dans l'un et l'autre cas, les mêmes muscles sont mis en mouvement comme pour la locomotion normale, mais ces mouvements ne sont pas coordonnés, et l'équilibre ne peut s'établir.

La lésion d'un pédoncule cérébelleux moyen détermine la *rotation* de l'animal autour de son axe, du même côté de la lésion ou du côté opposé, suivant le lieu où l'opération a été faite. La lésion des pédoncules cérébelleux inférieurs chez le Chien occasionne une *courbure* du corps du côté de la lésion, l'animal se roulant en cercle. La lésion d'un pédoncule cérébelleux supérieur produit un *mouvement de manège* du côté opposé au pédoncule lésé. Pour obtenir ce mouvement de manège, il faut atteindre aussi le pédoncule cérébral sous-jacent.

**Fonctions de la protubérance annulaire.** — On admet, sans preuves expérimentales précises, que la protubérance annulaire est le centre de perception de la sensibilité générale, car lorsqu'on enlève cette partie de l'encéphale, l'animal pousse un *cri bref* qui paraît résulter de mouvements réflexes produits dans la protubérance et transmis aux muscles du larynx. Ce cri est le résultat d'un réflexe inconscient, car on ne peut le confondre avec le *cri plaintif* qui témoigne d'une impression douloureuse réellement ressentie.

**Fonctions des tubercules quadrijumeaux.** — Lorsqu'on enlève les tubercules quadrijumeaux, l'iris reste immobile, ne peut ni se dilater ni se contracter, et, quoique l'animal suive des yeux et de la tête les mouvements d'une bougie allumée, l'image de la bougie n'est pas plus *perçue* que lorsque les nerfs optiques sont sectionnés.

Les fonctions des tubercules quadrijumeaux sont donc en rapport avec la vision; ces organes ont sans doute d'autres fonctions, car ils sont très développés chez les animaux dont la vue est faible ou nulle (Taupe, etc.).

**Fonctions des couches optiques et des corps striés.** — Les fonctions de ces centres nerveux sont peu connues. L'excitation électrique des corps striés détermine les mou-

13.

vements des membres du côté opposé : on peut en conclure que les corps striés renferment les fibres centrifuges qui commandent les *mouvements volontaires*. Les fonctions des couches optiques seraient, au contraire, en rapport avec la *sensibilité générale* et la *sensibilité spéciale :* une personne avait perdu successivement l'odorat, la vue, l'ouïe et la sensibilité générale; l'autopsie révéla que les couches optiques seules avaient été désorganisées par une tumeur.

**Fonctions des hémisphères cérébraux.** — Si l'on enlève un des deux hémisphères cérébraux à un animal, le *mouvement volontaire* est aboli pendant quelque temps dans la *moitié opposée* du corps (par suite de l'entre-croisement des cordons bulbaires); inversement, l'autopsie révèle des lésions dans l'un des hémisphères lorsque l'animal ou l'Homme étaient privés de mouvement volontaire dans la moitié opposée du corps. Par conséquent, les hémisphères cérébraux *sont le siège des mouvements volontaires*.

Si l'on enlève les deux hémisphères, non seulement la *volonté* (mouvements volontaires), mais encore la *sensibilité* et l'*intelligence* sont complètement anéanties, quoique la vie puisse persister pendant quelque temps. Rapportons à ce sujet les observations faites par Flourens sur une poule privée de ses deux hémisphères cérébraux et ayant vécu pendant dix mois après l'ablation de son cerveau.

Cette poule se tenait perchée, changeait de patte de temps en temps, lissait ses plumes, battait des ailes pour essayer de voler *lorsqu'on la jetait dans l'air*, marchait *si elle était poussée ;* les mouvements persistaient, par conséquent; il ne manquait que la *volonté*, puisque rien ne donnait à cet animal l'idée de se mouvoir, de changer de place. La tête de la poule suivait les mouvements d'une lumière placée devant ses yeux; un rat privé aussi de ses hémisphères tressaillait au moindre bruit (Vulpian). Mais la poule buttait contre les obstacles et le rat ne s'enfuyait pas : par conséquent, la sensibilité persiste après l'ablation des hémisphères cérébraux; mais cette sensibilité n'éveille chez les animaux aucune idée, aucun souvenir; en d'autres termes, la *perception* est anéantie, les impressions venues de la périphérie ne sont pas transformées en *sensations*, elles ne donnent pas à l'animal la *conscience* de son existence.

Nous concluons de ces observations diverses que les hémisphères cérébraux sont le siège de la *perception* et de la *volonté*.

L'étude anatomique des centres nerveux permet de suivre les impressions sensitives depuis leur origine jusqu'à la substance grise du cerveau, c'est-à-dire jusqu'au moment où elles sont perçues. Quant au mécanisme même de la perception, il est complètement ignoré; on sait seulement que les divers groupes d'incitations sensitives sont perçus dans des aires spéciales de la substance grise : ainsi un bruit intense et une lumière vive produisent dans *deux régions distinctes* de cette substance une légère augmentation de température, qui témoigne de l'activité des cellules nerveuses *assimilant*, en quelque sorte, les impressions apportées par les nerfs acoustiques et par les nerfs optiques. De même, on peut suivre les incitations motrices volontaires depuis la substance grise jusqu'à la périphérie, par l'étude de la disposition des fibres motrices à partir des centres de perception du cerveau; mais on ignore complètement le comment de la transformation d'une impression sensitive en une incitation motrice.

Les cellules nerveuses conservent les sensations qu'elles ont élaborées, et ces sensations peuvent reparaître à une époque plus ou moins lointaine : c'est ainsi que se produisent les phénomènes désignés sous le nom général de *mémoire*. Les idées abstraites qui semblent prendre spontanément naissance dans le cerveau ne sont probablement que le résultat de la réviviscence de sensations anciennes; il en est de même pour les incitations motrices qui paraissent surgir spontanément du cerveau, de telle sorte que la volonté ne serait autre chose que la réviviscence de sensations emmagasinées dans les cellules nerveuses, c'est-à-dire le résultat d'actes réflexes.

La mémoire étant la propriété au moyen de laquelle les hémisphères cérébraux fournissent les matériaux des idées et des jugements, le cerveau doit être considéré comme le siège de l'*intelligence* chez l'Homme et des *instincts* chez les animaux.

On observe, en effet, une corrélation frappante entre le degré d'intelligence et le degré de développement des hémisphères cérébraux chez les animaux et chez l'Homme. Les *microcéphales,* qui sont généralement idiots, ont le cerveau extrêmement peu développé; on en a trouvé dont le cerveau ne pesait que 300 grammes. En revanche, les hommes d'une intelligence supérieure ont un cerveau très développé : celui de *Cuvier*, par exemple, pesait 1830 grammes. Ainsi qu'on le verra plus loin, les hémisphères cérébraux diminuent progressivement de volume et de poids à mesure qu'on s'éloigne de l'Homme. Nous pouvons donc dire que l'anatomie comparée de l'Homme et des animaux fournit des preuves de la corrélation qui existe entre le développement de l'intelligence et le développement du cerveau.

**Localisations cérébrales.** — L'intelligence de l'Homme présente de nombreuses variations dans la façon dont elle se manifeste : certains individus exécutent rapidement des travaux intellectuels que d'autres ne peuvent exécuter sans de grands efforts; chacun de nous a des penchants développés pour faire telle ou telle chose de préférence à toute autre, etc. Il est donc des aptitudes spéciales, des *facultés* distinctes que l'on peut étudier et définir. Ces facultés ont-elles chacune un centre déterminé dans le cerveau? C'est ce que nous devons examiner sous la désignation de localisations cérébrales.

Un médecin allemand, *Gall*, partant de cette idée que les parties du *cerveau* développées en vue de facultés déterminées doivent se révéler sur la surface du *crâne* par des saillies ou des *bosses*, eut le premier l'idée de diviser le crâne en autant de compartiments qu'il admettait de facultés et d'attribuer une faculté à chacun de ces compartiments. La comparaison de nombreux crânes d'individus ayant présenté pendant leur vie des facultés prédominantes, semblait donner une certaine valeur scientifique à la science nouvelle que Gall inaugurait, et qui a porté tour à tour les noms de *crânologie* et de *phrénologie*. Mais le point de départ du système de Gall est faux, car les circonvolutions s'impriment seulement sur la face *interne* du crâne et elles ne laissent aucune trace sur la face *externe*. Aussi ce système, après avoir eu de nombreux partisans, a-t-il été complètement abandonné à la suite de mécomptes et d'erreurs grotesques.

Une méthode plus récente et qui n'a donné encore que peu de résultats définitifs, mérite mieux de fixer notre attention, parce qu'elle est basée sur l'expérience directe et sur l'observation du cerveau après la mort d'individus qui, pendant leur vie, avaient présenté des particularités remarquables. Cette méthode montre que l'idée de localisations cérébrales est exacte : nous allons le prouver en prenant quelques exemples précis.

1° *Aphasie*. — On désigne sous le nom d'*aphasie* l'abolition ou l'altération de la faculté du langage articulé. Les individus *aphasiques* peuvent lire et écrire; ils comprennent ce qu'on leur dit et répondent soit par l'écriture, soit par les gestes; ils arrivent parfois à articuler quelques mots, mais ces mots ne représentent nullement l'objet désigné : ils appellent, par exemple, une fourchette une fenêtre, bien qu'on leur montre une fourchette, et que l'idée de fourchette soit réellement présente à leur esprit.

Or les muscles du larynx ne sont pas altérés chez les aphasiques; ce qui manque, c'est uniquement la mémoire des mouvements qui doivent être produits pour l'articulation des voyelles et des consonnes lorsqu'ils sont complètement privés de la faculté du langage articulé, et la coordination des mouvements nécessaires pour produire telle voyelle et telle consonne lorsqu'ils peuvent articuler quelques mots.

*Paul Broca* a étudié plusieurs cerveaux d'individus atteints d'aphasie, et il a trouvé que l'aphasie est toujours accompagnée de l'altération ou de l'atrophie de la *troisième circonvolution frontale*. Dans presque tous les cas observés, c'était la troisième circonvolution frontale *gauche* qui était altérée ou atrophiée (fig. 166). Nous pouvons donc dire que la faculté du langage articulé est localisée dans la troisième circonvolution frontale gauche.

2° *Agraphie*. — L'agraphie accompagne souvent l'aphasie, mais elle peut se produire seule : elle est caractérisée par la disparition de la faculté d'écrire. Les individus

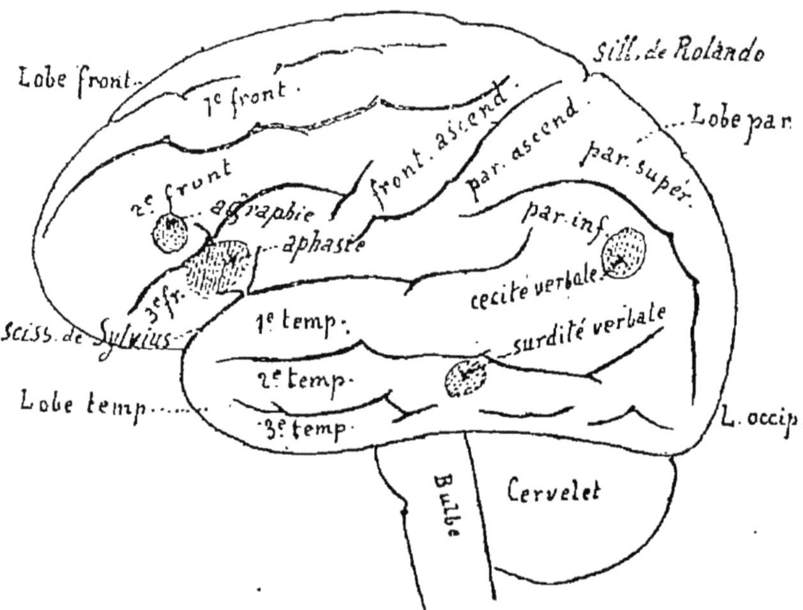


Fig. 166. — Localisations cérébrales.

atteints d'agraphie peuvent lire et comprendre la parole; ils parlent même quelquefois; mais il leur est impossible d'exécuter les mouvements nécessaires pour écrire; en un mot il semble qu'ils n'ont jamais su écrire.

L'autopsie a révélé chez les individus agraphiques une lésion ou une atrophie de la *seconde circonvolutino frontale gauche:* cette circonvolution est donc le centre de la mémoire des mouvements de l'écriture (fig. 166).

3° *Surdité verbale.* — Les individus atteints de *surdité verbale* entendent les sons, les distinguent les uns des autres, peuvent parler, lire et écrire, mais sont incapables de comprendre le *sens des mots parlés;* les mots sont pour eux comme s'ils ne les avaient jamais entendus.

Il y a donc une faculté de la *mémoire auditive des mots;* cette faculté siège dans la partie postérieure de la *première circonvolution temporale gauche* (fig. 166).

4° *Cécité verbale.* — Les sujets atteints de *cécité verbale* voient les objets qui les entourent, les reconnaissent, parlent, écrivent, etc, mais ils ne peuvent pas lire l'écriture, quoiqu'ils distinguent nettement les lettres : il y a, par conséquent, une faculté de la *mémoire visuelle des mots;* cette faculté a son siège dans le *lobule pariétal* (fig. 166).

## § 4. — Système du grand sympathique

Disposition; caractères généraux. — Fonctions générales. — Nerfs vaso-moteurs.

**Disposition; caractères généraux.** — Le système nerveux du grand sympathique est constitué (fig. 167) : 1° par des *ganglions nerveux;* 2° par des *nerfs.*

1° Les *ganglions nerveux,* unis longitudinalement entre eux par des filets nerveux (*connectifs*), forment une double chaîne placée contre la colonne vertébrale, une moitié à gauche de la moelle épinière, l'autre moitié, à droite; cette chaîne se prolonge en haut dans le crâne, se met ainsi en relation avec l'encéphale, et elle se termine au niveau de la 2e vertèbre sacrée où l'une des moitiés se met en rapport avec l'autre moitié par plusieurs filets nerveux.

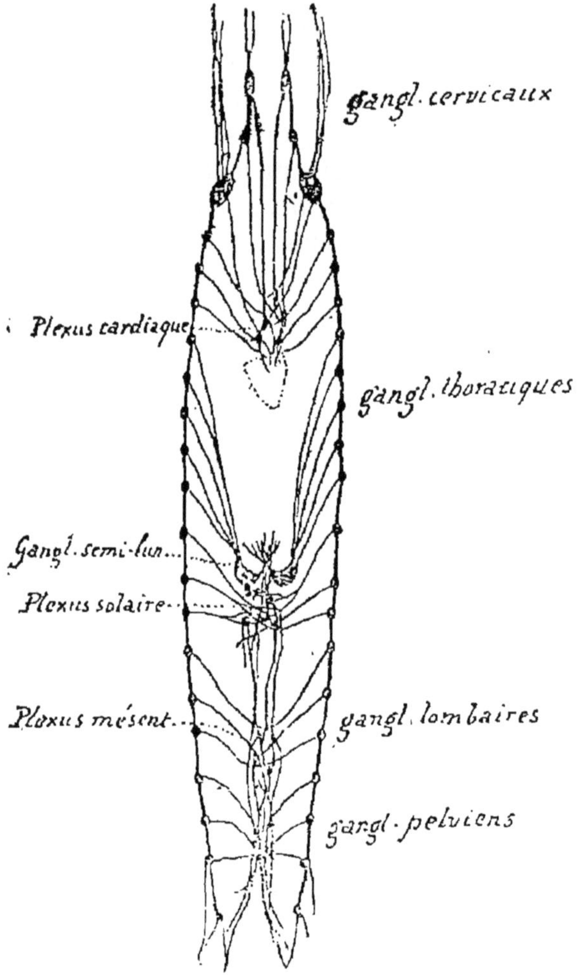


Fig. 167. — Disposition générale du système sympathique.

Les principaux ganglions du sympathique sont :

Les *ganglions cervicaux*, au nombre de trois paires;

Les *ganglions thoraciques*, au nombre de douze paires;

Les *ganglions lombaires*, au nombre de quatre paires;

Les *ganglions pelviens*, au nombre de quatre paires.

2° Les *nerfs sympathiques* partent des ganglions et se distribuent principalement dans les organes de la nutrition (cœur, poumons, intestins, etc.); ils forment des *plexus* sur leur trajet, c'est-à-dire des enchevêtrements et des anastomoses de leurs filets, entremêlés de ganglions nerveux.

Des *ganglions cervicaux* partent trois filets principaux (nerfs *cardiaques* ou du cœur) qui, unis avec certaines branches du pneumogastrique, forment le *plexus cardiaque*, d'où partent des filets nerveux se ramifiant dans les parois du cœur.

Les nerfs sympathiques issus des *glanglions thoraciques* (du 6$^{e}$ au 10$^{e}$) se terminent dans les *glanglions semilunaires* au-dessus desquels se voient les *plexus solaires* dont les filets aboutissent à l'estomac, au foie, aux reins, etc.

Les nerfs sympathiques venus des ganglions lombaires forment les *plexus mésentériques* dont les nerfs vont se ramifier dans le gros intestin, etc.

Le grand sympathique est en relation avec la moelle épinière par des filets nerveux (*racines sympathiques*), venues des nerfs rachidiens et contenant, comme ces derniers, des fibres sensitives et des fibres motrices.

**Fonctions générales.** — Les relations anatomiques qui existent entre le système cérébro-spinal et le système du grand sympathique montrent que ce dernier ne doit nullement être considéré comme un système indépendant. D'un autre côté, la présence de ganglions nerveux dans le sympathique indique nettement que ces ganglions doivent jouer le rôle de centres nerveux, capables de produire des *actes réflexes*. Ce dernier fait est démontré par diverses expériences, parmi lesquelles nous citerons la suivante : le cœur continue à battre lorsqu'il est arraché de la poitrine d'un animal ; ses mouvements sont commandés par de petits ganglions nerveux situés dans ses parois et, si l'on extirpe ces ganglions, les mouvements s'arrêtent aussitôt.

Mais, quoique tous les actes produits par les ganglions du sympathique soient indépendants de la volonté et que nous n'ayons même pas conscience de leur existence, l'intégrité de la moelle épinière et de l'encéphale est indispensable pour leur production, car les centres des actes réflexes sympathiques se trouvent, en réalité, les uns dans la moelle épinière, les autres dans le bulbe.

Ainsi que nous l'avons déjà dit, le sympathique tient sous sa dépendance les organes de la nutrition : il règle, concurremment avec les nerfs pneumogastriques, les mouvements de l'estomac et de l'intestin, détermine le rythme des mouvements respiratoires et des mouvements du cœur, etc. Nous allons voir qu'il règle aussi la circulation du sang dans les organes.

**Nerfs vaso-moteurs.** — L'existence des nerfs *vaso-moteurs* est nettement mise en lumière par une expérience célèbre de *Claude Bernard.* Ayant coupé sur un côté du cou du lapin le nerf sympathique, au-dessus du ganglion cervical supérieur, Claude Bernard observa que les vaisseaux de l'oreille se dilatent considérablement, que l'oreille rougit en même temps et que sa température augmente d'environ 12 degrés. A quoi sont dus ces phénomènes ? Excitons le bout périphérique du sympathique sectionné : aussitôt les vaisseaux de l'oreille se contractent, et l'oreille reprend sa couleur et sa température normales : la circulation est ralentie par suite de la contraction des vaisseaux, comme elle était accélérée après la section du sympathique par suite de leur dilatation. Il existe donc des nerfs vaso-moteurs qui ont pour effet de resserrer le calibre des vaisseaux sanguins en maintenant à l'état de contraction les muscles de ces vaisseaux : ces nerfs sont dits *vaso-constricteurs.* Dans l'oreille se distribuent un certain nombre de filets sympathiques qui prennent leur origine dans les ganglions cervicaux. Ces filets nerveux sont donc bien des vaso-constricteurs, puisque leur suppression amène la dilatation des vaisseaux de l'oreille.

L'existence de nerfs qui ont une action opposée, c'est-à-dire de nerfs *vaso-dilatateurs*, a été démontrée aussi par plusieurs expériences, parmi lesquelles nous citerons la suivante. Les glandes salivaires sous-maxillaires reçoivent des filets nerveux de la *corde du tympan* (branche du facial) ; on sectionne la corde du tympan et l'on excite le

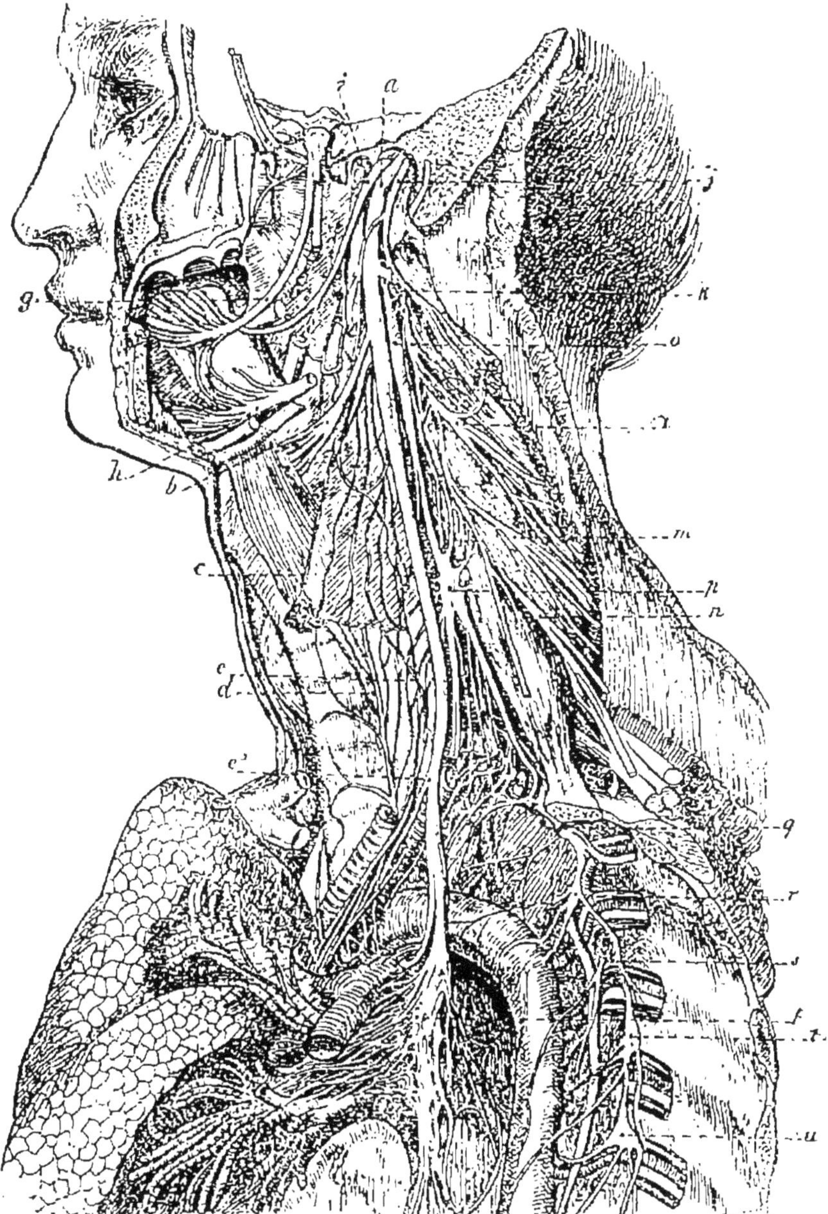


Fig. 168. — Partie supérieure du système sympathique avec les principaux nerfs du cou. — *a*, pneumogastrique; *k*, ganglion cervical supérieur; *p*, ganglion cervical moyen; *q*, *r*, etc., ganglions dorsaux; *g*, lingual; *h*, portion terminale du grand hypoglosse; *b*, *c*, branches du pneumogastrique, etc.

*bout périphérique* de ce nerf : aussitôt les vaisseaux de la glande correspondante *se dilatent*, la sécrétion salivaire s'accélère et la température augmente. Par conséquent, il faut admettre que la corde du tympan agit normalement — mais d'une façon moins intense que par son excitation électrique — de façon à dilater les vaisseaux de la glande sous-maxillaire, c'est-à-dire en définitive, de façon à paralyser les muscles de ces vaisseaux.

Des observations précises ont démontré que le sympathique renferme à la fois des filets vaso-constricteurs et des filets vaso-dilatateurs. Le sympathique régit par suite les phénomènes de la nutrition, qu'il accélère par l'intermédiaire des nerfs vaso-dilatateurs, ou qu'il ralentit par l'intermédiaire des nerfs vaso-constricteurs.

## § 5. — Système nerveux des animaux

Système nerveux des Vertébrés. — Système nerveux des Invertébrés : Insectes, Mollusques, Echinodermes.

### Vertébrés

Le système nerveux des Vertébrés présente les dispositions générales du système nerveux de l'Homme : il se compose, en effet, de la moelle épinière et de l'encéphale, et de nerfs rachidiens et crâniens. Les centres nerveux sont, chez tous les Vertébrés, *placés au-dessus du tube digestif*.

Les principales différences qu'on observe dans le système nerveux des cinq classes de Vertébrés consistent dans la réduction progressive — de l'Homme aux Poissons — des hémisphères cérébraux. Indiquons rapidement ces différences.

**Mammifères**. — Les hémisphères cérébraux sont toujours très développés chez les Mammifères; ils le sont cependant beaucoup moins chez les Mammifères inférieurs (Marsupiaux) que chez les Mammifères supérieurs (Carnivores, Singes). Le nombre et la profondeur des circonvolutions diminuent aussi progressivement, à mesure qu'on s'éloigne de l'Homme : chez les Singes, elles sont nombreuses et bien développées ; chez les Rongeurs (Lapin) et chez les Édentés (Fourmilier), il n'y en a presque plus de trace (fig. 169); enfin, les hémisphères sont lisses chez les Marsupiaux (Sarigue).

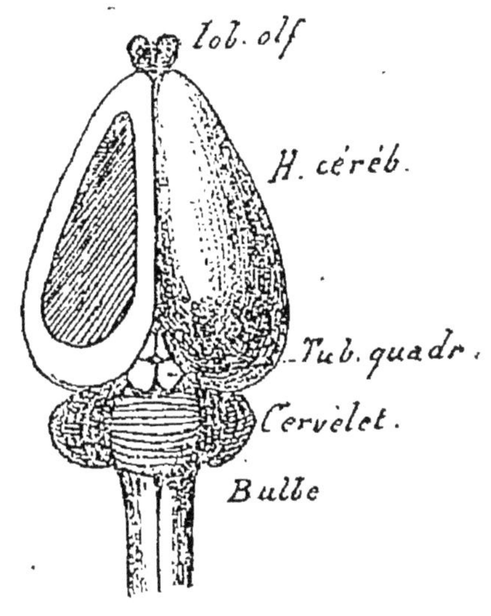


Fig. 169. — Figure théorique de l'encéphale du Lapin.

**Oiseaux.** — Les hémisphères cérébraux des Oiseaux sont encore relativement très développés, quoique entièrement lisses (fig. 170 et 171) ; les tubercules quadrijumeaux sont réduits à *deux* lobes, appelés *lobes optiques*, qu'il ne faut pas confondre avec les couches optiques de l'Homme; le pont de Varole manque. Le cervelet, relativement très gros, est formé du *vermis* très développé et de deux lobes cérébelleux très réduits.

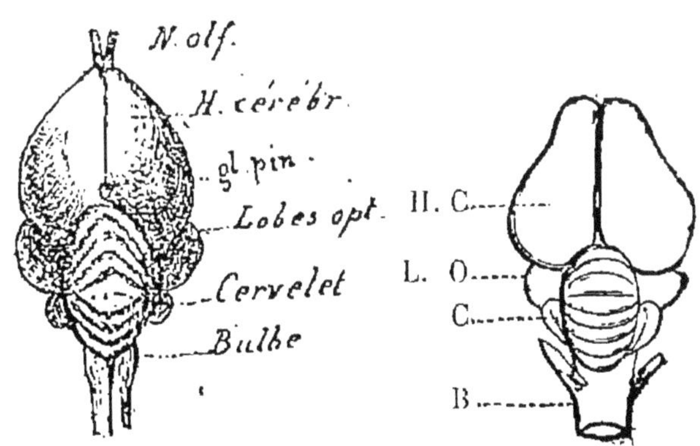


Fig. 170 et 171. — Encéphale d'oiseau.

**Reptiles, Batraciens, Poissons** (fig. 172 et 173). — En avant des hémisphères cérébraux, qui, d'une façon générale, ne sont guère plus volumineux que les autres centres de l'encéphale, se voient chez ces animaux deux lobes, appelés *lobes olfactifs*, plus développés que les hémisphères chez quelques Poissons.

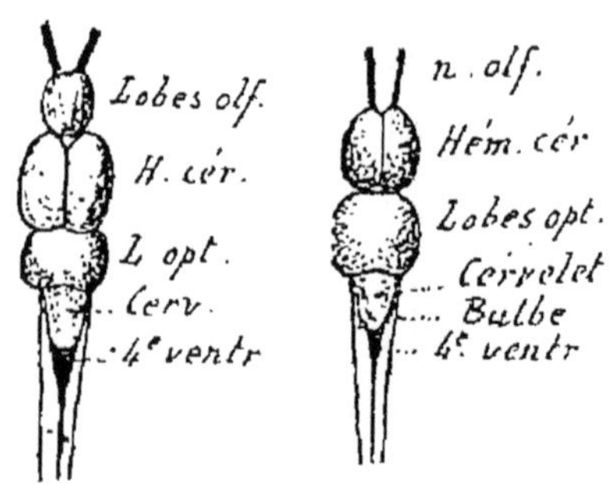


Fig. 172 et 173. — Encéphale et moelle épinière des Batraciens et des Poissons.

Les lobes optiques sont relativement plus gros, surtout chez les Poissons ; le cervelet est réduit à une bandelette nerveuse qui se place transversalement au-dessus du quatrième ventricule. Plusieurs paires de nerfs crâniens disparaissent, pendant que le trijumeau et le pneumogastrique prennent un plus grand développement.

Rien de particulier pour le bulbe et la moelle épinière chez ces animaux.

## Invertébrés

D'une façon générale, le système nerveux des Invertébrés est formé de *ganglions*, disposés par paires, et de *nerfs* qui, prenant leur origine dans les ganglions, se distribuent aux divers organes du corps. Les ganglions ou centres nerveux, au lieu d'être placés, comme les centres nerveux des Vertébrés, au-dessus du tube digestif, se trouvent, *les uns au-dessus, les autres au-dessous de ce tube*.

On peut rapporter les dispositions principales des centres nerveux chez les Invertébrés à trois types généraux représentés : 1° par les *Insectes* ; 2° par les *Mollusques* ; 3° par les *Echinodermes*.

**Insectes.** — Dans la tête des Insectes, *au-dessus de*

*l'œsophage*, se trouvent deux ganglions, unis par un filet nerveux transversal (fig. 174), quelquefois soudés en une seule masse, et désignés sous le nom de *ganglions cérébroïdes*, parce qu'ils correspondent au cerveau des Vertébrés par leur position et par leurs fonctions générales.

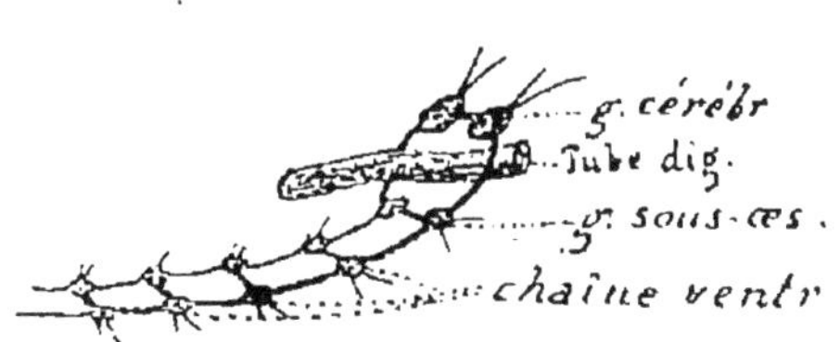


Fig. 174. — Système nerveux des Insectes (fig. théorique).

*Au-dessous de l'œsophage* sont placés deux ganglions, les *ganglions sous-œsophagiens*, réunis aux précédents par deux filets nerveux qui entourent l'œsophage. L'ensemble des deux paires de ganglions et de ces filets forme le *collier œsophagien*.

Dans le thorax et dans l'abdomen, on trouve, *au-dessous* du tube digestif, un nombre variable de ganglions disposés aussi par paires, réunis entre eux et avec les ganglions sous-œsophagiens par des filets nerveux longitudinaux. L'ensemble de ces ganglions porte le nom de *chaîne ventrale*.

Les Myriapodes, les Crustacés, les Arachnides et les Vers ont un système nerveux analogue à celui des Insectes.

**Mollusques.** — Le système nerveux des Mollusques est formé par des *ganglions* et par des *nerfs*.

Les ganglions sont généralement (Bivalves) au nombre de trois paires, savoir (fig. 175) : 1° les *ganglions cérébroïdes*, placés au-dessus de l'œsophage; 2° les *ganglions pédieux*, placés à la base de l'organe appelé pied, sous le tube digestif; 3° les *ganglions viscéraux*, placés

Fig. 175. — Système nerveux des Mollusques (fig. théorique).

à la base des branchies, également sous le tube digestif.

Les ganglions viscéraux et les ganglions pédieux sont unis aux ganglions cérébroïdes par des filets nerveux passant l'un à droite, l'autre à gauche du tube digestif; il y a donc, en quelque sorte, deux colliers œsophagiens, le premier formé par les ganglions cérébroïdes et pédieux, le second, par les ganglions cérébroïdes et viscéraux.

La disposition générale des ganglions nerveux des Gastéropodes et des Céphalopodes est la même que chez les Bivalves.

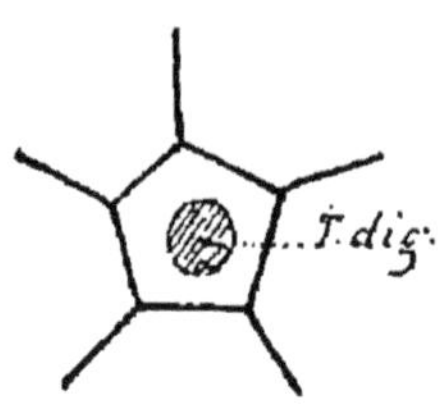


Fig. 176. — Système nerveux des Echinodermes (fig. théorique).

**Echinodermes.** — Le système nerveux des Echinodermes est essentiellement composé (fig. 176) : 1° d'un *anneau nerveux* placé autour de l'œsophage; 2° de *cinq nerfs* qui, partant de cet anneau, se distribuent dans les cinq régions principales du corps de ces animaux (Étoile de mer, etc.).

La disposition du système nerveux de ces animaux est par conséquent *rayonnée*, comme la disposition générale des organes.

Quelques Cœlentérés ont un système nerveux analogue.

---

# CHAPITRE III

## Organes des sens

On a vu, dans les pages précédentes, que la fonction générale de l'encéphale consiste surtout dans la transformation des impressions périphériques en *sensations*. Nous avons considéré jusqu'ici uniquement les *sensations géné-*

*rales* qui nous font connaître les modifications qui se produisent dans nos organes, mais qui ne nous donnent pas de renseignements précis sur la nature des agents qui déterminent ces modifications.

L'encéphale remplit d'autres fonctions éminemment propres à nous renseigner sur la nature du milieu extérieur et sur les propriétés des objets qui nous entourent : ces fonctions consistent essentiellement à transformer les impressions reçues par les *organes des sens* en *sensations spéciales*, telles que la sensation de lumière, de son, etc. Lorsque, par exemple, nous touchons un objet avec la main, nous nous rendons compte de quelques-unes de ses propriétés (forme, consistance, température), même en fermant les yeux. Que s'est-il passé? La peau de la main renferme de petits organes — les organes du toucher — qui sont impressionnés par les corps en contact ; l'impression *reçue* par eux est transmise par les nerfs de la peau jusqu'aux centres nerveux, qui la *transforment* en une perception spéciale dont le résultat est la connaissance de certaines propriétés des objets. De même, la lumière produit une impression sur l'œil; cette impression est transmise par le nerf optique au cerveau qui la transforme en une sensation de lumière, etc.

Par conséquent, les organes des sens sont des intermédiaires entre les objets extérieurs et l'encéphale ; les sensations spéciales fournies par eux demandent pour être produites : 1° un organe *récepteur* de l'impression (organes des sens); 2° un nerf qui la *transmet ;* 3° une partie de l'encéphale qui la *perçoit.*

Les organes des sens sont au nombre de cinq : 1° la *peau*, organe du toucher; 2° le *nez*, organe de l'odorat; 3° la *langue*, organe du goût; 4° l'*oreille*, organe de l'audition ; 5° l'*œil*, organe de la vue.

Etudions-les successivement.

## § 1. — La Peau. — Le Toucher

Structure de la peau. — Corpuscules du tact. — Sensations tactiles.

**Structure de la peau.** — La peau est formée de deux parties (fig. 177) : 1° une partie superficielle, l'*épiderme;* 2° une partie profonde, recouverte par l'épiderme et appelée *derme.*

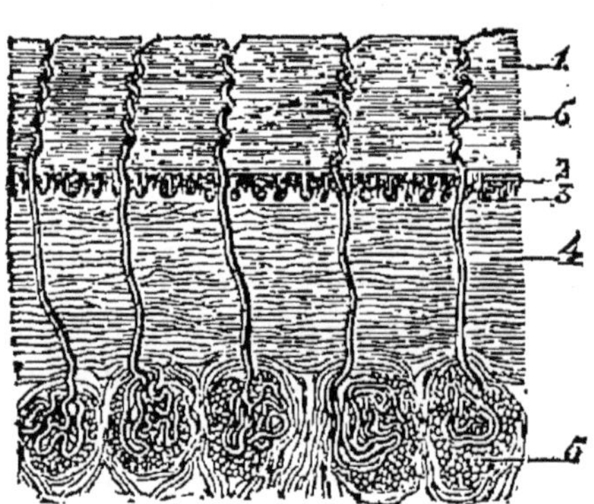

Fig. 177. — Coupe transversale de la peau.

Dans l'*épiderme*, on distingue : 1° une *couche cornée*, composée de plusieurs rangées de cellules mortes dont les plus externes se détachent et tombent, sous forme de petites lamelles; 2° une couche profonde ou *couche de Mapighi*, composée aussi de plusieurs rangées de cellules avec protoplasma et noyau, qui se multiplient incessamment pour remplacer celles qui sont tombées, de façon à conserver à l'épiderme une épaisseur toujours égale.

L'épiderme est dépourvu de vaisseaux sanguins ; la couche de Malpighi seule renferme des filets nerveux. Les poils et les ongles sont des productions épidermiques; les glandes de la sueur traversent l'épiderme pour s'enfoncer dans le derme où elles se pelotonnent.

Le *derme* est plus épais que l'épiderme; c'est un tissu conjonctif. La couche périphérique, en contact intime avec la couche de Malpighi, présente une multitude de petites saillies ou *papilles*, qui, en repoussant l'épiderme, dessinent à la surface de la peau les courbes serrées qu'on observe sur la main et notamment à l'extrémité des doigts. Ces papilles sont de deux sortes : 1° les *papilles vasculaires*, qui reçoivent des vaisseaux sanguins ; 2° les *papilles nerveuses* dans lesquelles on trouve à la fois des vaisseaux sanguins et des nerfs. Dans l'intérieur de ces dernières papilles, se voient de petits corps en relation avec les filets nerveux : ces petits corps sont les organes du toucher ; ils portent le nom général de *corpuscules du tact*.

**Corpuscule du tact.** — Avant d'étudier les corpuscules du tact chez l'Homme, examinons ceux que l'on trouve sur le *bec du Canard* et qu'on peut considérer comme typiques (fig. 178).

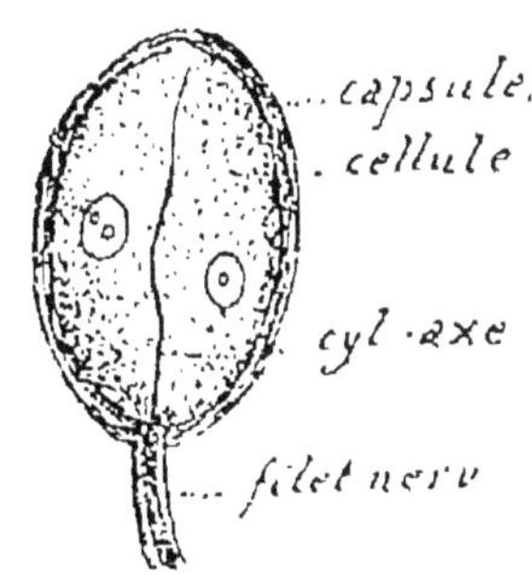

Fig. 178. — Corpuscule tactile du bec de Canard.

Dans chacun des corpuscules tactiles du bec du Canard, on observe : 1° une *capsule* épaisse ; 2° des *cellules de soutien*, généralement au nombre de quatre, renfermées dans la capsule et empilées les unes sur les autres ; 3° des *fibrilles nerveuses*, réduites au cylindre-axe, qui pénètrent entre les cellules de soutien, et qui se terminent le plus souvent par un petit renflement.

Chez l'Homme, on distingue trois sortes de corpuscules du tact : 1° les *corpuscules de Meissner ;* 2° les *corpuscules de Krause ;* 3° les *corpuscules de Vater* ou *de Pacini*. Dans chacun de ces corpuscules, nous allons distinguer les trois parties fondamentales des corpuscules tactiles du bec du Canard.

I. — Les *corpuscules de Meissner* (fig. 179) ont une taille d'environ $\frac{1}{10}$ de millimètre ; ils sont surtout abondants dans la paume de la main. La *capsule* d'enveloppe est peu distincte ; les *cellules de soutien* sont fusionnées ensemble parce qu'elles n'ont pas de membrane, et elles ne se reconnaissent que par leurs noyaux ; les *fibrilles ner-*

*veuses*, qu'il est difficile de suivre dans leurs terminaisons, s'enroulent plusieurs fois autour de la capsule et pénètrent dans la masse des protoplasmas fusionnés.

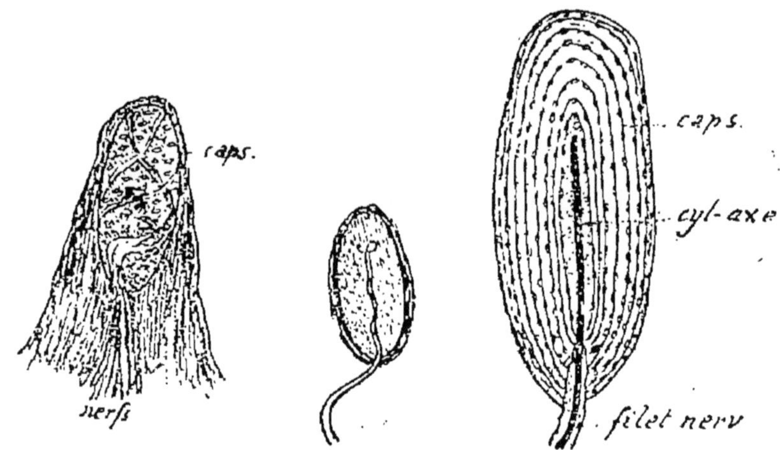


Fig. 179, 180, 181. — Corpuscules tactiles de l'Homme (corp. de Meissner, de Krause, de Pacini).

II. — Les *corpuscules de Krause* (fig. 180) sont encore plus petits que les précédents, car leur taille ne dépasse pas quelques centièmes de millimètre (de 2 à 8) ; leur nombre est aussi moins grand ; on les trouve surtout sur la muqueuse de la langue. La *capsule* est distincte ; les *cellules de soutien*, entièrement fusionnées, forment une masse unique, molle, d'aspect gélatineux ; les *fibrilles nerveuses* pénètrent dans cette masse où elles se terminent en pointe ou en massue.

III. — Les corpuscules de *Vater* ou de *Pacini* ont de 1 à 4 millimètres ; ils sont nombreux dans la main et le pied. La *capsule* (fig. 181) est épaisse et formée de plusieurs couches concentriques ; la cavité centrale qu'elle délimite est remplie d'une masse gélatineuse résultant de la *fusion des cellules de soutien ;* les fibrilles nerveuses pénètrent et se ramifient dans cette masse gélatineuse.

**Sensations tactiles.** — En touchant les objets, l'épiderme est comprimé et par suite exerce une pression sur les papilles; les corpuscules du tact, impressionnés en même temps, transmettent l'excitation aux nerfs qui sont en relation avec eux; l'impression arrive de proche en proche au cerveau qui, ainsi que nous l'avons dit, la transforme en une sensation spéciale, dite *sensation tactile.*

Les sensations tactiles sont essentiellement des sensations de *température* et de *pression.*

Les sensations de *température* fournissent, non la température propre des objets touchés, mais leur température *relative :* en effet, ces objets nous paraissent plus chauds ou plus froids les uns que les autres ou que la partie du corps avec laquelle ils sont en contact. Elles ne sont guère possibles qu'entre 0 et 70 degrés, car au delà de ces limites on éprouve une impression de douleur. Toutes les parties de la peau sont aptes à déterminer cette catégorie de sensations; mais la température relative des objets est appréciée plus spécialement par les lèvres, les joues et le dos de la main.

Les sensations de *pression* fournissent des renseignements sur l'état lisse ou rugueux des corps, sur leur dureté, leur forme, etc.; elles peuvent être déterminées sur toute la surface de la peau, mais leur maximum de netteté est atteint lorsque les objets se trouvent en contact avec la pointe de la langue, l'extrémité des doigts ou la paume de la main. L'expérience connue sous le nom d'expérience du *compas de Weber* permet de constater la différence des sensations de pression fournies par les diverses parties du corps : elle consiste à appliquer les deux pointes d'un compas sur une région déterminée et à noter l'écartement minimum qu'elles présentent pour être perçues isolément. On a trouvé qu'elles doivent être écartées de 1 millimètre à la pointe de la langue, de 2 millimètres à la paume de la main, de 12 millimètres sur la paume de la main et de 5 à 6 centimètres sur la peau du dos.

Le sens du toucher acquiert une perfection remarquable

14.

chez les aveugles, qui arrivent à distinguer une couleur d'une autre en appréciant simplement par le toucher la différence de leur grain.

## § 2. — La Langue. — Le Gout

Structure de la langue. — Papilles gustatives. — Sensations gustatives.

**Structure de la langue.** — La langue est un organe charnu dans lequel on distingue : une portion antérieure, horizontale et une portion postérieure, verticale, attachée à l'*os hyoïde*. Sur la face inférieure de la portion antérieure se voit un sillon longitudinal auquel fait suite en arrière un repli saillant nommé *frein* de la langue.

La langue est essentiellement composée d'une *membrane muqueuse* qui l'entoure de toutes parts, et de *muscles*. Ce sont les muscles qui lui donnent sa grande mobilité; ils sont au nombre de trois, savoir : 1° le *lingual supérieur*,

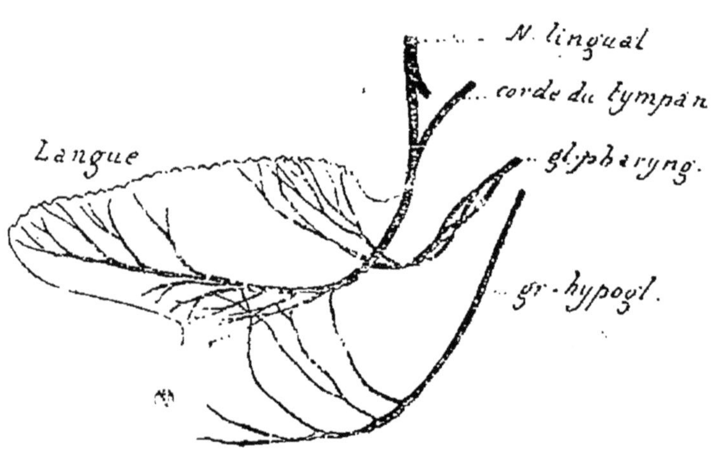


Fig. 182. — Langue et innervation.

dont les fibres s'étendent longitudinalement de la pointe à la base de la langue; 2° le *lingual transverse*, dont les fibres vont d'un bord au bord opposé; 3° le *lingual inférieur*, à fibres disposées longitudinalement.

Un certain nombre de nerfs crâniens se distribuent dans les diverses régions de la langue (fig. 182) : le *grand hypoglosse*, nerf moteur (12° paire); le *nerf lingual*, branche du trijumeau (5° paire); le nerf *glosso-pharyngien* (9° paire); la *corde du tympan*, nerf vaso-moteur, branche du facial (7° paire).

Le *nerf lingual* et le nerf *glosso-pharyngien* sont des nerfs de sensibilité spéciale (gustatifs et tactiles); le premier se ramifie principalement dans la région antérieure de la langue, tandis que les branches du second sont destinées à la région postérieure de cet organe, notamment au V lingual dont il va être question.

**Papilles gustatives.** — La muqueuse linguale présente, sur la face supérieure et sur les bords de la langue, un grand nombre de saillies ou *papilles* (fig. 183) dans lesquelles se terminent les dernières branches du nerf lingual et du glosso-pharyngien. Ces papilles sont de trois sortes : 1° les *papilles caliciformes* ou saillies logées dans une dépression circulaire (calice) de la muqueuse; elles sont au nombre d'une douzaine, disposées en un V à sommet postérieur, connu sous le nom de *V lingual*, et placées à la face supérieure et postérieure de la langue; 2° les *papilles fongiformes*, tout entières saillantes comme de petits champignons (d'où leur

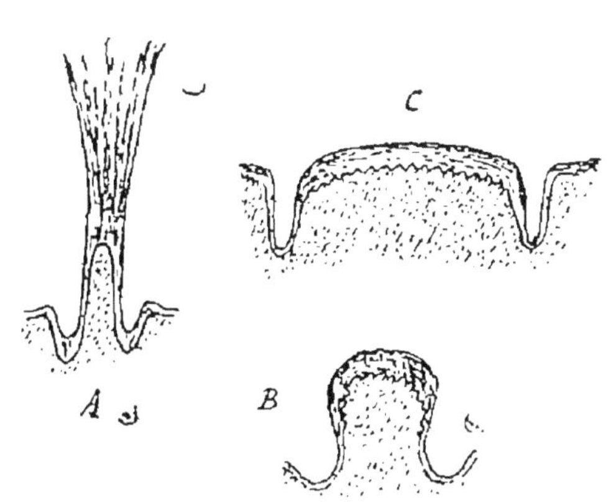


Fig. 183. — Papilles gustatives. — A, papille filiforme; B, papille fongiforme; E, papille caliciforme.

nom) à la surface de la muqueuse; elles sont nombreuses et disposées sur les bords, la pointe et la face supérieure de la langue; 3° les *papilles filiformes* ou saillies découpées en filaments à leur partie libre; elles sont disséminées sur la face supérieure et paraissent être simplement tactiles.

Les papilles caliciformes et fongiformes, plus spécialement affectées à la gustation, renferment de petits groupes de cellules différenciées auxquels on donne le nom de *corpuscules gustatifs* (2 à 8 dixièmes de millimètre).

Dans un corpuscule gustatif on distingue (fig. 184 et 185) :

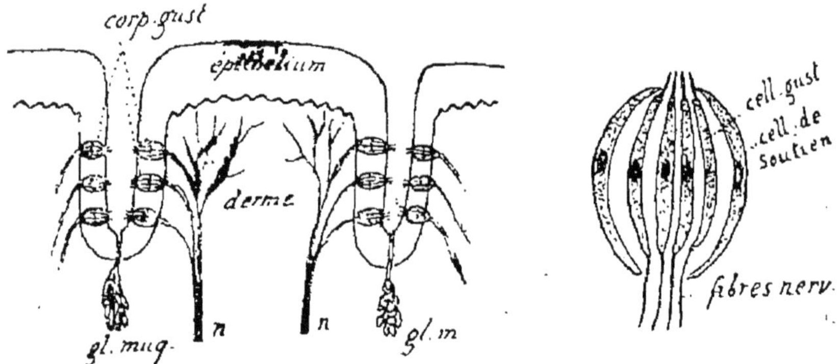


Fig. 184 et 185. — Coupe d'une papille caliciforme et d'un corpuscule gustatif (à droite).

une *enveloppe* formée de *cellules de soutien* avec membrane, protoplasma et noyau, accolées les unes aux autres; un petit groupe de *cellules centrales*, fusiformes, portant chacune à leur extrémité libre, un bâtonnet qui fait légèrement saillie au sommet du corpuscule; ce sont là les *cellules gustatives;* le bâtonnet qu'elles portent paraît être la continuation des fibrilles nerveuses qui les traversent.

**Sensations gustatives.** — Les substances *sapides* sont dissoutes, dès leur entrée dans la bouche, par la salive et principalement par la salive des glandes sous-maxillaires, dont la sécrétion est abondante à ce moment; les papilles gustatives sont impressionnées; l'excitation reçue par les cellules gustatives est transmise, soit par le nerf lingual, soit par le nerf glosso-pharyngien, à l'encéphale qui la perçoit et la transforme en cette sensation spéciale désignée sous le nom de *goût*.

Les sensations gustatives ainsi produites ne nous donnent que des renseignements vagues sur les substances placées dans la bouche ou sur les aliments, car, des corps de composition très différente peuvent laisser une même impression de *saveur* : le sucre, la glycérine et les sels de plomb, par exemple, ont une saveur sucrée. D'autre part, la sensation de saveur paraît être souvent la résultante d'impressions gustatives proprement dites, d'impressions tactiles et d'impressions olfactives, et il est, dans la plupart des cas, impossible de séparer ces diverses impressions. Aussi est-il admis généralement qu'il n'y a réellement que deux sortes de sensations gustatives proprement dites : le *doux* et l'*amer*, les sensations des substances dites *acides*, *alcalines*, etc., seraient plutôt des sensations tactiles résultant de l'irritation qu'elles produisent sur les nombreux corpuscules tactiles de la muqueuse linguale.

## § 3. — Le Nez. — L'Odorat

Nez et fosses nasales. — Squelette des fosses nasales. — Membrane pituitaire; nerfs olfactifs. — Sensations olfactives.

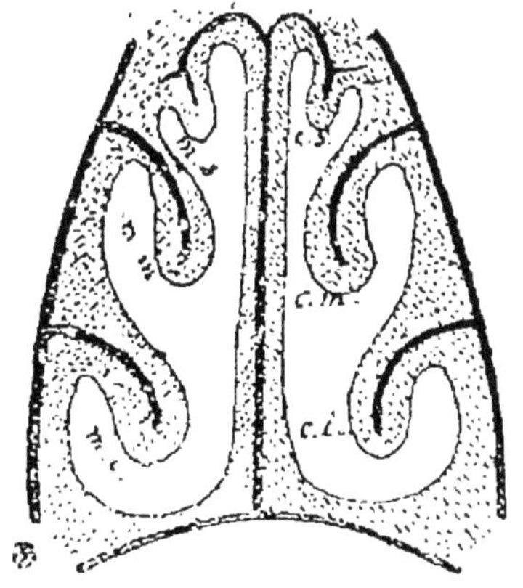

Fig. 186. — Coupe transversale théorique des fosses nasales. — *c.i*, *c.m*, *c.s*, cornets inférieurs, moyens et supérieurs; *m.i*, *m.m*, *m.s*, méats inférieurs, moyens et supérieurs.

**Le nez et les fosses nasales.** — Le nez s'ouvre au-dehors par les narines qui règlent l'entrée et la sortie de l'air de la respiration; les narines donnent accès dans deux cavités, les *vestibules des fosses nasales*, tapissées par une membrane muqueuse — la *membrane pituitaire* — séparées l'une de l'autre par une cloison cartilagineuse continuée en arrière et en haut par une cloison osseuse. Aux vestibules des fosses nasales font suite les *fosses nasales* (fig. 186), séparées l'une de l'autre par la cloison osseuse que nous venons de signaler, laquelle est formée par le *vomer* et par la *lame perpendiculaire de l'ethmoïde;* les fosses nasales s'ouvrent dans le pharynx par les *arrière-narines ;* elles sont tapissées par la membrane pituitaire et délimitées par plusieurs os.

Les fosses nasales sont spécialement affectées à l'olfaction : étudions-les d'abord au point de vue de leur squelette, puis au point de vue des particularités que présentent la membrane pituitaire et les terminaisons des nerfs de l'olfaction.

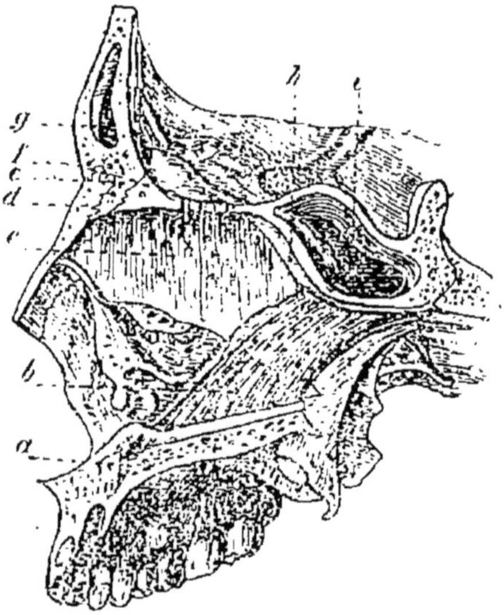

Fig. 187. — Parois osseuses des fosses nasales. *a*, portion du maxillaire supérieur qui ferme le plancher des fosses nasales et la voûte du palais (avec les palatins) ; *b*, vomer ; *c*, lame perpendiculaire de l'ethmoïde ; *d*, os nasal ; *e*, bord inférieur de l'os frontal ; *f*, lame criblée de l'ethmoïde ; *g*, sinus frontal ; *h*, corps du sphénoïde ; *i*, sinus sphénoïdal.

**Squelette des fosses nasales.** — Dans chaque fosse nasale, il faut distinguer : une face supérieure, une face latérale tournée vers le dehors, une face inférieure et enfin une face latérale tournée vers la fosse nasale opposée (fig. 187 et 188).

Le squelette de cette dernière face est formé par le vomer en arrière et la lame perpendiculaire de l'ethmoïde en avant et en haut.

Le squelette de la face supérieure est formé par la *lame criblée de l'ethmoïde*, par une partie du *sphénoïde* et par les *os propres du nez ;* le squelette de la face inférieure est formé par le *maxillaire supérieur* et les *palatins*.

Dans le squelette de la face latérale (extérieure), on distingue trois saillies osseuses, contournées, savoir : le *cornet supérieur*, le *cornet moyen* et le *cornet inférieur*. Le cornet supérieur et le cornet moyen sont constitués par les *masses latérales* de l'ethmoïde ; le cornet inférieur est formé par un os spécial de la face : ces trois cornets sont de grandeur croissante de haut en bas.

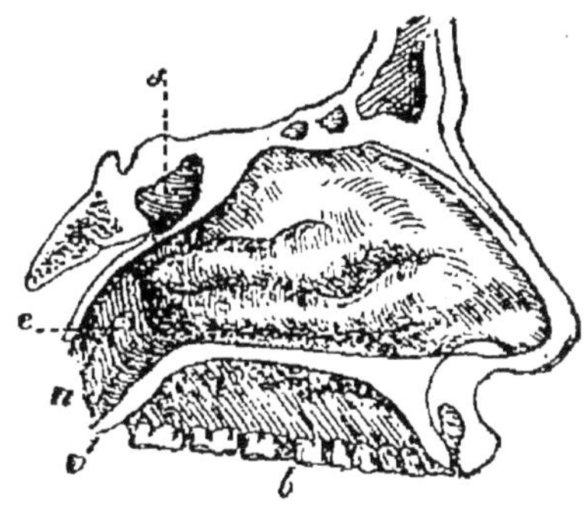

Fig. 188. — Coupe verticale des fosses nasales représentant la paroi externe de l'une de ces cavités avec les cornets et les méats.

Les cornets sont séparés les uns des autres par des dépressions qui portent le nom général de *méats* (méats supérieur, moyen, inférieur).

**Membrane pituitaire ; nerfs olfactifs.** — La membrane pituitaire tapisse complètement les fosses nasales et leur vestibule. Elle renferme de nombreuses glandes en grappe qui sécrètent un mucus ayant pour rôle de saturer d'humidité l'air de l'inspiration. Parmi les cellules cylindriques de l'épithélium de cette muqueuse, on en observe un grand nombre qui sont fusiformes et qui portent, à leur extrémité libre, un *bâtonnet* dépassant légèrement la surface générale de l'épithélium ; ce bâtonnet est en relation avec le cylindre-axe d'une fibre nerveuse. Les cellules à bâtonnet sont seules sensibles aux odeurs et elles méritent, par conséquent, le nom de *cellules olfactives* qui leur est donné (fig. 189).

Trois paires de nerfs crâniens se distribuent dans les fosses nasales et le nez ; l'une d'elles seule est affectée à l'olfaction : c'est la première paire de nerfs crâniens, les *nerfs olfactifs*.

Les nerfs olfactifs se terminent chacun, ainsi qu'on l'a vu, par un renflement connu sous le nom de *bulbe olfactif* qui est placé sur la partie correspondante de la *lame criblée* de l'ethmoïde ; du bulbe olfactif se détachent de nombreux filets nerveux qui, après avoir traversé les ouvertures de la lame criblée, se ramifient dans la portion de la membrane pituitaire du *cornet et du méat supérieurs* et du *cornet moyen* (partie supérieure) ; ces filets nerveux vont se mettre en rapport avec les bâtonnets des cellules olfactives.

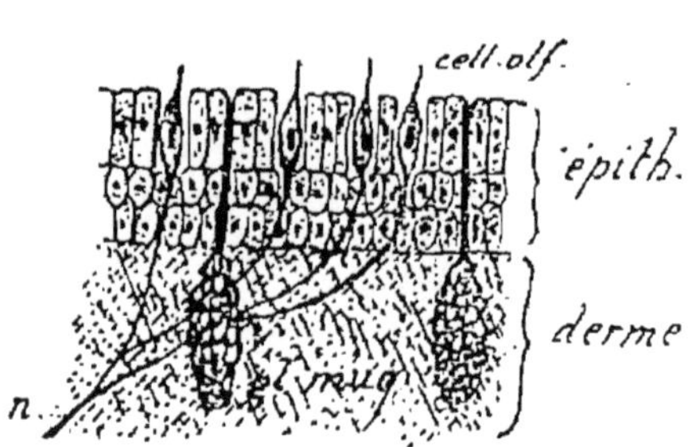

Fig. 189. — Coupe transversale de la membrane pituitaire.

Les nerfs olfactifs étant les seuls nerfs qui transmettent au cerveau les impressions olfactives, on voit que ces impressions sont localisées dans une partie seulement des fosses nasales (cornet supérieur, méat supérieur, partie supérieure du cornet moyen) ; l'épithélium de ces régions porte des cellules olfactives.

**Sensations olfactives.** — Les odeurs, sous forme de particules infiniment petites, émanées des corps odorants, entrent dans les fosses nasales avec l'air destiné à la respiration, excitent les cellules olfactives ; les excitations produites sont transmises par les nerfs olfactifs à l'encéphale qui les transforme en sensations spéciales, dites *sensations olfactives*.

## § 4. — L'Oreille. — L'Audition

Oreille externe. — Oreille moyenne. — Oreille interne. — Organes de Corti. — Nerf acoustique. — Fonctions des diverses parties de l'oreille ; audition. — Organes de l'audition chez les animaux.

L'oreille est un organe beaucoup plus compliqué que ceux que nous venons d'étudier. La partie visible au dehors n'est que la partie la moins importante de cet organe qui comprend, en réalité (fig. 190) : 1° l'*oreille externe ;*

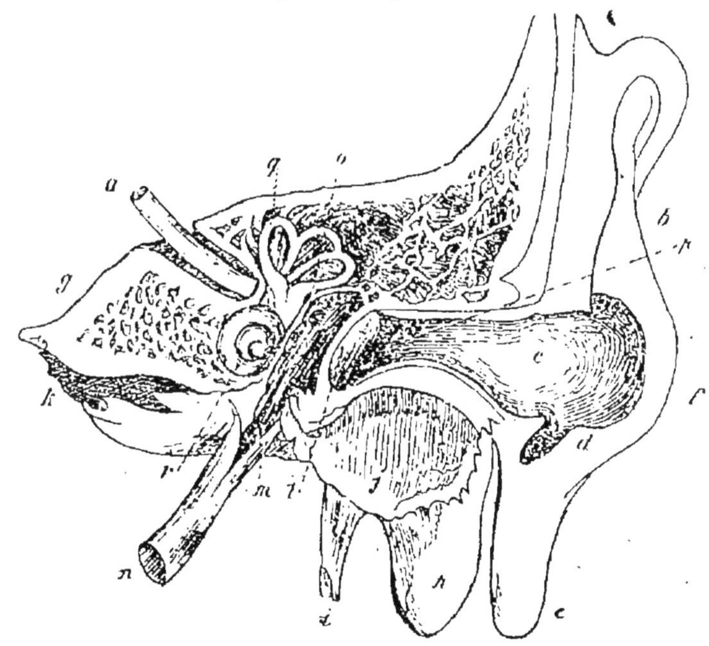

Fig. 190. — Appareil auditif de l'Homme. — *a*, nerf acoustique ; *b*, *c*, pavillon ; *p*, conduit auditif externe ; *t*, tympan ; *m*, *n*, trompe d'Eustache ; *o*, fenêtres ; *r*, limaçon ; *g*, canaux semi-circulaires ; *g*, *k*, etc., rocher.

2° l'*oreille moyenne ;* 3° l'*oreille interne* ou *labyrinthe.* L'oreille moyenne et l'oreille interne sont totalement renfermées dans des cavités irrégulières creusées dans le *rocher* (partie inférieure, dure, du temporal).

**Oreille externe.** — L'oreille externe est formée par le *pavillon* et par le *conduit auditif externe.*

Le *pavillon* est cette partie cartilagineuse que, dans le langage courant, on désigne sous le nom d'oreille; il présente des plis et des sillons irréguliers qui en font un organe de *collection* des sons. Sa sensibilité générale et tactile est peu développée; il est immobile chez l'Homme.

Le *conduit auditif externe* est un canal d'une longueur de deux à trois centimètres, creusé dans l'os temporal et fermé à son extrémité interne par une membrane, la *membrane du tympan*, faisant partie de l'oreille moyenne. Ce canal est tapissé par une fine membrane renfermant un grand nombre de petites glandes qui sécrètent une matière jaune appelée *cérumen ;* le cérumen a pour rôle d'arrêter les poussières qui pourraient troubler le fonctionnement de la membrane du tympan.

**Oreille moyenne.** — On peut se représenter l'oreille moyenne sous la forme d'une caisse irrégulière creusée dans le rocher, tapissée par une membrane et communiquant avec le pharynx par un conduit spécial (trompe d'Eustache).

On distingue dans l'oreille moyenne (fig. 190 et 191) : 1° la *membrane du tympan ;* 2° la *fenêtre ronde* et la *fenêtre ovale ;* 3° la *chaîne des osselets ;* 4° la *trompe d'Eustache.*

La *membrane du tympan* est tendue obliquement, de dehors en dedans, à l'extrémité postérieure du conduit auditif externe avec lequel elle fait un angle de 45°. Ce n'est pas une membrane plane, car sa face externe est *concave*, et sa face interne *convexe*. Au point de vue de la structure, on distingue dans la membrane du tympan, en allant de l'extérieur vers l'oreille moyenne, un *épithélium* externe, stratifié, une *membrane conjonctive* à fibres rayonnantes et concentriques, un *épithélium* interne, stratifié : c'est par conséquent une membrane conjonctive tapissée de tous côtés par un épithélium stratifié et tendue sur un cadre osseux faisant partie du temporal.

La *fenêtre ronde* et la *fenêtre ovale* sont deux ouvertures fermées chacune par une membrane, placées sur la face postérieure de l'oreille moyenne, l'une (fenêtre ronde) au-dessous de l'autre (fenêtre ovale). La fenêtre ovale a son grand axe horizontal; la fenêtre ronde porte aussi le nom de *tympan secondaire;* entre les deux se voit une saillie du temporal appelée *promontoire*.

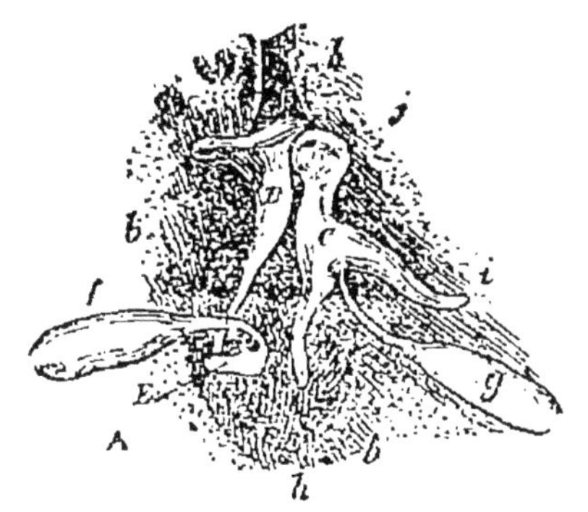

Fig. 191. — Tympan et osselets. — *b*, *b*, cadre du tympan ou de l'oreille moyenne ; C, marteau avec son muscle interne *g* ; D, enclume ; E, étrier avec le muscle de l'étrier *f*.

La *chaîne des osselets* est une chaîne de petits os; l'une de ses extrémités s'appuie sur la membrane du tympan, et l'autre sur la fenêtre ovale (fig. 191). Trois os principaux constituent cette courte chaîne : 1° le *marteau* (6 à 7 mm.), ayant la forme de l'objet connu sous ce nom, avec un *manche* tout entier fixé sur la membrane du tympan et une *tête* qui semble, en quelque sorte, frapper sur l'os suivant; 2° l'*enclume*, ayant à peu près la forme de l'instrument de ce nom ou plus exactement d'une molaire à deux racines ; l'une des racines, plus longue que l'autre, se termine par un léger renflement annulaire appelé *os lenticulaire*, à l'aide duquel se fait l'articulation avec le troisième os; 3° l'*étrier*, qui, comme les précédents, tire son nom de sa forme, est formé d'un arc osseux et d'une base élargie accolée à la membrane de la fenêtre ovale.

Deux petits muscles sont en relation avec le marteau et l'étrier, savoir : le *muscle interne du marteau* dont la contraction a pour résultat de tendre la membrane du tympan (muscle *tenseur*) et le *muscle de l'étrier*, dont la contraction a un effet inverse (muscle *relâcheur*).

La *trompe d'Eustache* est un conduit aplati, d'une longueur de 3 à 4 centimètres, qui s'ouvre d'un côté dans l'oreille moyenne, de l'autre côté, dans le pharynx au voisinage de l'arrière-narine correspondante. Elle est tapissée intérieurement d'un *épithélium vibratile*, comme toute la surface de la caisse de l'oreille moyenne, à l'exception toutefois de la membrane du tympan et des fenêtres.

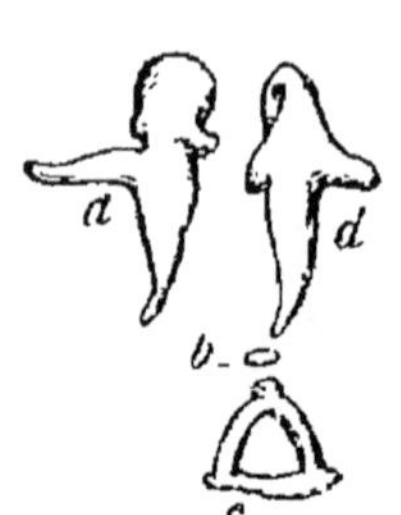


Fig. 192. — Osselets de l'oreille. — *a*, marteau ; *d*, enclume ; *b*, os lenticulaire ; *c*, étrier.

**Oreille interne.** — L'oreille interne ou labyrinthe est la partie essentielle de l'appareil de l'audition ; elle est en relation avec l'oreille moyenne par la fenêtre ronde et la fenêtre ovale, et elle communique avec le cerveau par le *nerf acoustique* qui passe par le *conduit auditif interne* creusé dans le rocher.

On distingue dans l'oreille interne trois parties, en relation directe les unes avec les autres, savoir : 1° le *vestibule ;* 2° les *canaux semi-circulaires ;* 3° le *limaçon* (fig. 190 et 193).

I. — Le *vestibule*, ainsi que l'indique son nom, est une sorte de sac qui communique avec l'oreille moyenne par la fenêtre ovale, et directement avec les autres portions de l'oreille moyenne ; il est divisé en deux parties séparées par un rétrécissement ; ces deux parties portent les noms d'*utricule* et de *saccule*. Il faut distinguer dans le vestibule (ainsi que dans les canaux semi-circulaires) une double paroi, savoir : une paroi externe *osseuse*, creusée dans le rocher (*vestibule osseux*) ; une paroi interne, membraneuse (*vestibule membraneux*), séparée de la paroi osseuse par un

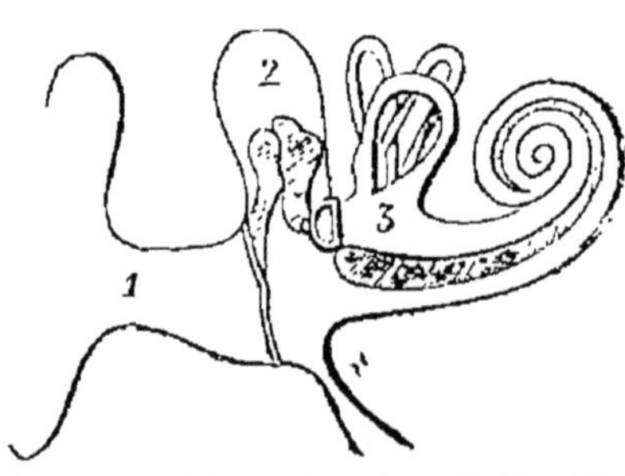


Fig. 193. — Figure théorique de l'oreille. — 1, oreille externe ; 2, oreille moyenne ; 3, oreille interne.

espace rempli d'un liquide connu sous le nom de *périlymphe* ou humeur de Vasalva. La cavité délimitée par le vestibule membraneux renferme aussi un liquide appelé *endolymphe* ou humeur de Scarpa, dans lequel nagent des concrétions calcaires ou *otolithes*. Les otolithes sont nombreux au voisinage de deux *taches acoustiques* situées l'une dans l'utricule, l'autre dans le saccule et ayant chacune une étendue de 1 à 2 millimètres; dans les *taches acoustiques*, l'épithélium *cylindrique* qui tapisse intérieurement le vestibule membraneux présente de nombreuses *cellules à long cil vibratile* flottant dans l'endolymphe ; ces cellules sont les *cellules acoustiques* qui se trouvent en relation avec le cylindre-axe de fibres nerveuses.

II. — Les *canaux semi-circulaires* sont au nombre de trois; ils ont chacun la forme d'un demi cercle; ils s'ouvrent dans l'utricule par cinq orifices, parmi lesquels on en distingue trois qui sont surmontés d'une *ampoule*. L'un des trois canaux a une position horizontale et s'ouvre dans l'utricule par deux orifices; les deux autres sont placés verticalement, perpendiculaires l'un à l'autre, et deux de leurs orifices se fusionnent en un seul (d'où les cinq orifices signalés).

Dans chaque canal semi-circulaire on distingue une paroi osseuse et une paroi membraneuse séparées par un espace rempli de périlymphe; le canal membraneux renferme l'endolymphe; la membrane qui le tapisse présente, *au niveau des ampoules*, une légère saillie appelée *crête acoustique* dans laquelle se voient de nombreuses cellules ciliées.

III. — Le *limaçon* est un tube osseux enroulé en spirale et formant deux tours et demi ou trois tours; le sommet de la spirale est dirigé vers le bas. Le limaçon est divisé intérieurement par une cloison longitudinale, la *lame spirale,* en deux demi-canaux ou *rampes* qui aboutissent l'une au vestibule (*rampe vestibulaire*), l'autre à la fenêtre ronde (*rampe tympanique*). La lame spirale finissant à une très petite distance du sommet du limaçon, les deux rampes communiquent, à ce niveau, directement l'une avec l'autre. Cette lame spirale est entièrement *osseuse* dans le premier tour de spire; à partir de ce premier tour, elle est en *partie osseuse* et en *partie membraneuse*.

La partie osseuse (*lame spirale osseuse*) diminue peu à peu de largeur, à mesure que la partie membraneuse (*membrane spirale*) augmente progressivement de largeur; cette dernière a $\frac{1}{20}$ de millimètre à la base et $\frac{1}{2}$ millimètre au sommet du limaçon; elle est externe par rapport à la *lame spirale osseuse* qui confine à l'axe du limaçon.

**Rampe vestibulaire; organes de Corti.** — La rampe tympanique n'offre rien de particulier; il n'en est pas de même de la *rampe vestibulaire*, qui est subdivisée

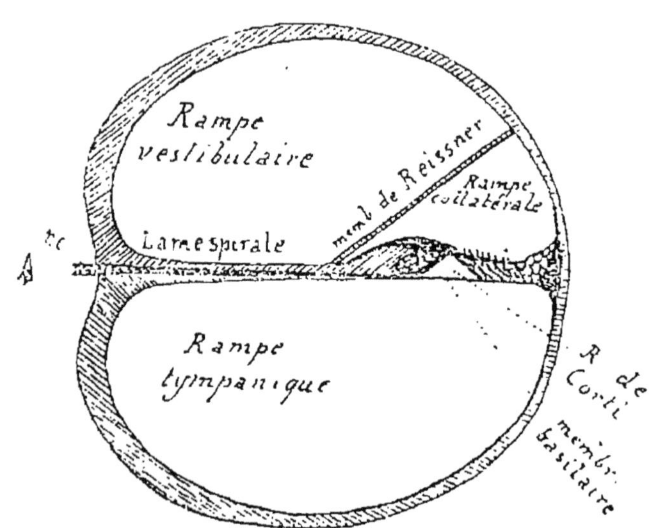


Fig. 194. — Coupe transversale théorique du limaçon. — A, axe du limaçon; *n.c*, branche cochléaire du nerf acoustique.

par une membrane (*membrane de Reissner*) en deux autres rampes, savoir (fig. 194) : 1° la *rampe vestibu-*

*laire proprement* dite, la plus grande des deux et dont nous n'aurons plus à nous occuper ; 2° la *rampe collatérale*, plus petite et qui doit fixer notre attention.

La rampe collatérale renferme elle-même une autre rampe, la *rampe de Corti*, dans laquelle se trouvent des organes importants connus sous le nom d'*organes de Corti*.

La rampe de Corti est délimitée par une *portion de la membrane spirale* et par une *membrane recouvrante ;* la membrane spirale présente du côté tourné vers la rampe de Corti un aspect nettement strié qui est dû à des *fibres conjonctives transversales* dont le nombre est d'au moins six mille ; ces fibres croissent en longueur de la base vers le sommet du limaçon ; chacune d'elles peut être comparée à une cordelette tendue, capable de vibrer et d'émettre un son déterminé, plus ou moins grave suivant que sa longueur est plus ou moins grande.

Sur ces fibres s'appuient les *organes de Corti* (fig. 195),

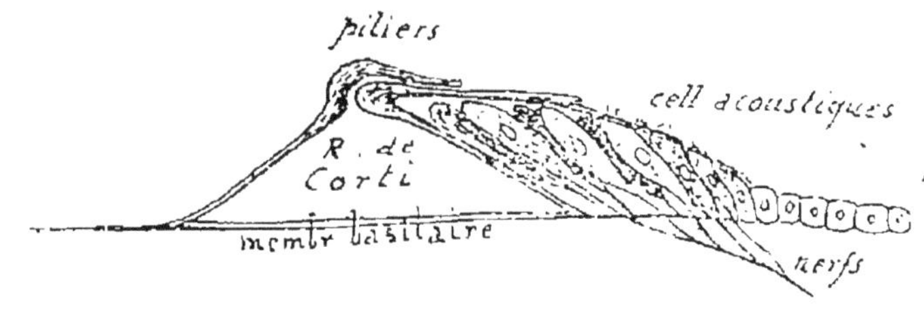


Fig. 195. — Coupe transversale théorique d'un organe de Corti.

au nombre d'environ *trois mille*, de telle façon que chaque organe de Corti s'appuie sur deux des fibres dont nous venons de parler. Chacun de ces organes comprend : 1° *deux piliers*, l'un externe, l'autre interne, qui s'affrontent par leur sommet légèrement renflé et terminé par un petit bâtonnet horizontal, et qui s'appuient par leur base sur deux fibres de la membrane spirale ; 2° des *cellules ciliées*, disposées sur les flancs des piliers et dont les cils font légèrement saillie dans la rampe collatérale en passant à travers les mailles d'une *membrane réticulée* qui s'appuie sur les sommets des piliers en les recouvrant. Ces *cellules ciliées*, comme les *cellules acoustiques* des taches acoustiques et des crêtes auditives, renferment les terminaisons des fibres nerveuses du nerf acoustique.

**Nerf acoustique.** — Le nerf acoustique après avoir traversé le conduit auditif interne, se divise en deux branches : la branche *vestibulaire* et la branche *cochléaire*.

La *branche vestibulaire* se divise elle-même en trois rameaux, savoir : le *rameau utriculaire*, qui distribue ses filets nerveux à l'utricule et à deux ampoules ; le *rameau sacculaire*, destiné au saccule, et le *rameau ampullaire*, qui se ramifie dans la troisième ampoule.

La *branche cochléaire* passe dans l'axe creux du limaçon, détache de nombreux filets qui s'échappant de l'axe par de petits orifices, pénètrent dans la lame spirale osseuse, puis dans la membrane spirale pour aller se terminer dans les cellules ciliées des organes de Corti.

## Fonctions de l'oreille. — Audition

**Fonctions de l'oreille externe.** — Le pavillon est un organe de *collection* des sons ; il joue en quelque sorte le rôle d'un cornet acoustique. Les irrégularités qu'on voit sur sa surface permettent la réflexion des ondes sonores vers le conduit auditif externe, si différente que soit leur direction par suite de la position des corps sonores. L'audition est confuse lorsqu'on remplit chez l'Homme, à l'aide de cire molle, les dépressions du pavillon de façon à en faire un organe à peu près plan.

Le conduit auditif externe n'a d'autre fonction, au point de vue de l'audition, que de conduire les sons à l'aide de la colonne d'air qu'il renferme ou de ses propres parois jusqu'à la membrane du tympan.

L'oreille externe n'est pas, au reste, indispensable à l'audition.

**Fonctions de l'oreille moyenne.** — L'oreille moyenne est surtout un appareil de *transmission* des sons.

La *membrane du tympan* reçoit les ondes sonores et entre en vibration pour tous les sons compris entre 30 et 4.000 vibrations par seconde. Cette faculté d'entrer en vibration pour un nombre considérable de sons vient de la tension de la membrane du tympan, tension inégale sur les différentes parties de cette membrane et régulièrement croissante du pourtour vers son centre; cette tension est elle-même déterminée par l'action du muscle interne du marteau, action qui est plus grande vers le centre de la membrane du tympan et qui décroît régulièrement de ce centre vers le pourtour. On ne peut donc, à cet égard, comparer cette membrane à la peau d'un tambour, par exemple, qui ayant une tension égale de la périphérie au centre, ne peut entrer en vibration que pour un seul son, celui qu'elle peut émettre elle-même et qui varie avec sa tension.

Le *muscle interne du marteau* remplit une autre fonction, celle de tendre fortement la membrane du tympan au moment des détonations intenses, comme les décharges d'artillerie; cette membrane n'entre pas alors en vibration et par conséquent se trouve à l'abri des déchirures qui pourraient se produire : on sait, en effet, qu'une membrane fortement tendue ne peut vibrer pour les sons inférieurs à son ton propre. Le *muscle de l'étrier* remplit un rôle analogue vis-à-vis de la fenêtre ovale, car par sa contraction il agit sur la chaîne des osselets et diminue l'intensité des mouvements vibratoires que cette chaîne transmet, ainsi qu'on va le voir.

La *chaîne des osselets*, en effet, en raison des relations du manche du marteau avec la membrane du tympan et de l'union intime des diverses parties qui la composent, entre en vibration avec la membrane du tympan et transmet ces vibrations à la fenêtre ovale par l'étrier et de là à l'oreille interne. Le marteau et l'enclume, pas plus que la membrane du tympan, ne sont pas absolument indispensables à l'audition; leur perte n'a d'autre effet que de rendre l'audition difficile et confuse. Il n'en est pas de même de l'étrier qui, au moment de sa chute, détermine la déchirure de la fenêtre ovale et par conséquent l'écoulement des liquides de l'oreille interne, indispensables pour la transmission des ondes sonores : la perte de l'étrier a pour conséquence la surdité absolue.

La *trompe d'Eustache* a surtout pour fonction de permettre le renouvellement de l'air contenu dans l'oreille moyenne; ce renouvellement se fait pendant les mouvements de déglutition, mouvements qui ont pour effet d'ouvrir momentanément la trompe, dont les parois sont accolées l'une à l'autre à l'état normal. Si la trompe d'Eustache restait constamment fermée, l'air qu'elle contient étant lentement absorbé par la membrane de l'oreille moyenne, une diminution de pression de cet air se produirait, et la membrane du tympan serait soumise sur ses deux faces à deux pressions différentes : la pression extérieure et la pression moindre de l'air de l'oreille moyenne, condition défavorable à son bon fonctionnement.

**Fonctions de l'oreille interne.** — L'oreille interne est *impressionnée* par les ondes sonores ; c'est donc la partie essentielle de la réception des vibrations émanées des corps sonores. Ces vibrations, apportées à la fenêtre ovale par l'oreille moyenne, se transmettent par les liquides de l'oreille interne et excitent les terminaisons nerveuses que l'on trouve dans les taches acoustiques, les crêtes auditives et dans les organes de Corti, c'est-à-dire les terminaisons des nerfs acoustiques. Les nerfs acoustiques transmettent ces excitations à l'encéphale qui les perçoit et les transforme en *sensations de son* ou en *sensations de bruit*.

On croit que les *taches acoustiques* du vestibule ne sont sensibles qu'aux *bruits;* les otolithes placés à leur voisinage entrent facilement en vibration sous l'influence des mouvements vibratoires extérieurs *irrégulièrement périodiques*, qui caractérisent les bruits; ils transmettent leurs vibrations aux cils des cellules des taches acoustiques et par leur intermédiaire au nerf optique, et enfin, à l'encéphale qui nous renseigne sur l'*intensité* des bruits.

Les *crêtes acoustiques* des ampoules des canaux semi-circulaires paraissent servir à la perception de l'*intensité* des sons; on a admis aussi qu'elles nous fournissent la notion des *trois directions* de l'espace, ces directions correspondant à celles des canaux semi-circulaires.

Le *limaçon* seul nous permet de percevoir les sons avec leurs trois qualités distinctes, l'*intensité*, la *hauteur* et le *timbre*. Les vibrations *régulièrement périodiques* qui fournissent chez l'Homme la sensation de son lorsque leur nombre n'est pas inférieur à 32 et supérieur à 4.000 par seconde, sont transmises par l'endolymphe du limaçon et peuvent agir ainsi directement sur les cellules ciliées des organes de Corti; d'un autre côté, les cordelettes vibrantes qui constituent les fibres transversales de la membrane basilaire, entrent en vibration pour les tons qu'elles peuvent émettre elles-mêmes et transmettent leurs mouvements aux diverses parties des organes de Corti, par suite à ces mêmes cellules ciliées dans lesquelles se terminent les fibres des nerfs acoustiques. Les fibres acoustiques à leur tour transmettent ces mouvements vibratoires à l'encéphale, qui les transforme en une sensation spéciale, dite *sensation sonore*.

## Organes de l'audition chez les animaux

L'étude que nous avons faite des diverses parties de l'oreille de l'Homme montre que l'oreille externe, de même que l'oreille moyenne, doivent être simplement considérées comme constituées par un ensemble d'organes affectés au perfectionnement de l'audition; l'oreille interne seule — et dans l'oreille interne les terminaisons diverses des fibres du nerf acoustique — reçoit les impressions déterminées par les vibrations des corps sonores.

L'anatomie comparée de l'organe de l'audition montre que cet organe se simplifie de plus en plus à mesure qu'on s'éloigne de l'Homme.

En effet, le pavillon, qui existe chez tous les Mammifères, disparaît complètement chez les Oiseaux; le conduit auditif externe manque chez les Reptiles, qui se trouvent ainsi *dépourvus d'oreille externe.* Chez les Batraciens et les Poissons, la réduction est encore plus prononcée, car ces animaux n'ont ni oreille externe, ni *oreille moyenne ;* en outre, le *limaçon est peu développé*, et leur organe de l'audition est pour ainsi dire uniquement constitué par le *vestibule* et les *canaux semi-circulaires.*

L'appareil auditif est enfin réduit à sa plus grande simplicité chez les Invertébrés : il se trouve, en effet, constitué par un petit sac, appelé *otocyste*, délimitant une cavité remplie de liquide et contenant des concrétions calcaires ou *otolithes.* Un nerf acoustique se termine dans ce petit organe; ses fibres se mettent en rapport avec les *cellules ciliées* qui tapissent intérieurement l'otocyste. On observe de pareils organes chez les Mollusques, les Vers et les Crustacés, et l'on peut remarquer que les éléments excitables de l'oreille interne de l'Homme et des animaux supérieurs correspondent aux cellules ciliées de l'otocyste et aux otolithes des Invertébrés.

On n'a pu trouver d'appareil auditif chez la plupart des Insectes ; cet appareil semble représenté chez les Grillons et les Sauterelles par de petites cavités remplies d'air, sur lesquelles les ondes sonores agissent directement.

## § 5. — L'ŒIL. — LA VISION

Parties accessoires de l'œil. — Globe oculaire. — Membranes et milieux du globe oculaire. — Muscles de l'œil. — La vision; images dans l'œil. — Conditions pour la netteté de la vision ; accommodation. — Défauts de l'œil : myopie, hypermétropie, astimagtisme. — Vision des couleurs, daltonisme. — Les organes de la vision chez les animaux.

L'appareil de la vision se compose : 1° de *parties accessoires* (paupières, cils, etc.); 2° de *parties essentielles*, c'est-à-dire des deux *globes oculaires* qui sont logés dans les *orbites*. Examinons successivement ces deux groupes d'organes.

### 1° *Parties accessoires.*

**Orbites.** — Les orbites sont des cavités allongées d'avant en arrière; elles présentent à leur extrémité postérieure un orifice par lequel pénètre le nerf optique correspondant.

L'œil n'occupe que la partie antérieure de l'orbite. Ces cavités sont délimitées par certains os du crâne et de la face (frontal, sphénoïde, maxillaire supérieur, palatin, etc.).

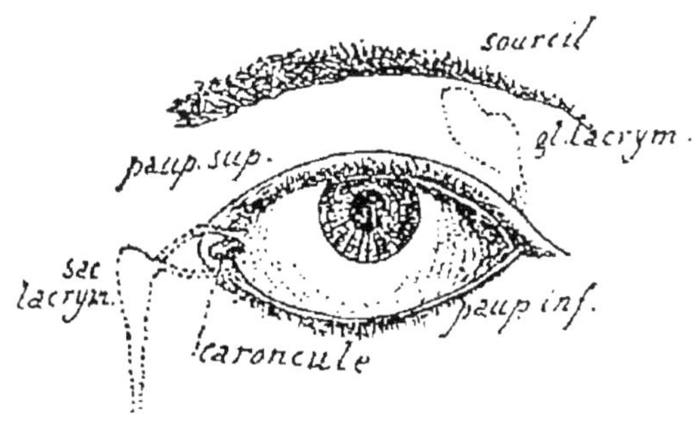

Fig. 196. — Œil vu de face.

**Paupières, cils, sourcils.** — Les paupières sont deux membranes mobiles, placées sur le devant des globes oculaires ; on les distingue en paupières supérieures et en paupières inférieures. Elles portent sur leur bord libre une rangée de petits poils appelés *cils*, qui préservent les yeux des poussières de l'air ; au-dessus des paupières supérieures se trouvent d'autres poils, les *sourcils*, dont le rôle principal est d'arrêter la sueur qui coule du front.

Au point de vue de leur structure, les paupières présentent à considérer, de dehors en dedans : 1° la *peau;* 2° un muscle — l'*orbiculaire des paupières* — qui, par sa contraction, rapproche les paupières l'une de l'autre ; 3° un cartilage — *cartilage tarse* — inséré sur le bord libre des paupières ; 4° une *muqueuse* qui renferme de nombreuses petites glandes en grappe, dites *glandes de Meibomius*, dont le produit de sécrétion lubrifie le bord des paupières. Cette membrane muqueuse, en se réfléchissant sur le devant du globe de l'œil, devient absolument transparente et porte le nom de *conjonctive*.

Le rôle des paupières est d'étendre les larmes sur le devant des globes oculaires, afin de maintenir la conjonctive constamment humide, et par conséquent transparente, car cette membrane perdrait sa transparence par la dessication.

**Les glandes lacrymales.** — Les glandes lacrymales ou glandes qui sécrètent les larmes sont au nombre de deux, une pour chaque œil ; elles sont logées dans une petite dépression des orbites, entre les orbites et les globes oculaires, à la *partie supérieure et externe* de ces derniers (fig. 196). De chacune de ces glandes on voit sortir 8 à 10 canaux excréteurs très courts qui s'ouvrent dans le pli des paupières supérieures ; les larmes, tombant goutte à goutte par les orifices des canaux excréteurs, sont étalées sur la conjonctive par les mouvements des paupières supérieures et amenées au *bord interne* des yeux ; de là, elles s'écoulent par deux petits orifices — les *points lacrymaux* — dans les deux *conduits lacrymaux* qui s'unissent bientôt en un *sac lacrymal* creusé dans l'os unguis ou lacrymal correspondant; du sac lacrymal, elles passent dans le *canal nasal* qui aboutit dans le méat inférieur des fosses nasales.

La fonction des larmes est de maintenir sans cesse humide la partie antérieure des yeux, condition essentielle de la transparence de la conjonctive. Sous l'effet d'émotions violentes, la sécrétion des glandes est considérablement exagérée et les larmes, ne pouvant s'écouler assez rapidement par les conduits lacrymaux, débordent devant les yeux et se répandent directement sur les joues.

**Caroncule lacrymale; repli semi-lunaire.** — A l'angle interne de chaque œil, se voit une petite proéminence de couleur rouge, de nature glandulaire, à laquelle on donne le nom de *caroncule lacrymale;* le produit de sécrétion des caroncules se coagule pendant le sommeil. C'est au-dessus et au-dessous de la caroncule lacrymale que se trouvent les points lacrymaux dont nous avons parlé.

Un peu en dehors de la caroncule, on observe un petit repli, le *repli semi-lunaire*, que l'on considère comme représentant une troisième paupière, très atrophiée chez l'Homme, plus développée chez le Cheval (membrane *clignotante*) et chez le Chien (*onglet*). Chez les Oiseaux cette troisième paupière est complète et connue sous le nom de *membrane nictitante :* c'est un voile blanc qui se déplace devant l'œil, de dedans en dehors, à la façon d'un rideau.

## 2° *Globes oculaires.*

L'appareil de la vision, débarrassé des diverses parties que nous venons d'énumérer, se présente sous la forme de deux globes sphériques appelés *globes oculaires.* Dans chacun des globes de l'œil, on distingue (fig. 197) : 1° les *membranes;* 2° les *milieux* ou parties transparentes que doit traverser la lumière. Les principales membranes sont la *sclérotique*, la *choroïde* et la *rétine;* les principaux milieux sont la *cornée transparente* (partie de la sclérotique), l'*humeur aqueuse*, le *cristallin* et l'*humeur vitrée.*

Étudions successivement ces diverses parties.

## Membranes de l'œil

**Sclérotique, cornée transparente.** — La sclérotique est l'enveloppe extérieure de l'œil; elle est blanche, résistante, opaque ; sa plus grande épaisseur est de 1 millimètre; elle est percée en arrière d'un trou par lequel passe le nerf optique. La partie antérieure de la sclérotique tapissée par la conjonctive est plus bombée et absolument transparente : cette partie antérieure, seule traversée par la lumière, porte le nom de *cornée transparente.*

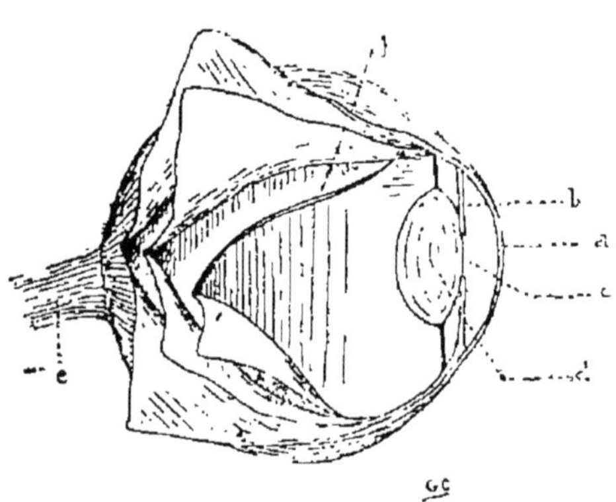

Fig. 197. — Le globe oculaire. — La sclérotique, la choroïde et la rétine sont séparées en partie les unes des autres. — *a*, cornée transparente; *b*, iris; *c*, pupille ; *d*, cristallin ; *e*, nerf optique ; *f*, rétine.

**Choroïde, iris, pupille** (fig. 197 et 198). — La choroïde ou enveloppe moyenne de l'œil est une membrane noire accolée à la sclérotique; elle est formée de trois couches : une couche extérieure dont les cellules remplies de nombreuses granulations noires sont appliquées à la sclérotique; une couche moyenne, essentiellement vasculaire, formée en grande partie d'artères et de veines enchevêtrées; une couche interne appliquée à la rétine, dont les cellules sont pourvues de nombreux petits grains noirs.

En avant, la choroïde se termine par une sorte de *voile plan* tendu verticalement un peu en arrière de la cornée transparente et appelé *iris;* l'iris est percé en son milieu d'un trou circulaire, appelé *pupille.*

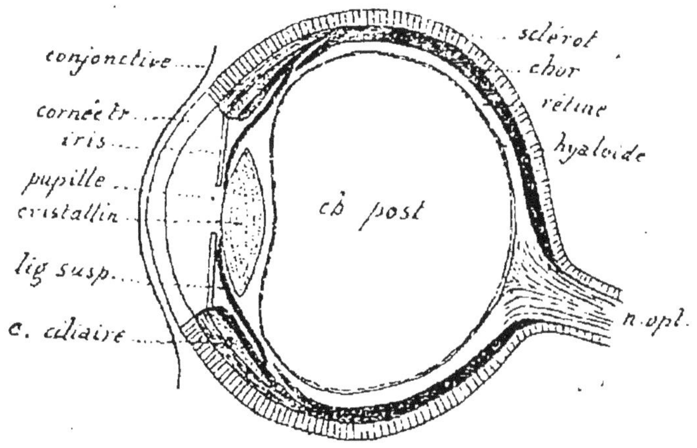


FIG. 198 — Coupe théorique antéro-postérieure de l'œil.

L'iris est diversement coloré suivant les individus; c'est lui qui rend les yeux noirs, gris, bleus. La pupille paraît noire parce qu'elle laisse voir dans le fond de l'œil la choroïde qui en effet est noire, ainsi qu'on l'a vu; lorsque la choroïde est dépourvue de granules noirs, comme cela se présente chez les *albinos,* la pupille paraît rouge clair.

L'iris étant absolument opaque, la lumière qui a traversé la cornée transparente ne peut poursuivre sa marche dans l'œil qu'en passant par la pupille. Cette dernière règle en outre la quantité de lumière qui doit traverser l'œil : elle se contracte ou se dilate, c'est-à-dire se rétrécit ou s'élargit, suivant que la lumière est plus ou moins abondante ; ces contractions et ces dilatations sont produites par l'iris qui est essentiellement musculaire et formé de deux plans de muscles, à fibres rayonnantes et à fibres circulaires; la contraction des premières détermine la dilatation de la pupille, la contraction des secondes, son rétrécissement.

**Corps ciliaire** (fig. 198). — On désigne sous le nom de *corps ciliaire* un organe fort important pour la vision, placé dans l'angle formé par la choroïde et l'iris, accolé à la fois à la partie antérieure et postérieure de la choroïde, au pourtour de l'iris et contre le *ligament suspenseur* (voir plus loin). Cet organe a, par conséquent, la forme d'un anneau ; on y distingue deux parties, savoir : 1° le *muscle ciliaire;* 2° les *procès ciliaires.*

Dans le *muscle ciliaire* on observe deux couches : une couche externe dont les fibres dirigées *d'avant en arrière* tirent la choroïde en avant au moment de leur contraction ; une couche interne dont les *fibres circulaires* rétrécissent le corps ciliaire en se contractant.

Les *procès ciliaires* accolés à cette couche de fibres circulaires sont formés de pyramides blanchâtres dont la base est soudée au bord interne de l'iris et dont le sommet allongé se perd dans la couche moyenne de la choroïde ; ces pyramides, dépendant de la couche vasculaire de la choroïde, peuvent se gonfler par l'arrivée du sang et exercer ainsi une pression sur la partie antérieure du cristallin, placé à leur voisinage, comme on le verra plus loin.

**La rétine** (fig. 199). — La rétine tapisse intérieurement la choroïde ; elle est seule impressionnée par la lumière ; elle résulte de l'épanouissement en forme de coupe du nerf optique. Quoique très mince — elle a demi-millimètre d'épaisseur en arrière et $\frac{1}{20}$ de millimètre en avant — la rétine a une structure très compliquée, car on y observe dix zones, qui sont, en allant de dedans en dehors, c'est-à-dire de l'intérieur de l'œil vers la choroïde :

1° La *membrane limitante interne,* de nature conjonctive ;

2° La *couche des fibres transversales*, fibres nerveuses venues du nerf optique ;

3° La *couche des cellules nerveuses*, formée de grosses

cellules multipolaires en rapport avec les fibres précédentes par leur prolongement indivis;

4° La *couche granuleuse interne*, composée de fines granulations traversées par des fibres nerveuses;

5° La *couche granulée interne*, formée de cellules rondes, bipolaires;

6° La *couche granuleuse externe*, analogue à la couche granuleuse interne;

7° La *couche granulée externe*, analogue à la couche granulée interne;

8° La *membrane limitante* externe;

9° La *couche des bâtonnets et des cônes;*

10° La *couche pigmentaire*, que l'on attribue parfois à la choroïde.

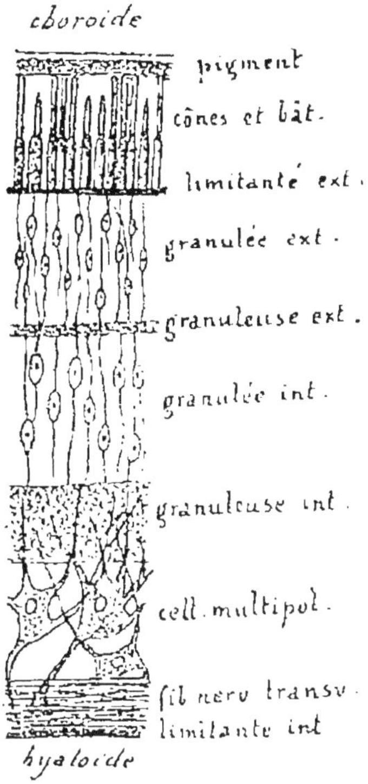

Fig. 199. — Coupe théorique de la rétine.

La couche des bâtonnets et des cônes est la plus importantes au point de vue de la vision, car la lumière n'agit que sur les éléments qui la constituent.

Les bâtonnets sont de petits éléments cylindriques formés de deux portions: une portion externe striée transversalement et colorée en rouge par une substance remarquable appelée *pourpre rétinien;* une portion interne, à contenu granuleux.

Les cônes sont aussi formés de deux segments : un segment externe aminci, un peu moins haut que le segment externe des bâtonnets; un segment interne légèrement renflé.

Les diverses parties de la rétine ne sont pas également sensibles à l'action de la lumière : le point où le nerf optique s'épanouit pour former la rétine est absolument insensible; il porte le nom de *punctum cæcum*. A côté de cette région s'en trouve une autre ayant une surface d'environ 1 millimètre carré, située à l'extrémité de l'axe antéro-postérieur de l'œil et qui présente le maximum de sensibilité de la rétine : c'est la *tache jaune* ou *macula lutea* dans laquelle on observe le plus de cônes et bâtonnets. A partir de cette région, la sensibilité diminue progressivement jusqu'à la partie antérieure de cette membrane; les cônes et les bâtonnets deviennent aussi moins nombreux.

La rétine est doublée intérieurement par une membrane très fine, transparente, qui porte le nom de *membrane hyaloïde*.

## Milieux de l'œil

**Le cristallin.** — La membrane hyaloïde, que nous venons de signaler, forme en avant de l'œil une dépression dans laquelle le cristallin est logé par sa face supérieure. De la région où la membrane hyaloïde se détache pour contourner le cristallin en arrière, on voit se dégager une membrane importante, le *ligament suspenseur* ou *zone de Zinn*, qui, se continuant en arrière avec le bord antérieur aminci de la rétine, confine en avant aux procès ciliaires, puis s'insère sur le pourtour de la face antérieure du cristallin. Le cristallin est donc logé dans l'espace compris entre le ligament suspenseur et la partie antérieure de la membrane hyaloïde; mais il n'occupe pas entièrement cet espace; la portion non occupée forme autour de lui une zone annulaire connue sous le nom de *canal de Petit* ou *canal godronné*.

Le cristallin est une sorte de lentille biconvexe, à transparence parfaite, qui se trouve immédiatement derrière la pupille; sa convexité est un peu plus grande en arrière qu'en avant, c'est-à-dire que le rayon de courbure de sa face postérieure est plus petit que le rayon de courbure de la face antérieure; son épaisseur varie entre 4 et 6 millimètres.

La *cristalloïde antérieure* et la *cristalloïde postérieure* forment la membrane d'enveloppe ou *capsule* du cristallin; dans le tissu même ou *corps* du cristallin, on distingue une partie périphérique formée de *cellules* polyédriques et une partie profonde, plus ferme que la précédente et constituée par des *fibres* qui, sur chaque face du cristallin, sont disposées suivant trois directions.

Lorsque le cristallin devient opaque, la cécité est absolue puisque la lumière, arrêtée dans sa marche, ne peut arriver jusqu'à la rétine; dans ce cas, on pratique l'opération de la *cataracte*, qui consiste essentiellement à extirper le corps du cristallin, en laissant *intacte la cristalloïde antérieure;* peu à peu un nouveau cristallin *transparent* se constitue. La cristalloïde antérieure peut donc reformer de toutes pièces un cristallin : elle est en effet tapissée intérieurement d'une couche de cellules épithéliales polyédriques qui, en se multipliant activement, forment un massif cellulaire qui peu à peu se différencie de façon à constituer les diverses parties d'un cristallin transparent.

**Chambre antérieure, humeur aqueuse.** — La cornée transparente — le premier milieu que la lumière doit traverser — a déjà été étudiée; on sait qu'elle n'est qu'une portion modifiée de la sclérotique. Entre la cornée et l'iris se trouve un espace d'une épaisseur de 2 à 3 millimètres; cet espace porte le nom de *chambre antérieure;* il est rempli par un liquide transparent, appelé *humeur aqueuse*, formé d'eau et d'une petite proportion de substances minérales et organiques à l'état de dissolution.

**Chambre postérieure, humeur vitrée.** — Entre le cristallin et le fond de l'œil se trouve un autre espace beaucoup plus grand que le précédent, délimité par la membrane hyaloïde ; cet espace est la *chambre postérieure;* il est rempli par une substance gélatineuse, transparente, albuminoïde qui porte le nom d'humeur vitrée.

## Muscles de l'œil

Les yeux sont des organes très mobiles ; leur mobilité est l'effet de la contraction des muscles de l'œil ; ces muscles sont au nombre de six pour chaque œil ; ils sont insérés d'un côté sur l'orbite et d'un autre côté sur le globe oculaire correspondant. Quatre d'entre eux ont un trajet rectiligne : ce sont les *muscles droits;* les deux autres ont un trajet oblique : ce sont les *muscles obliques.*

I. — Les *muscles droits* sont (fig. 200) : 1° le *droit supérieur*, inséré à la partie supérieure de la sclérotique et au fond de l'orbite ; par sa contraction, il tire l'œil vers le haut ; 2° le *droit inférieur*, inséré à la partie inférieure de la sclérotique et au fond de l'orbite ; il tire l'œil vers le bas ; 3° le *droit interne*, qui fait tourner l'œil de dehors en dedans ; 4° le *droit externe*, qui fait tourner l'œil en sens inverse.

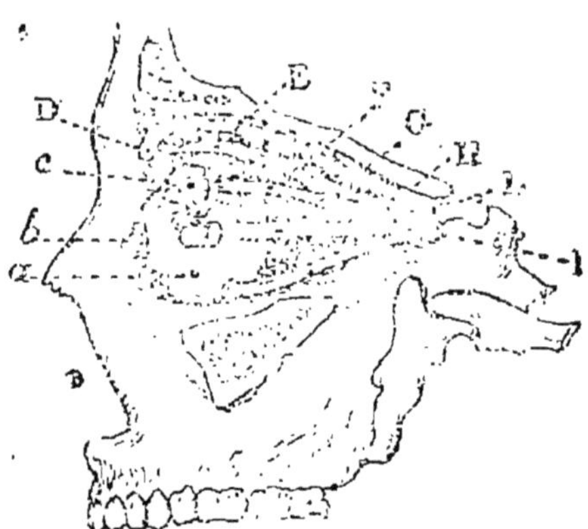

Fig. 200. — Le globe oculaire et les muscles qui le font mouvoir. — *a*, globe oculaire ; *b*, cornée transparente ; *c*, glande lacrymale ; D, muscle élévateur de la paupière ; E, muscle grand oblique dont le tendon passe dans une petite poulie avant de se fixer à la sclérotique ; F, muscle droit supérieur ; G, muscle droit externe ; H, muscle droit inférieur ; I, nerf optique.

En résumé, ces quatre muscles permettent à l'œil de se mouvoir dans deux plans, l'un vertical, l'autre horizontal : mais il faut remarquer que les muscles droits internes et externes ne se contractent pas symétriquement dans les deux yeux ;

lorsqu'on regarde à droite, par exemple, ce sont le muscle droit externe de l'œil droit et le muscle droit interne de l'œil gauche qui entrent en contraction, etc.

II. — Les muscles obliques sont : 1° le *grand oblique* qui, inséré à la partie supérieure et interne de l'orbite, longe l'orbite d'arrière en avant, passe dans un petit anneau et s'infléchit pour aller s'attacher à la partie supérieure et externe de l'œil ; il fait tourner l'œil droit de gauche à droite et l'œil gauche de droite à gauche ; 2° le *petit oblique* qui, inséré sur la face interne de l'orbite, passe sous le globe de l'œil pour aller s'attacher à la partie externe de l'œil; par ses contractions, il produit l'effet inverse du grand oblique.

Les muscles de l'œil sont sous la dépendance des nerfs crâniens suivants : le nerf *pathétique* (grand oblique) ; le nerf *moteur oculaire externe* (droit externe); le nerf *moteur oculaire commun* (tous les autres muscles).

Les mouvements des yeux ont pour résultat principal d'aider à la vision en portant rapidement ces organes dans la direction des objets. On sait combien ces mouvements donnent de l'expression à la physionomie; on a dit très justement qu'ils peuvent indiquer avec précision l'état de nos images sentiments, de nos pensées.

## La Vision

**Marche des rayons lumineux dans une lentille de verre biconvexe.** — Avant d'étudier la marche des rayons lumineux dans l'œil et le mécanisme général de la vision, rappelons quelques-unes des données de la physique relatives aux lentilles biconvexes et à la formation des images dans ces lentilles (fig. 201).

Dans une lentille biconvexe on distingue : 1° le *centre optique* qui se trouve dans l'intérieur de la lentille; tout rayon lumineux passant par le centre optique continue sa route sans déviation ; 2° les *foyers principaux*, situés sur la ligne — *axe principal* — qui passe par les centres des deux surfaces sphériques qui limitent la lentille ; les rayons parallèles à l'axe principal vont, après réfraction, passer au foyer principal de l'autre côté ; inversement, les rayons qui partent d'un point lumineux placé sur le foyer principal et

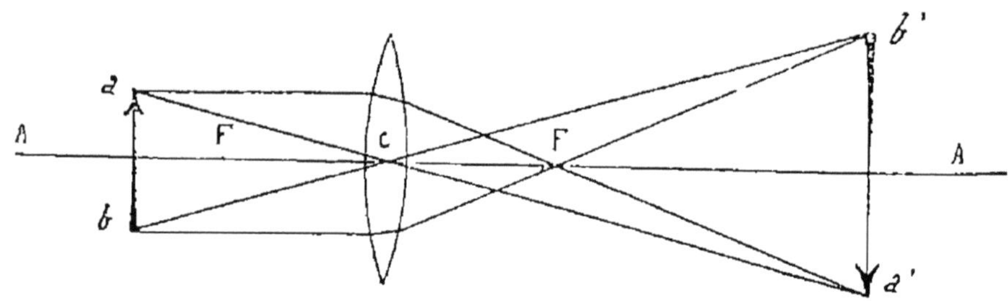


Fig. 201. — Marche des rayons lumineux dans une lentille biconvexe. — A,A, axe principal ; F,F', foyers principaux ; c, centre optique ; *a*, *a'*, *b*, *b'*, axes secondaires.

qui traversent la lentille sortent sous la forme d'un faisceau de rayons parallèles à l'axe principal ; 3° les *foyers conjugués*, c'est-à-dire tels que les rayons lumineux partant de l'un d'eux passent tous par l'autre après avoir traversé la lentille et inversement ; 4° les *axes secondaires* formés par les rayons qui passent par le centre optique — sans déviation.

Comment se font les images dans les lentilles biconvexes?

Plaçons un objet lumineux quelconque au delà du foyer principal. Pour avoir son image, il faudrait suivre la marche des rayons lumineux qui, émanés de chacun de ses points, traversent la lentille en ses diverses régions ; ces rayons forment au-devant de la lentille un *cône divergent* et au delà un *cône convergent*. Dans la pratique, on établit rapidement l'image en suivant la marche des rayons lumineux émanés des points extrêmes de l'objet ; parmi ces rayons, il suffit d'en considérer deux pour chaque point : celui qui, cheminant parallèlement à l'axe principal, traverse le foyer du côté opposé, et celui qui, passant par le centre optique, traverse la lentille sans déviation et rencontre le rayon précédent au foyer conjugué. L'image de l'objet est comprise entre les deux foyers conjugués ainsi déterminés : *cette image est réelle et renversée.*

Rapprochons l'objet du foyer principal : l'image s'éloigne à mesure. Si nous plaçons l'objet au foyer même, l'image se fait à l'infini ; enfin, si l'objet est placé entre le foyer et la lentille, l'image se fait du même côté : elle est *virtuelle, droite* et agrandie.

Dans le mécanisme de la vision, nous n'aurons à considérer que le cas où l'objet est placé au delà du foyer principal : l'image, avons-nous dit, s'éloigne de l'autre côté à mesure que l'objet se rapproche du foyer dans une lentille. On verra qu'il n'en est pas de même dans l'œil, puisque l'image tend à se produire toujours à la même place, *sur la rétine.*

**Images dans l'œil. Sensation lumineuse.** — Les rayons lumineux doivent traverser la cornée transparente, l'humeur aqueuse et l'humeur vitrée pour arriver sur la rétine, membrane sensible de l'œil ; dans leur marche à travers ces milieux, ils subissent autant de réfractions partielles que, pour la commodité de l'étude, on réunit en une seule produite par le cristallin ; il suffit, pour cela, de supposer le cristallin formé par une lentille biconvexe, à distance focale de 17 mm. 48, à indice de réfraction compris entre 1,39 et 1,49 et à centre optique légèrement excentrique.

Pour obtenir l'image d'un objet lumineux quelconque, il suffit de déterminer les points de rencontre des rayons passant par le centre optique du cristallin et des rayons qui, après être arrivés sur le cristallin parallèlement à l'axe principal, traversent le foyer placé dans la chambre postérieure (fig. 202). Les divers rayons lumineux venus d'un objet convergent après avoir traversé le cristallin et, dans les conditions normales de la vision, se réunissent sur la rétine de façon à former une image renversée.

Que se passe-t-il à ce moment sur la rétine ?

La lumière détruit le *pourpre rétinien*, cette substance

qui colore en rouge les segments externes des bâtonnets. Pour s'assurer de ce fait, on plonge rapidement dans une dissolution d'alun l'œil d'un animal sacrifié (Lapin), placé au préalable devant une fenêtre vivement éclairée : on distingue alors sur le fond rouge de la rétine les détails de la

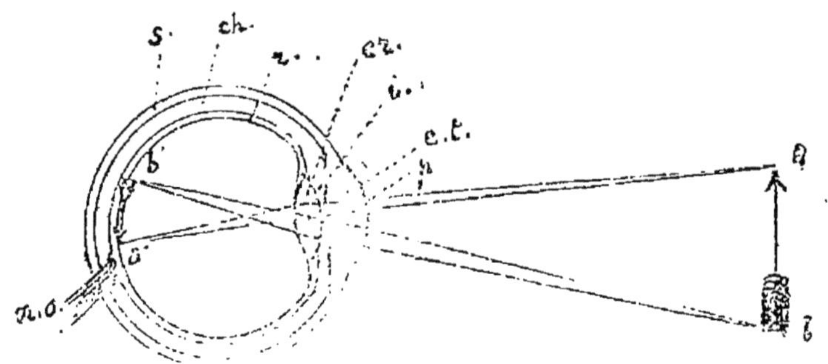


Fig. 212. — Marche des rayons lumineux dans l'œil.

fenêtre, c'est-à-dire une véritable épreuve photographique. A l'état normal, le pourpre rétinien, constamment détruit par la lumière, se régénère sans cesse par des phénomènes de nutrition, et la rétine garde ainsi une teinte uniforme.

Il se produit donc dans la rétine, à l'arrivée des rayons lumineux, une action chimique propre à exciter la couche des bâtonnets et des cônes ; l'excitation, ainsi déterminée, est transmise par le nerf optique à l'encéphale qui la transforme en une sensation spéciale, dite *sensation lumineuse.*

**Différence de sensibilité des diverses parties de la rétine.** — La couche des cônes et des bâtonnets étant spécialement impressionnée par la lumière, les diverses parties de la rétine seront d'autant plus sensibles qu'elles renfermeront un plus grand nombre de ces éléments.

Le maximum de sensibilité est présenté par la *tache jaune*, qui ne contient que des cônes optiques; cette tache se trouve à l'extrémité de l'axe antéro-postérieur de l'œil. Lorsque nous fixons un objet afin de le voir distinctement, nous dirigeons vers lui l'axe antéro-postérieur, et l'image se forme précisément sur la tache jaune.

Les cônes et les bâtonnets diminuant progressivement à partir de cette tache vers les bords de la rétine, la sensibilité de cette membrane diminue dans les mêmes proportions.

Le point où le nerf optique pénètre dans l'œil — *punctum cæcum* — est totalement dépourvu de cônes et de bâtonnets; il est aussi totalement insensible à l'action de la lumière, ainsi que le démontre l'expérience suivante due à *Mariotte* (fig. 203). On trace sur le papier deux points noirs distants d'environ 5 centimètres ou bien une croix et un cercle noir; on ferme l'œil droit et on regarde avec l'œil gauche le point du côté droit — ou inversement; on distingue d'abord les deux dessins, mais en écartant progressivement la figure de l'œil, on voit à un moment donné (à une distance de 15 centimètres) disparaître le point du côté droit si l'on a regardé avec l'œil gauche. Le calcul démontre qu'à ce moment le point disparu forme son image sur le *punctum cæcum*.

Fig. 203. — Expérience de Mariotte.

**Persistance des impressions lumineuses.** — Les impressions produites sur la rétine persistent un certain temps — environ $\frac{1}{10}$ de seconde — après que l'objet lumineux a cessé d'agir. Une étincelle électrique dure un temps infiniment court et cependant on voit pendant $\frac{1}{10}$ de seconde les objets qu'elle a éclairés. Si des impressions lumineuses très courtes se succèdent de $\frac{1}{10}$ en $\frac{1}{10}$ de seconde ou plus rapidement, elles se confondent en une seule impression continue; si, par exemple, l'on fait tourner rapidement devant les yeux un charbon allumé, on a l'impression d'un cercle de feu parce que l'impression produite en un point de la rétine persiste encore après une révolution qui en produit une semblable et ainsi de suite.

Cette persistance des impressions lumineuses tient à ce que le pourpre rétinien détruit demande, pour être régénéré, environ $\frac{1}{10}$ de seconde.

On sait que grâce à elle, on peut réaliser la synthèse de la lumière blanche en faisant tourner rapidement devant les yeux un disque divisé en compartiments ayant l'étendue et la coloration des couleurs du spectre : les couleurs se superposant sur la rétine, on ne les perçoit pas distinctement, mais dans leur résultante, qui est la lumière blanche.

**Conditions pour la netteté de la vision.** — Pour que la vision soit bien nette, il faut que les rayons lumineux, qui partis d'un point extérieur tombent en divergeant sur la cornée transparente, convergent après avoir traversé les milieux de l'œil de façon à se réunir *en un même point sur la rétine.*

Si, en effet, la convergence se fait un peu en avant ou un peu en arrière de la rétine (fig. 204), chacun des points

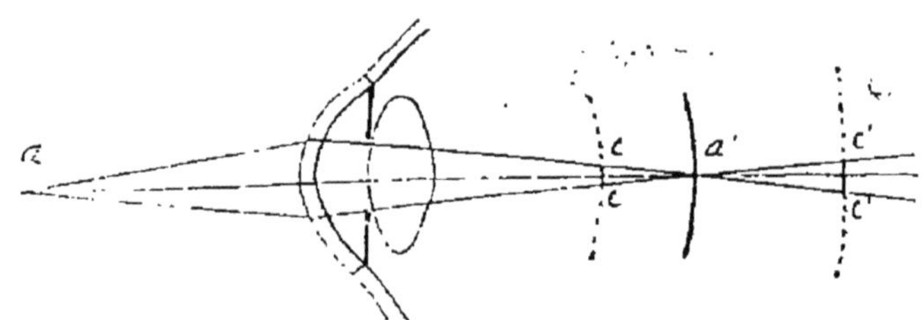


Fig. 204. — Cercles de dispersion en *cc*, *c'c'*; la rétine est supposée passant par *a'*, point de rencontre des rayons lumineux venus du point *a*.

de l'objet extérieur irrite la rétine, non en un point, mais sur une petite surface circulaire délimitée par la section du *cône convergent* formé par ses rayons avant leur réunion ou du *cône divergent* qu'ils forment après s'être réunis. Dans chacun de ces deux cas, l'image d'un point étant un petit cercle (*cercle de dispersion*), la vision du point est confuse, de même que celle de l'objet.

On verra plus loin que cette confusion se produit dans certains yeux anormalement conformés (myopes et hypermétropes).

Cette confusion devrait se produire aussi dans les yeux normaux, si l'on assimilait complètement le cristallin à une lentille de verre, puisque les objets étant placés à des distances variables de l'œil, leurs images s'éloignent ou se rapprochent de la rétine, suivant qu'ils se trouvent plus rapprochés ou plus éloignés du foyer principal.

Expliquons ces faits par quelques exemples.

Plaçons un objet quelconque à quelques centimètres des yeux; l'objet est vu confusément, son image se forme au delà de la rétine. On ne pourra le voir distinctement que s'il se trouve placé à partir d'une *distance minimum de 15 centimètres*.

Partons de cette *distance minimum de la vision distincte*; à cette distance l'image est nette, elle se forme sur la rétine. Éloignons l'objet : on continue à le voir distinctement, ce qui prouve que son image se fait encore sur la rétine. Or, en assimilant l'œil à une lentille convergente, il ne devrait pas en être ainsi, puisque l'image se rapprocherait du cristallin à mesure que l'objet s'éloigne des yeux.

Il faut donc admettre que l'œil possède la *faculté d'accommodation*, c'est-à-dire le pouvoir de modifier la marche des rayons lumineux de façon que leurs images viennent toujours se peindre exactement sur la rétine, quelle que soit la distance d'où viennent les objets — jusqu'à 15 centimètres environ des yeux. L'accommodation se fait *successivement* pour les divers objets placés devant les yeux : si l'on fixe par exemple une fenêtre et que l'on place en même temps un doigt entre elle et les yeux, le doigt est vu indistinctement; l'œil est accommodé pour la vision distincte de la fenêtre dont l'image se fait exactement sur la rétine; il ne l'est pas, à ce moment, pour le doigt qui, placé plus près de l'œil, fait son image au delà de la rétine (cercles de dispersion).

**Mécanisme de l'accommodation.** — L'accommodation ou mise au point instantanée de l'œil est produite par le corps ciliaire qui peut changer la forme du cristallin en le rendant de plus en plus convexe à mesure que les objets se rapprochent des yeux (fig. 205).

On a vu que le corps ciliaire forme un anneau au-dessus

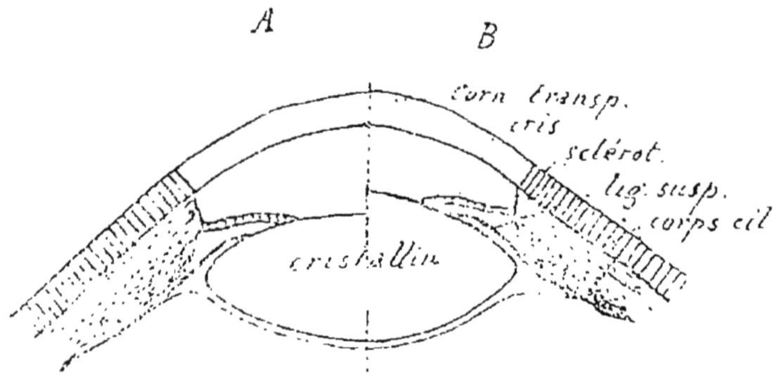


Fig. 205. — Mécanisme de l'accommodation. — En A, le ligament suspenseur est tendu pour la vision des objets éloignés; en B, le ligament suspenseur est relâché, le cristallin plus bombé, pour l'accommodation.

et autour du cristallin, derrière la choroïde et l'iris et qu'on distingue dans cet organe deux parties : le *muscle ciliaire* et les *procès ciliaires*.

La contraction des *fibres antéro-postérieures* du muscle ciliaire a pour effet de tirer en avant le sac choroïdien et de diminuer la tension, de relâcher en quelque sorte le *ligament suspenseur*; cette diminution de tension se transmet à la cristalloïde antérieure, ce qui permet à cette membrane de devenir plus convexe et de bomber davantage la face antérieure du cristallin. L'augmentation de convexité de la cristalloïde antérieure et du cristallin est d'autant plus grande que la contraction de cette partie du muscle ciliaire est plus forte.

La contraction des *fibres ciliaires* a pour effet d'exercer une pression sur les *procès ciliaires* et par suite sur le cristallin ; les procès ciliaires peuvent se gonfler par l'afflux du sang et exercer une pression analogue.

En d'autres termes, les diverses parties du corps ciliaire tendent à produire le même résultat : l'augmentation de convexité de la face antérieure du cristallin.

L'accommodation, c'est-à-dire la mise en activité du corps ciliaire, ne se fait pas pour la vision des *objets très éloignés*, car dans ce cas la cristalloïde antérieure est complètement tendue ; la convexité du cristallin est diminuée autant que possible, et l'image des objets se fait sur la rétine. L'œil est par conséquent normalement adapté pour la vision des objets éloignés.

A mesure que ces objets se rapprochent, leur image tend à se faire de plus en plus au delà de la rétine ; mais la convexité du cristallin augmente progressivement, la convergence devient plus grande, et l'image se fait exactement sur la rétine.

Telle est, en résumé, la théorie actuelle de l'accommodation, due à Helmholtz.

**Presbytie.** — L'accommodation se faisant surtout pour les petites distances et dépendant, en fin de compte, de l'élasticité de la cristalloïde antérieure, si cette élasticité diminue, on continue à voir distinctement les objets un peu éloignés, mais il est impossible de lire, par exemple, à la distance normale. C'est précisément le cas des personnes atteintes de *presbytie* (presbytes) ; la presbytie survient presque fatalement avec l'âge, et elle tient uniquement au manque d'élasticité de la cristalloïde antérieure.

On atténue cette affection par l'emploi de lunettes à verres convexes qui, faisant converger davantage les rayons lumineux, ramènent les images des objets sur la rétine, et par conséquent la distance minimum de la vision distincte à sa valeur ordinaire.

**Rôle de la pupille, de l'iris et de la choroïde dans la vision.** — La pupille règle la quantité de la lumière qui doit pénétrer dans l'œil ; on a vu que ce sont les contractions de l'iris qui augmentent ou diminuent le diamètre de cette ouverture.

L'*iris* joue un autre rôle important, car il supprime l'*aberration de sphéricité* du cristallin. On sait que les rayons lumineux réfractés par *les bords d'une lentille* ne se rencontrent pas exactement au même point que ceux qui passent vers le milieu : s'il en était ainsi dans l'œil, la vision ne serait pas distincte. Par suite de la disposition de l'iris par rapport au cristallin, les rayons lumineux ne peuvent tomber que sur la partie centrale du cristallin, ce qui détruit toute aberration de sphéricité.

La *choroïde* a pour rôle d'absorber, à l'aide de son pigment, les rayons lumineux qui, ayant traversé la rétine, ont excité la couche des bâtonnets et des cônes. Si ces rayons n'étaient pas absorbés à ce moment, ils continueraient leur marche jusqu'à la sclérotique pour être à ce niveau ramenés dans l'œil par réflexion : les mêmes rayons lumineux pourraient ainsi exciter la rétine plusieurs fois, en des points différents, ce qui produirait une sorte d'éblouissement et nuirait à la vision distincte.

Les albinos, dépourvus du pigment absorbant de la choroïde, sont, en effet, éblouis par la lumière vive : aussi doivent-ils constamment rapprocher leurs paupières.

**Défauts de l'œil : myopie, hypermétropie, astigmatisme.** — On désigne sous le nom d'*yeux normaux* les yeux construits de telle façon que l'image des objets se forme sur la rétine depuis l'infini jusqu'à la distance minimum de la vision distincte, grâce à l'accommodation.

1° Supposons le *globe oculaire plus long* que dans les

yeux normaux (fig. 206) : les images se forment en avant de la rétine pour les objets un peu éloignés, et la vision est indistincte. A mesure que les objets se rapprochent, leurs images s'éloignent vers la rétine ; à une distance variable selon les individus, les images finissent par se former exactement sur la rétine, et la vision est distincte : cette distance est dite *distance maximum de la vision distincte.* A partir de cette distance, l'accommodation maintient les images sur la rétine jusqu'à la distance minimum, moindre que dans les yeux normaux. Les yeux ainsi constitués, c'est-à-dire à diamètre antéro-postérieur trop long, sont des *yeux myopes;* les personnes atteintes de myopie doivent rapprocher les objets jusqu'à la distance maximum.

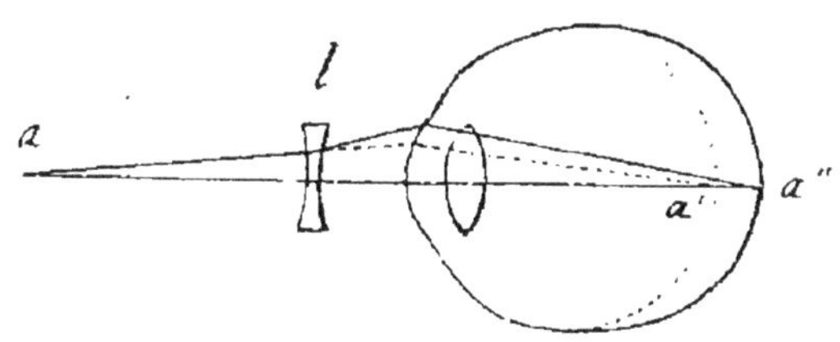


Fig. 206. — Myopie. — *a,a'*, marche des rayons lumineux sans interposition de lentille ; *a,a''*, leur marche après interposition de la lentille biconcave *l*.

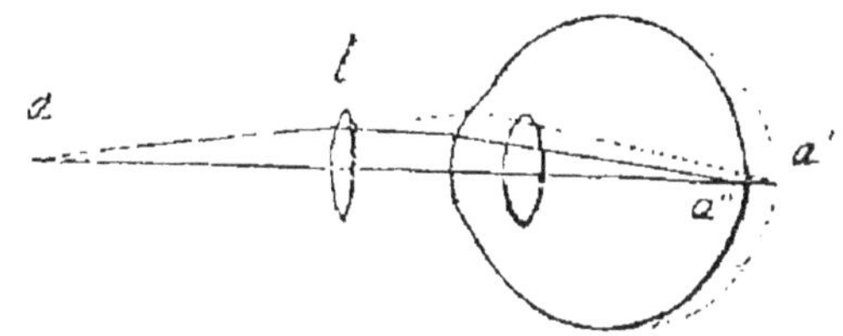


Fig. 207. — Hypermétropie. — *a,a'*, marche des rayons lumineux sans interposition de lentille ; *a a''*, leur marche après interposition de la lentille biconvexe *l*.

On corrige la myopie par l'emploi de lunettes à verres *concaves* qui, faisant *diverger* les rayons avant leur entrée dans l'œil, reculent les images et les reportent sur la rétine.

2° Supposons, au contraire, le *globe oculaire plus court* que dans les yeux normaux (fig. 207) : les images se forment en arrière de la rétine à partir même de l'infini. L'appareil d'accommodation entre en jeu par conséquent pour les objets très éloignés ; mais comme l'accommodation ne peut dépasser certaines limites, il en résulte qu'elle ne peut se faire jusqu'à la distance minimum normale de la vision distincte. Les yeux ainsi constitués sont des yeux *hypermétropes ;* les personnes atteintes d'hypermétropie doivent éloigner les objets des yeux jusqu'à la distance minimum, plus grande que dans les yeux normaux.

On corrige l'hypermétropie par l'emploi de lunettes à verres convexes, c'est-à-dire *convergents*, qui amènent les images exactement sur la rétine.

Il ne faut pas confondre l'hypermétropie, défaut des globes oculaires, et la presbytie, fatigue de l'accommodation.

3° Un autre défaut, assez répandu, consiste dans l'inégalité de la forme de la cornée transparente qui n'est pas exactement une surface de révolution : le résultat général de ce défaut est que la distance minimum de la vision distincte n'est pas la même pour les rayons lumineux compris dans des plans différents. Ainsi par exemple, les rayons contenus dans un plan horizontal ne forment pas leur image au même point que les rayons contenus dans un plan vertical.

Ce défaut passe souvent inaperçu parce que les impressions fournies par les deux yeux peuvent se corriger mutuellement. Lorsqu'il devient une gêne pour la vision, on emploie des *lentilles cylindriques*, taillées de façon à rétablir l'équilibre entre les méridiens inégaux de la cornée.

**Vision des couleurs. Daltonisme.** — La vision des couleurs est une des questions les plus complexes et les moins connues de l'optique physiologique, et l'on ne peut mieux l'expliquer dans l'état actuel de la science qu'à l'aide de la théorie de Young et de Helmholtz.

D'après cette théorie, il faut admettre dans la rétine trois groupes de terminaisons nerveuses : le premier groupe reçoit une excitation *intense* de la part des rayons peu réfrangibles (*rouge*), tandis que l'excitation produite par ces mêmes rayons est *moyenne* dans le second groupe, *faible* dans le troisième ; le deuxième groupe reçoit une excitation *intense* des rayons moyennement réfrangibles (*jaune verdâtre*) et ces rayons n'excitent que faiblement le 1er et le 3e groupe ; le troisième groupe est excité d'une façon *intense* par les rayons très réfrangibles (*violet*) et ces rayons excitent moins le 2e et le 1er groupe.

Le rapport des trois excitations déterminées par un même rayon sur les trois espèces de terminaisons nerveuses ne serait pas autre chose, d'après cette théorie, que la nuance de ce rayon.

Un savant physicien anglais, *Dalton*, reconnut, le premier, sur lui-même une imperfection singulière qu'on désigne depuis sous le nom de *daltonisme*. Cette imperfection consiste le plus souvent dans l'impossibilité de distinguer le *rouge* du *vert* ; tout ce qui est rouge paraît vert. Certaines personnes ne peuvent pas distinguer le *vert* ; tous les objets verts leur paraissent gris.

On ne peut en rien corriger cette infirmité dont la cause n'est pas connue.

**Vision avec les deux yeux.** — La vision avec un œil est imparfaite, car elle ne nous permet de juger ni de la *distance*, ni du *relief* des objets ; le champ visuel, en effet, apparaît avec un seul œil sous forme d'une surface plane. Si l'on suspend devant soi une aiguille à tricoter et qu'on essaie de la toucher avec un crayon en la regardant avec un seul œil, on n'y arrive qu'après des tâtonnements, parce que la distance de l'aiguille est difficilement appréciée. De même les objets regardés avec un seul œil sont loin d'avoir le relief qu'ils acquièrent lorsqu'ils sont regardés avec les deux yeux.

Les objets ne *sont pas vus doubles*, quoiqu'ils fassent leurs images dans les deux yeux : cela tient à ce qu'un point lumineux vient se peindre sur deux *points correspondants* des deux rétines, ce qui fournit une seule impression nerveuse dans l'encéphale. Si l'on exerce avec le doigt une pression sur l'un des yeux, on voit les objets doubles, parce qu'on a déplacé l'image sur l'œil comprimé et qu'à ce moment les deux rétines ne sont pas impressionnées en deux points correspondants.

La vue simple avec les deux yeux n'est pas liée à une disposition anatomique préétablie : elle résulte de l'habitude. Les strabiques, par exemple, voient les objets simples, quoique les images soient fournies par des points non correspondants ; après l'opération qui consiste à donner aux yeux leur position normale, ils voient double pendant quelque temps, et cependant les images se font en des points correspondants de leurs rétines.

**Vision droite.** — Les images sont *renversées* dans l'œil et les objets sont vus *droits*. A quoi cela tient-il ? Toutes nos sensations sont reportées à l'extérieur, c'est-à-dire au point d'où proviennent les impressions qui les déterminent ; de telle sorte que dans la perception des impressions visuelles, ce n'est pas à l'image qu'est reportée la sensation, mais à l'objet lui-même.

## Organe de la vision chez les animaux

**Vertébrés.** — L'œil des Mammifères est formé des mêmes parties que celui de l'Homme. Il en est de même pour la plupart des Vertébrés. Cependant, on peut constater quelques particularités intéressantes chez les Oiseaux, les Reptiles et les Poissons.

Chez les *Oiseaux*, l'œil est beaucoup plus bombé en avant qu'en arrière ; aux deux paupières, s'en ajoute une troisième, la *membrane nictitante*, qui s'étend sur le devant de l'œil de droite à gauche, à la façon d'un rideau ; cette membrane est *transparente ;* elle correspond anatomiquement au repli *semi-lunaire* de l'œil de l'Homme. — La sclérotique est plus résistante chez les Oiseaux que chez les Mammifères, car elle est partiellement *ossifiée*. — La choroïde présente chez les Oiseaux un prolongement qui, après avoir traversé la rétine, s'enfonce dans l'humeur vitrée ; en raison de sa forme, ce prolongement porte le nom de *peigne*.

L'œil des Reptiles et des Batraciens est parfois dépourvu de paupières ; il en est de même chez les Poissons. Des recherches récentes ont montré que les animaux appartenant à ces trois classes de Vertébrés sont pourvus d'un troisième œil, atrophié, caché sous la peau et correspondant à la glande pinéale.

**Invertébrés.** — Certains Mollusques (Poulpe, Seiche) ont des yeux constitués à peu près comme ceux des Vertébrés ; mais c'est une exception, car d'une façon générale les yeux des Invertébrés sont simplement constitués par des terminaisons du nerf optique au voisinage d'un petit corps réfringent (*cristallin*), placé lui-même en arrière d'une *facette cornéenne*, transparente ; cet ensemble est entouré d'une *gaine noire* destinée à absorber les rayons lumineux après leur action sur les terminaisons nerveuses des nerfs optiques.

Chez les Articulés (*Insectes, Crustacés*), ces petits yeux sont réunis en grand nombre de façon à constituer, de chaque côté de la tête, un œil relativement gros : les yeux, ainsi formés par le rapprochement de plusieurs *yeux simples*, sont dits *yeux composés*.

Un grand nombre d'Insectes possèdent en outre trois petits yeux, conformés à peu près comme les parties d'un œil composé.

Enfin, les organes de la vision manquent totalement chez beaucoup d'Invertébrés (Huitres, Vers parasites, Cœlentérés, Protozoaires).

## Le Larynx. — La Voix

Forme et structure du larynx. — Production des sons. — Qualité des sons. — Voix, parole.

**Forme du larynx.** — Le larynx, organe de la voix, représente la partie supérieure de la trachée-artère, modifiée dans sa forme et dans sa structure. Plus large que la trachée-artère, le larynx a sensiblement la forme d'un prisme triangulaire, à arête antérieure, à face postérieure plane; il communique avec le pharynx par l'orifice appelé *glotte*, surmonté d'un repli cartilagineux, l'*épiglotte;* il est relié à l'os hyoïde par sa partie supérieure (fig. 208 et 209).

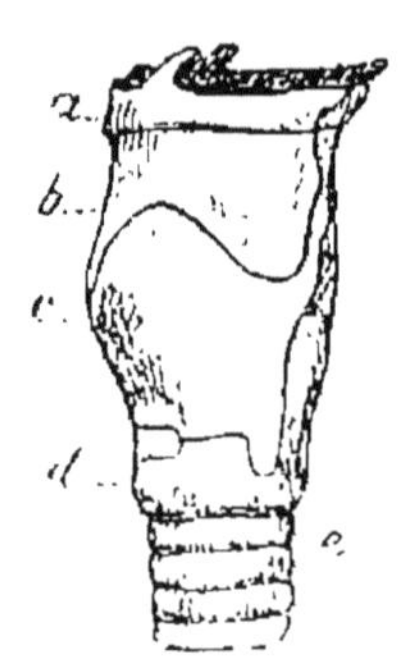


Fig. 208. — Larynx vu de profil. — *a*, os hyoïde; *b*, saillie (pomme d'Adam) formée en avant par le cartilage thyroïde *c;* *d*, cartilage cricoïde; *e*, partie supérieure de la trachée.

Fig. 209. — Larynx ouvert suivant sa longueur pour montrer les saillies formées par les cordes vocales supérieures et inférieures.

La cavité du larynx présente d'abord, à partir de la glotte, une dilatation suivie d'un rétrécissement formé par deux saillies en forme de ruban connues sous le nom de *cordes vocales supérieures;* ces cordes forment un angle dont le sommet s'appuie sur la paroi antérieure du larynx. Un peu au-dessous des cordes vocales supérieures, on voit deux autres replis, disposés à peu près comme les précédents, mais plus saillants dans la cavité du larynx : ce sont les *cordes vocales inférieures*. Entre les cordes vocales supérieures et les cordes vocales inférieures, la paroi est comme creusée (*ventricules de Morgagni*) ; l'orifice délimité par les bords des cordes vocales inférieures est la véritable *glotte* (*glotte proprement dite*).

**Structure du larynx.** — Au point de vue de la structure, le larynx présente les mêmes tissus que la trachée-artère, mais considérablement modifiés dans leur forme et dans leurs rapports ; parmi ces tissus, les plus importants sont les *cartilages* et les *muscles*.

1° Les cartilages du larynx sont au nombre de quatre, savoir : le cartilage *cricoïde*, le cartilage *thyroïde* et les deux cartilages *aryténoïdes*.

Le cartilage *cricoïde* repose sur le premier anneau de la trachée ; il a la forme d'un anneau plus haut en arrière qu'en avant.

Les cartilages *aryténoïdes* sont placés verticalement sur la partie postérieure du cricoïde ; leur contour est triangulaire ; leurs dimensions sont petites. Le cartilage thyroïde les recouvre en arrière.

Le cartilage *thyroïde* est le plus développé de tous ; il a la forme d'un angle dièdre à arête antérieure ; c'est lui qui constitue sous la peau du cou cette saillie bien connue sous le nom de *pomme d'Adam*. Il présente en arrière et de chaque côté deux prolongements verticaux appelés *grandes* et *petites cornes :* les grandes cornes sont unies à l'os hyoïde ; les petites cornes s'appuient sur le cartilage cricoïde. Les cordes vocales sont placées à peu près vers le milieu de l'espace délimité par le cartilage thyroïde.

2° Ces divers cartilages sont reliés les uns aux autres par des muscles striés, volontaires, au nombre de neuf, quatre pairs et un impair.

Les plus importants parmi eux sont les muscles *thyro-aryténoïdiens* qui, insérés d'un côté à la face interne du cartilage thyroïde, se dirigent horizontalement vers les cartilages aryténoïdes sur lesquels ils sont insérés en arrière. Une partie des muscles thyro-aryténoïdiens contribue à former l'épaisseur des cordes vocales inférieures : ce sont les organes actifs de la production des sons, car ils tendent les cordes vocales par leur contraction.

Les autres muscles relient : 1° le cricoïde en avant avec la base du thyroïde (muscles *crico-thyroïdiens*) ; ils tirent le thyroïde vers le bas en avant, d'où une faible tension des cordes vocales; 2° le cricoïde aux aryténoïdes (muscles *crico-aryténoïdiens postérieurs*, muscles *crico-aryténoïdiens latéraux*) ; la contraction des premiers a pour résultat d'élargir la glotte proprement dite, en écartant les cordes vocales; la contraction des crico-aryténoïdiens latéraux rétrécit la glotte en rapprochant les cordes vocales.

Un dernier muscle, le muscle *aryténoïdien*, réunit les deux aryténoïdes; par sa contraction, il rapproche les aryténoïdes et rétrécit l'ouverture de la glotte.

La cavité du larynx est tapissée par un épithélium stratifié, *non vibratile*, au-dessous duquel se trouve une couche de tissu conjonctif; ce tissu conjonctif, au niveau des cordes vocales inférieures, s'épaissit de façon à former un ligament (le *ligament élastique*) auquel s'ajoute une partie des muscles thyro-aryténoïdiens.

**Production des sons.** — On vient de voir que les cordes vocales inférieures sont composées : 1° d'une membrane *muqueuse* tapissée par un épithélium stratifié, non vibratile ; 2° du *ligament élastique* adhérent à la muqueuse ; 3° d'un *muscle*, qui est une partie du thyro-aryténoïdien.

On a vu aussi que la *glotte proprement dite*, c'est-à-dire l'espace compris entre les bords des cordes vocales inférieures, peut être élargie ou rétrécie par le jeu de divers muscles du larynx.

L'expérience a démontré que les sons se produisent seulement *au niveau des cordes vocales inférieures*. On avait cru d'abord que les sons étaient produits par la vibration de l'air (courant de l'expiration) à son passage dans la glotte, et l'on avait pensé pouvoir assimiler l'appareil vocal à un *sifflet*, avec cette différence que l'ouverture glottique présentant des dimensions variables suivant son état de contraction ou d'élargissement, les sons produits varient dans les mêmes limites (sons d'autant plus aigus que l'orifice est plus étroit, d'autant plus graves que l'orifice est plus large).

Cette théorie est complètement abandonnée : l'air ne vibre pas au niveau des cordes vocales; ce sont les *bords mêmes de la glotte*, c'est-à-dire les *cordes vocales inférieures qui entrent en vibration* pour la production des sons. Le larynx doit, par conséquent, être comparé, non à un sifflet, mais à un *tuyau à anche*.

Pour que les cordes vocales entrent en vibration sous l'effet du courant d'air de l'expiration, il faut qu'elles soient tendues; leur tension est, au reste, d'autant plus grande que les sons émis sont plus aigus.

A quoi est due cette tension? Elle est due essentiellement à la contraction du muscle thyro-aryténoïdien, qui doit être considéré physiologiquement comme constituant la *vraie corde vocale* : la comparaison qui a été faite entre l'appareil vocal et un tuyau à anche n'est donc pas tout à fait exacte, puisque la lame vibrante des tuyaux à anche est *tendue* par une pression étrangère, tandis que le muscle est *contracté*.

La muqueuse qui recouvre les cordes vocales ne joue aucun rôle important dans la phonation, qu'elle altère seulement lorsqu'elle n'est pas bien tendue. La tension de la muqueuse est produite par le *ligament élastique* qui, en effet, se raccourcit sans former de plis et empêche par suite les plissements de la muqueuse.

**Qualités du son; voix, parole.** — Le son glottique est un son *inarticulé;* il ne présente à considérer que des différences d'*intensité*, de *hauteur* et de *timbre*.

L'*intensité* ou force du son dépend de la force du courant d'air de l'expiration, c'est-à-dire, en définitive, du développement des poumons, de la cage thoracique et de la force des muscles de l'expiration.

La *hauteur* dépend du nombre des vibrations exécutées par les cordes vocales; elle augmente avec la tension des cordes vocales, c'est-à-dire que le son est d'autant plus élevé qu'elles sont plus tendues et plus courtes (plus contractées).

Le *timbre* ou coloris du son est cette propriété particulière qui permet de distinguer les mêmes sons émis par des personnes ou des instruments différents; il résulte de ce qu'un son quelconque, qui paraît simple d'habitude, est formé d'un son fondamental et d'un certain nombre d'autres tons simples, appelés *harmoniques*, en combinaisons variables. Chez l'Homme, le timbre dépend surtout de la nature des cordes vocales et de l'ensemble du larynx, du pharynx, de la bouche et des fosses nasales.

Les sons glottiques, modifiés dans leur timbre et renforcés dans les cavités nasales et buccale, acquièrent des qualités spéciales qui en font la voix.

La parole résulte de l'articulation des sons, de la formation des mots, des phrases, etc.



FIN

# TABLE DES MATIÈRES



## PREMIÈRE PARTIE

### Structure générale du corps de l'homme et des animaux



## DEUXIÈME PARTIE

### Organes et fonctions de nutrition de l'homme et des animaux.

## TROISIÈME PARTIE

### Organes et fonctions de relation de l'homme et des animaux.



PARIS. — IMPRIMERIE P. MOUILLOT, 13, QUAI VOLTAIRE. — 66906

www.ingramcontent.com/pod-product-compliance
Ingram Content Group UK Ltd.
Pitfield, Milton Keynes, MK11 3LW, UK
UKHW020107200726
13856UKWH00002B/415

9 782013 498272